深蓝装备理论与创新技术丛书

海洋深水立管动力分析 ——理论与方法

黄维平 刘 娟 吴学敏 白兴兰 著

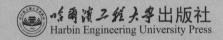

哈尔滨工程大学出版社
Harbin Engineering University Press

内 容 简 介

本书第 1 章对海洋深水立管的种类、结构及性能等做了简要介绍,作为深水立管动力分析的预备知识;第 2 章和第 3 章则分别介绍了深水立管分析中常用的海洋环境荷载和结构动力学基础,以便毕业于非船舶与海洋工程专业的工程技术人员阅读;第 4～7 章是本书的重点内容,介绍了海洋深水立管动力分析的理论与方法,其中的大多数方法都是作者近十年内提出来的,这些方法都经过大量的分析研究,并通过了试验或商用计算机软件的验证,也分别获得了国家发明专利。

本书可作为从事海洋立管设计研究人员的参考书,也可作为船舶与海洋工程专业学生的学习用书。

图书在版编目(CIP)数据

海洋深水立管动力分析：理论与方法 / 黄维平等著
. —哈尔滨：哈尔滨工程大学出版社,2023.1
 ISBN 978 - 7 - 5661 - 3804 - 0

Ⅰ.①海…　Ⅱ.①黄…　Ⅲ.①海上平台 - 高压立管 -
研究　Ⅳ.①TE951

中国国家版本馆 CIP 数据核字(2023)第 041485 号

海洋深水立管动力分析——理论与方法
HAIYANG SHENSHUI LIGUAN DONGLI FENXI——LILUN YU FANGFA

选题策划　雷　霞　唐欢欢
责任编辑　张志雯
特约编辑　杨文英　周海锋　田立群
封面设计　李海波

出　　版	哈尔滨工程大学出版社
社　　址	哈尔滨市南岗区南通大街 145 号
邮政编码	150001
发行电话	0451 - 82519328
传　　真	0451 - 82519699
经　　销	新华书店
印　　刷	黑龙江天宇印务有限公司
开　　本	787 mm × 960 mm　1/16
印　　张	17.5
字　　数	333 千字
版　　次	2023 年 1 月第 1 版
印　　次	2023 年 1 月第 1 次印刷
定　　价	89.00 元

http://www.hrbeupress.com
E-mail:heupress@ hrbeu.edu.cn

深蓝装备理论与创新技术
丛书编委会

序　言

　　进入 21 世纪以来,我国的海洋油气开发迈入了深水区,面临众多工程技术乃至设计理论和分析方法的挑战。因此,大批工程技术人员和专家学者投入深水油气开发装备技术的研发工作中,其中不乏从事相关基础理论研究的专家学者。在科学技术部、工业和信息化部及国家自然科学基金委员会的大力支持下,经过十几年的研究和工程开发实践,我国的海洋油气开发已经取得了大量的研究成果,积累了丰富的工程实践经验。为了推进我国海洋深水油气开发工业经济高效地发展,进一步繁荣相关的基础理论研究并推动科学技术进步,应该组织力量对现有研究成果和工程实践经验进行认真总结。

　　《海洋深水立管动力分析——理论与方法》正是基于这样的目的而编辑出版的一本专业性较强并带有科普性质的书籍。作者在总结了国内外相关研究成果的基础上,将自己多年的研究成果收入书中,以供读者参考。书中一些观点与他人的观点相悖,因此作者也希望读者展开讨论,提出批评建议。

　　深水立管是海洋深水油气开发中出现的一种新型结构,尽管其结构简单,但其服役状态和大长细比的几何特征造就了一个承载条件极其苛刻的大柔性结构,使得其结构设计和建造施工都有苛刻的条件限制,特别是海上安装和服役期安全更是对工程技术的极大挑战。因此,合理的深水立管设计分析对于深水立管的安全服役是极其重要的。目前,专门介绍深水立管设计分析的书籍除了标准规范外少之又少。这本书将起到拾遗补阙的作用,对于相关专业的本科生和研究生及相关领域的工程技术人员来说也是一本很好的参考书,我愿意将它推荐给大家。

　　本书的第 1 章简要介绍了深水油气开发的三种模式——刚性开发模式、柔性开发模式和混合开发模式及相应的结构装备,比较详细地介绍了深水立管的种类、结构形式、适用条件及其在深水油气开发中的角色和作用,以及与其配套应用的水面设施。

　　第 2 章简要介绍了与深水立管设计分析相关的海洋环境荷载,包括波浪和海流的基本性质和基本理论,比较详细地介绍了常用的小直径圆柱体(深水立管属于小直径圆柱体的范畴)的波浪力和海流力的计算方法及适用条件。

　　第 3 章对书中涉及的结构动力学知识做了简要的介绍,包括结构动力学最基础的理论和深水立管动力分析中用到的结构动力学理论及方法,以供没有结构动力学基础的读者参考。

第 4 章重点介绍了深水立管的动力学方程,对其中的关键问题进行了详尽的推导和说明,如几何刚度矩阵计算中的张力和内流的影响等问题。为了做到简单易懂,推导采用最基本的动力学平衡原理,以便读者分析得出正确的结论。

第 5 章重点介绍了钻井隔水管和悬链式立管的固有频率及振型计算。钻井隔水管的结构配置比较复杂,附件的加入会对隔水管的动力特性产生一定的影响,而悬链式立管的大曲率也会对其固有频率和振型有较大的影响。书中基于有限元方法推导出了钻井隔水管的传递矩阵法和矩阵分析法的刚度及质量矩阵,悬链式立管的平面内和出平面动力特性计算公式,以及悬链式立管的刚体模态频率计算公式。

第 6 章重点介绍了顶张式立管和钢悬链式立管的浪致振动分析方法,其中管中管结构的顶张式立管分析方法不是目前常用的等效管模型分析方法。因为对于一般的梁式结构浪致振动分析方法读者已经比较熟悉了,而且正在大量使用,所以这里介绍的方法是一种全新的管中管结构耦合分析方法,即无须将它们作为一根与外套管外径相同的等效管,而是直接对管中管进行逐个的迭代分析,从而直接得出油管和套管的运动及受力。该方法比等效管计算结构更符合实际应用情况,包括受力分析和变形分析。

第 7 章重点介绍了钢悬链式立管和顶张式立管的涡激振动分析方法,与第 6 章中介绍的方法不同的是,由于涡激振动在水平面内是二维的,因此介绍了钢悬链式立管出平面运动的刚体模态计算方法和顶张式立管涡激振动的耦合分析方法,重点介绍了管与管之间接触状态的判别方法。

本书比较详尽地介绍了海洋深水立管的动力分析方法,其中的管中管结构耦合分析方法和钢悬链式立管出平面运动的刚体模态分析方法是作者的最新研究成果。此外,作者基于力学理论对现有的立管几何刚度计算方法和内流对几何刚度的影响进行了深入剖析,并提出了修正的立管几何刚度和内流影响的计算方法。希望本书能够起到抛砖引玉的作用,促进深水立管研究的进一步繁荣,取得更多更好且可实现转化的工程技术研究成果,并期望在未来的深水油气开发工程中看到更多的成果应用。

常耀

2023 年 1 月

前　言

本书断断续续写了将近两年的时间,其间多次欲放弃,但一想到帮我取得这些科研成果的学生,便又一次次地坚持下来。也确实应该感谢我的学生,因为书中的很多成果都是他们完成的。另外,多年来出席国内外的学术会议经历和审稿经历也使我有一种冲动,想完成这样一本集科普、专业和学术于一体的著作。

海洋立管是海洋深水油气开发中出现的一种新型结构装备,大柔性的特点使其具有一些与传统的同类结构完全不同的动力学性能。此外,对于不同用途的深水立管来说,由于其结构上的差别,使得动力分析时的荷载和边界条件处理也有一定的区别。由于对深水立管的不甚了解,一些学生在进行深水立管动力分析时,常常将不同用途的立管混淆,从而导致在分析参数和边界条件的处理上出现偏差,这也是当初决定写这本书的初衷之一。因此,书的第1章对海洋深水立管的类型、结构及性能做了简要的介绍,作为深水立管动力分析的预备知识。第2章和第3章则分别介绍了深水立管分析中常用的海洋环境荷载和结构动力学基础,以便毕业于非船舶与海洋工程专业的工程技术人员阅读。

第4章~第7章是本书的重点内容,介绍了海洋深水立管动力分析的理论与方法,其中大多数方法都是作者近十年内提出来的,这些方法也分别获得了国家发明专利。当然,它们都经过了大量的分析研究,并通过试验或商用计算机软件的验证。书中有些观点与传统的理论不一致,作者认为,这正是本书的精彩之处,例如,关于深水立管有效张力的计算和管内介质流速对立管动力特性的影响,书中指出了现有方法与基本力学概念和物理现象的冲突,并分析了其产生的原因,同时提出了修正后的方法及相应的理论依据。

本书的主要素材取自作者指导的研究生论文,特别值得一提的是杨超凡、周鑫涛和罗坤洪三位硕士研究生的论文,他们的卓越工作为本书增光添彩。

著　者

2023 年 1 月于青岛

目　录

第1篇 预备知识

第1章
深水立管基础

1.1 概述

立管是联系海底井口与水面设施的纽带,在海底油气井和水面设施之间提供油、气、水的输送。立管是深水油气开发的特有装备,尽管浅水油气开发装备中也有立管,但与深水立管不可相提并论,深水立管的结构形式和水动力性能几乎发生了质的变化。

深水立管的形式随着开发模式的不同而不同,刚性开发系统的采油立管为刚性立管,也称为顶张式立管(top tensioned riser,TTR),输出立管为柔性立管,也称为悬链式立管(catenary riser)。由于悬链式立管能够容忍水面设施较大的运动,因此它也是柔性开发系统的输入输出立管。

悬链式立管的管体有钢管和复合管两种,钢管的悬链式立管也称为钢悬链式立管(steel catenary riser,SCR)。柔性开发模式(湿树模式)没有采油立管,采油树直接安装在海底井口上,由采油树流出的油气经管汇(manifold)汇集并经水下生产系统初级分离、压缩后由立管系统输送至水面设施,经水面设施处理的油气再通过穿梭油轮和液化天然气(liquefied natural gas,LNG)或液化石油气(liquefied petroleum gas,LPG)运输船或柔性立管 + 海底管线输送至陆地终端。这意味着,柔性开发模式没有刚性立管,而其柔性立管系统也不是单一的悬链式,还包括自由站立式组合立管(free standing hybrid riser,FSHR)。自由站立式组合立管也是由于顶部的拉力张紧而独立地矗立在水中的,因此其结构和力学属性可归类于顶张式立管。

深水钻/修井立管也是一种刚性立管,其结构和力学属性应归类于顶张式立管。由于它的主要功能是隔离海水和钻井泥浆/修井液,因此业内形象地称其为钻井隔水管。

1.1.1 深水油气开发模式

1. 刚性开发模式

深水油气田的刚性开发模式是浅水开发模式的直接推广应用,因此采油设施与浅水开发系统完全相同。不同的是支撑这些采油设施的结构由固定式平台发展为浮式平台,同时海底井口与水面设施的连接也不能采用浅水的隔水导管模式,从而出现了深水刚性开发模式的采油或注水(气)立管系统——顶张式立管。顶张式立管是一种竖直的刚性立管,它提供了水面采油设施与海底井口之间的垂直通路,从而可以对海底油气井进行直接的干预(修井)。因此,刚性开发模式便于修井作业,这也是刚性开发模式的最大优势。

刚性开发模式采用单钻井中心,如图1-1所示。顶张式立管与干采油树构成了刚性开发模式的基本特征,刚性开发模式也因刚性立管而得名。之所以称顶张式立管为刚性立管,是因为其允许平台运动的幅度较小。目前,只有张力腿平台(tension leg platform,TLP)和单柱式(Spar)平台作为刚性开发模式的水面生产设施投入商业运营。单钻井中心只有一个水面设施,它集井口平台和生产平台于一身。

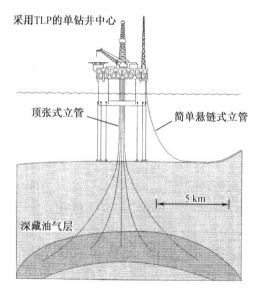

图1-1 单钻井中心示意图[1]

2. 柔性开发模式

深水油气田的柔性开发模式是完全不同于早期浅水油气开发模式的一种极为灵活的海洋石油开发模式,相当于将陆上油气田的开发模式移植到了海底。因此,柔性开发模式采用的是多钻井中心,如图1-2所示。与浅水多个钻井中心开发模式不同的是,深水柔性开发模式的多钻井中心没有井口平台,而是采用湿采油树直接安装在海底井口上,相当于将浅水的井口平台甲板模块移植到了海底。柔性开发模式的采油和初步油气处理由海底生产系统或水下生产系统完成,水下生产系统产出的油气通过立管输送至水面生产设施。

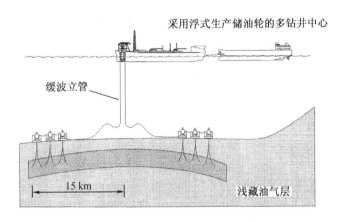

图1-2　深水多钻井中心示意图[1]

柔性开发模式中,联系水下生产系统和水面生产设施的立管系统与刚性开发模式的顶张式立管相比,不仅结构形式不同,功能也不同。柔性开发模式的立管是悬链线形状的立管,从水面设施直接悬垂至海底,称为悬链式立管或柔性立管,柔性开发模式也因柔性立管而得名。此处所谓的柔性立管是指其结构形式能够容忍水面设施较大的运动(与刚性立管相比),而不是指其管体材料及形式。柔性立管包括钢悬链式立管和复合管(管体由扁带缠绕和聚合物挤塑复合而成),复合管又包括金属复合管和非金属复合管。由于柔性立管能够容忍水面生产设施较大的运动,因此所有浮式平台都可用于柔性开发模式。

3. 混合开发模式

1994年,英国石油公司(British Petroleum,BP)和壳牌公司(Shell)分别在水深438 m的庞帕诺比奇(Pompano Beach)油气田和424 m的塔霍湖(Tahoe Lake)油气田采用了水下采油树,并通过海底管线回接至现有的固定式平台,由此开创了深水油气田开发的混合开发模式。混合开发模式是干树和湿树组合的开发模式,其开发系统有不同组合方式。

（1）水下生产系统回接的混合开发模式

水下生产系统回接是将水下生产系统输出的油气产品输送到由固定式（采油）生产平台或浮式（采油）生产平台组成的刚性开发系统。如果水下生产系统和刚性开发系统不属于同一个油气田,且两个油气田分属于两个石油公司,则刚性开发系统的水面设施以租赁的形式成为水下生产系统的主平台。如美国墨西哥湾的德洛斯奇（Droshky）油气田,其水下生产系统有4口井,通过两条直径为8英寸[①]的海底管线回接至一座导管架平台。这已经是第5个回接至该平台的水下生产系统,其他4个分别属于马纳特（Manatee）、罗基（Rocky）、特洛伊卡（Troika）和安格斯（Angus）项目,其中马纳特和罗基项目采用了租赁的方式使用该导管架平台[2]。

（2）有井口平台的混合开发模式

有井口平台的混合开发模式主要采用以浮式生产储卸油装置（floating production storage offloading,FPSO）为水面生产设施,并与以TLP或Spar平台为井口平台混合的开发系统。混合开发模式一定有刚性开发系统的水面设施,即TLP、Spar（图1-3(a)和图1-3(b)）或固定式平台（图1-3(c)）。而其中的柔性开发系统部分则可能有水面生产设施,即FPSO或半潜式平台（图1-3(d)）,也可能没有水面生产设施而只有海底生产系统（图1-3(a)至(c)）。

如果混合开发模式中有柔性开发系统的水面生产设施,则其主要功能是油气处理,而刚性开发系统的水面设施是单纯的井口平台（图1-3(d)）。目前,深水井口平台的结构形式主要是小型张力腿平台（mini TLP）。

1.1.2 深水油气开发装备

1.半潜式平台

半潜式平台是深水油气开发中应用最广泛的一种结构形式,由于其水动力性能优于船形结构,在船的水动力性能难以满足要求时,半潜式平台几乎是移动式平台的唯一选择。按功能划分,半潜式平台可分为钻井平台、生产平台和作业平台（包括起重铺管船和生活平台等）。按结构形式划分,半潜式平台可分为移动式平台和永久锚固式平台两大类。上述几类平台中,除生产平台外,其他均为

---

① 1英寸(in)=2.54 cm。

移动式平台。这些半潜式平台中只有钻井平台和生产平台与立管系统有关,故本节只介绍半潜式钻井平台和半潜式生产平台,以便读者了解钻井隔水管、顶张式立管及悬链式立管的服役条件,从而掌握其边界条件的处理。

(a)海底生产系统回接至TLP

(b)海底生产系统回接至Spar平台

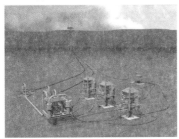
(c)海底生产系统回接至固定式平台

(d)有柔性开发系统的水面设施

图1-3 混合开发模式[3]

（1）钻井平台

钻井平台是半潜式平台家族中最早发展起来的一个成员,是坐底式平台半潜移位状态的直接应用。经过半个多世纪的发展,特别是经过近三十年深水油气田开发的历练,半潜式钻井平台已经发展到第七代产品。

由于需要在不同井位、不同油气田之间频繁更换作业地点,钻井平台对移动性能有较高的要求,因此钻井平台采用纵向的平行浮箱 + 立柱的结构,如图1-4所示。从第五代半潜式钻井平台开始,其结构定型于双浮箱 + 四立柱结构。由于半潜式钻井平台的垂荡性能较差(与 TLP 和 Spar 平台相比),因此半潜式钻井平台采用大行程(与 TLP 的张紧器相比)的张紧器与钻井隔水管连接,如图1-5所示。

（2）生产平台

半潜式生产平台是从半潜式钻井平台发展起来的一种永久锚固式浮式生产设施,早期的半潜式生产平台是直接由半潜式钻井平台改造而来的,因此其结构形式与半潜式钻井平台完全相同。由于半潜式生产平台在服役过程中不需要移动，因此半潜式生产平台一改半潜式钻井平台的设计，而采用四立柱＋环形浮箱的结构，如图 1－6 所示。

图 1－4　半潜式钻井平台示意图[3]

图 1－5　钻井隔水管张紧器[3]

半潜式生产平台主要用作柔性开发系统的水面生产设施。传统半潜式平台的水动力性能与半潜式钻井平台相同，因此只能采用复合管的悬链式立管(简单悬链式或陡/缓波立管)或组合立管塔，如图 1－7 至图 1－9 所示。而深吃水半潜式生产平台由于改善了垂荡性能，可采用钢悬链式立管。干树半潜式生产平台则可采用顶张式立管。

图 1－6　四立柱＋环形浮箱结构[3]

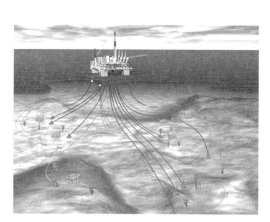

图 1－7　半潜式生产平台与简单悬链式立管[3]

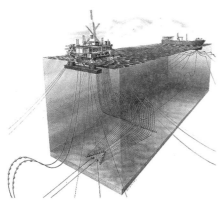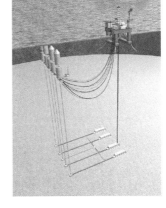

图 1 - 8　半潜式生产平台与陡波立管[3]　　图 1 - 9　半潜式生产平台与组合立管塔[3]

2. TLP

TLP 是深水油气开发中水动力性能较好的一种结构形式,它借鉴了半潜式平台的结构形式和顺应式平台的锚固理念,完成了一次全新的结构设计。由于采用弹性较大(与系泊缆相比)的张力筋腱垂直锚固于海底,因此 TLP 的整体结构性能更接近顺应式平台。

TLP 开发之初是作为刚性开发系统的水面设施设计的,这就是传统的 TLP。随着 TLP 技术的不断发展,用于深水边际油田开发的小型 TLP"海星"(SeaStar)问世。由于边际油田一般由散布的小区块组成,因此开发之初的 SeaStar 主要用于湿树模式的柔性开发系统,所以不能将 TLP 一概而论地定义为刚性开发系统的水面设施。

目前,全球已有五种结构形式的 TLP 投入商业运营,即传统张力腿平台(conventional tension leg platform,CTLP)、SeaStar、最小化水面设备结构(minimum offshore surface equipment structure,MOSES)、延伸式张力腿平台(extended tension leg platform,ETLP)和自稳定一体化张力腿平台(self stable integrity platform,SSIP),如图 1 - 10 所示。

这五种结构形式中,CTLP、ETLP、MOSES 和 SSIP 主要用于刚性开发系统,即干树开发模式,也可作为井口平台或海底生产系统的回接平台而用于混合开发模式;而 SeaStar 是小型张力腿平台,主要用于柔性开发系统,也可作为井口平台而用于混合开发模式。因此,TLP 的立管系统为顶张式立管和钢悬链式立管。

(a)CTLP　　　　　(b)SeaStar　　　　　(c)MOSES

(d)ETLP　　　　　(e)SSIP

图 1 - 10　TLP[3]

3. Spar 平台

Spar 平台是深水油气开发中水动力性能仅次于 TLP 的一种浮式结构,也是刚性开发系统的主要水面设施之一,其结构形式和设计理念均不同于其他的浮式结构(TLP、半潜式平台和 FPSO)。Spar 平台的结构形式与其他浮式结构的最大区别在于它的单壳体结构,而设计理念的最大区别在于它的重心低于浮心,从而造就了一个无条件稳定的深吃水结构。重心低于浮心及深吃水的特点,使 Spar 平台的水动力性能优于其他系泊缆链系泊的浮式结构。

由于 Spar 平台优良的水动力性能,继第一座 Spar 生产平台投产后,Spar 平台技术得到了快速的发展,结构形式从整体的圆柱形壳体发展为圆柱形舱室 + 桁架 + 压载的结构及多圆柱组合的圆柱束结构,以这三种结构形式为壳体的 Spar 平台分别被称为 Classic Spar、Truss Spar 和 Cell Spar,如图 1 - 11 所示。按照出现的顺序,业内也将这三种 Spar 平台称为第一代 Spar 平台(Classic Spar)、第二代 Spar 平台(Truss Spar)和第三代 Spar 平台(Cell Spar)。

Classic Spar 主要用作刚性开发系统的水面设施,也可作为柔性开发系统的水面设施,如 FPSO;Truss Spar 则用作刚性开发系统的水面设施;Cell Spar 则是作为柔性开发系统的水面设施而开发出的一款用于边际油田开发的小平台。因此,Spar 平台的立管系统与 TLP 相同。

(a) Classic Spar　　　　(b) Truss Spar　　　　(c) Cell Spar

图 1－11　Spar 平台的三种壳体结构[3]

　　Spar 平台家族还有一个另类——MiniDoc,它采用了三个分离的柱子支撑甲板,如图 1－12 所示。其硬舱结构与 TLP 类似,但重心低于浮心的特征使它仍秉承了 Spar 平台的设计理念,因此其使用条件和立管配置与 Spar 平台相同。

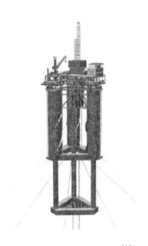

图 1－12　三柱 Spar[3]

　　4. FPSO

　　FPSO 是柔性开发系统的水面设施,是水下生产系统的主平台,因此其立管系统与传统半潜式生产平台相同。首先,与半潜式生产平台相比,FPSO 的储油能力是其能够在柔性开发系统中占有半壁江山的主要优势;其次,FPSO 的大甲板面积及其可变载能力使其能够适应不同油田的开发需要,从而不受“定制”的制约。因此,FPSO 主要用于基础设施(海底管线及生产设施)较薄弱的油气田或

11

距已开发油气田较远的油气田开发,依靠穿梭油轮来实现油气产品的运输。而非定制性使其能够在不同油田服役,在一个油田退役后仍可用于其他油田的开发。

FPSO 有三种形式的壳体结构——船形、圆筒形和 Classic Spar 形,如图 1 - 13 所示。由于船形和圆筒形 FPSO 的水动力性能不能满足钢悬链式立管的适用条件,因此二者多采用复合管悬链式立管,而 Classic Spar 形 FPSO 则可以采用钢悬链式立管。

(a)船形壳体

(b)圆筒形壳体

(c)Classic Spar形壳体

图 1 - 13　不同壳体形式的 FPSO[3]

1.2　深水立管系统

1.2.1　顶部张紧式立管

1.钻/修井立管

钻井立管(钻井隔水管)与修井立管的功能是相同的——隔水,钻井平台与

12

修井平台的结构也相同——半潜式或船形结构。因此,这两种立管的结构形式与力学性能相似,它们的主要区别体现在尺寸和立管下端总成(lower marine riser package,LMRP)上。由于钻杆和钻井泥浆中夹带的岩屑,钻井立管的尺寸较大,一般为20英寸,而一般的修井立管仅为7~8英寸。此外,钻井立管需要一些辅助管线来实现保持泥浆循环压力及防止井喷等功能。因此,钻井立管配有一些卫星管(图1-14)。为了减小立管的自重,从而减小顶张力,通常在标准立管段上配置浮力块(图1-15)来增大立管的浮力。

图1-14　钻井立管上的卫星管[3]

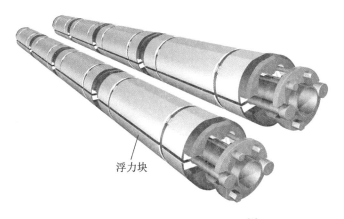

图1-15　钻井立管上的浮力块[3]

　　由于钻井立管需要频繁地拆装,为了缩短立管安装的非钻井时间,钻井立管采用法兰连接(生产立管和张力腿采用螺纹连接)。由于传统的法兰采用螺栓连接(图1-16),仍影响立管的安装速度,因此目前的钻井立管已普遍采用卡式连接的快速接头(图1-17)。

　　钻井船和半潜式钻井平台在风、浪、流的作用下将产生大幅度运动,系泊缆和动力定位只能将钻井船/平台的水动力响应控制在一定的范围内(系泊系统定位为水深的5%~7%),而钻井船/平台的垂荡补偿系统仅用于补偿大钩荷载

（钻杆的钻压），因此钻井立管仍然需要应对一定范围的钻井船/平台运动。为了避免钻井船/平台的运动引起钻井立管顶张力的大幅度变化，钻井立管的顶部配置了张紧器（图1-5）和伸缩接头（图1-18）。此外，在钻井立管的两端还分别设有万向接头或柔性接头（图1-19），以缓解由钻井船/平台的偏移引起的弯曲应力。顶部的柔性接头通常与分流器连接（图1-20），因此也称为分流器柔性接头（diverter flex joint）。底部的柔性接头与立管下端总成（图1-21）连接，立管下端总成主要由环形防喷器（图1-22(a)）和闸板防喷器（图1-22(b)）组成。如果需要，也可以在钻井立管的中部增加一个柔性接头（图1-19(b)）。立管下端总成直接与海底井口连接，因此从分流器到立管下端总成形成了一根完整的钻井立管，如图1-23所示。为了保持钻井泥浆的循环压力，钻井立管系统中需接入一个填充阀（图1-24）。

(a)LoadKing 4.0法兰接头

(b)RF法兰接头

(c)HMF型法兰接头

图1-16　法兰接头[3]

(a)MR-6E型接头[3]

(b)MR-6H SE卡扣接头[3]

(c)CLIP型卡箍接头[3]

(d)尾闩式接头[4]

(e)QMFC型接头[4]

图1-17　卡式连接的快速接头

图 1 – 18　钻井立管伸缩接头[3]

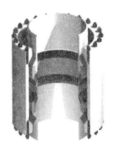  

(a)分流器柔性接头　　　　　　　(b)中部柔性接头　　　　　　　(c)底部柔性接头

图 1 – 19　钻井立管柔性接头[3]

(a)FS型分流器　　　　　　　　　　(b)MSP型分流器

图 1 – 20　钻井立管分流器[3]

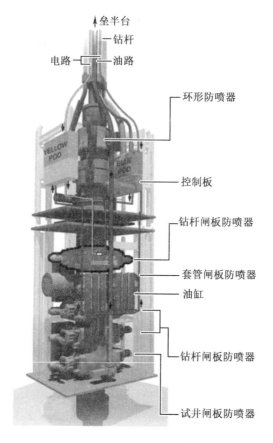

图 1-21　立管下端总成[3]

(a)环形防喷器

(b)闸板防喷器

图 1-22　防喷器[3]

图 1-23　钻井立管系统[3]

图 1-24　填充阀[3]

　　深水立管的涡激振动(vortex induced vibration,VIV)问题是影响立管服役并造成立管损伤的主要因素,因此深水立管的涡激振动抑制装置已经成为立管结构的一部分。通常,涡激振动抑制装置仅安装在流速较大(水面下不足百米的水深范围,南海内波活动范围为 100~150 m)的立管段。钻井立管一般采用尾流翼板(图 1-25(a))和螺旋侧板(图 1-25(b))抑制涡激振动。为了便于钻井立管运输、存放及安装(自动排管),尾流翼板和螺旋侧板均采用可快速安装和拆除的连接方式,并与钻井立管同步安装和拆除。

(a)尾流翼板

(b)螺旋侧板

图 1-25　钻井立管的涡激振动抑制装置[3]

2. 顶张式立管

顶张式立管是深水开发中唯一一个连接水面采油树和海底井口的立管,是生产立管中唯一的刚性立管,因此干树开发模式也被称为刚性开发模式。

采油立管由油管和套管组成,油管和套管的组合方式有管中管(图1－26(a))和平行管(图1－26(b))两种,分别称为双屏立管和单屏立管。目前,顶张式立管主要采用双套管结构。

(a)管中管

(a)平行管

图 1－26　顶张式立管截面形式

顶张式立管采用螺纹连接,其安装方式与钻杆接长方法相似,可由钻/修井机完成立管的连接。早期的顶张式立管采用与钻杆相同的螺纹形式,即立管的两端分别为外螺纹和内螺纹,两立管首尾连接(图1－27(a))。此种连接因螺纹接头外径大于管体外径,形成一凸台而存在应力集中问题。而且,螺纹接头采用焊接形式与管体连接,降低了立管管体的力学性能,使接头成为立管的薄弱环节。为消除变径处的应力集中和焊接的影响,一种新的螺纹连接形式出现了——套袖连接(图1－27(b)),它采用一个内螺纹套袖将两个外螺纹的立管段连接成一体。这样不仅消除了由变径引起的应力集中,而且避免了螺纹连接处的焊接连接。

顶张式立管(外)套管的主要作用是保护和支撑油管,其矗立在水中的方式与钻井立管相同——顶部张紧,但采油立管的张紧方式除了张紧器(图1－28)之外,还有浮筒。传统张紧器仅用于 TLP,而浮筒则用于 Spar 平台。Spar 平台之所以采用浮筒为采油立管提供顶张力,是因为传统的张紧器占用的空间较大,从而受到 Spar 平台中央井的限制。随着紧凑型张紧器的问世,Spar 平台顶张式立管的浮筒将被张紧器替代,特别是在超深水条件下,浮筒的长度受到 Spar 平台壳体尺寸的限制,张紧器将是最好的替代产品,这也是 Spar 平台及其顶张式立管的发展趋势。目前,顶张式立管张紧器的行程为 30～35 ft[①],因此顶张式立管只能应

---

① 　1 ft = 30.48 cm。

用于水动力性能较好的水面设施,如张力腿平台和 Spar 平台。而这两种平台的适用水深小于半潜式平台,因此为了适应极深水开发的需要,人们正在致力于改进半潜式平台的垂荡性能,以期能够应用顶张式立管,这就是干树半潜的由来。当然,也有人提出了适用于半潜式平台的干树立管——顺应式立管(compliant vertical accessing riser,CVAR)的概念,如图 1 - 29 所示。该立管系统与顶张式立管具有完全相同的功能——采油,以及便于修井的优点,但结构性能与顶张式立管不尽相同。其柔性远远大于顶张式立管,因此能够容忍水面设施较大的运动响应。由于其顺应式部分(中段的弯曲部分)的浮力(由浮力块提供)承担了部分的立管所受重力并提供所需的张力,因此大大减小了立管顶部的张力,从而为极深水的干树开发创造了条件。

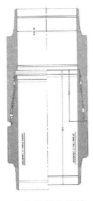 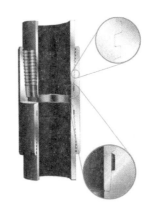

(a)内外螺纹连接　　　　　　　(b)套袖连接

图 1 - 27　顶张式立管连接方式[3]

(a)传统张紧器　　　　　　　(b)紧凑型张紧器

图 1 - 28　顶张式立管张紧器[3]

图 1 - 29   顺应式立管[3]

由于 TLP 和 Spar 平台的水动力性能较好,因此顶张式立管的下端不需要设置万向接头,与海底井口采用固定式连接。为了承受较大的固定端弯矩,顶张式立管与井口连接处设置了锥形接头(图 1 - 30)。顶张式立管的整体结构如图 1 - 31 所示。顶张式立管相当于水下井口的延伸,因此干式采油树直接安装在顶张式立管的顶端。为了避免平台运动的影响,采油树与平台并非刚性连接,而是通过柔性软管连接到生产甲板的油气处理设施上,以应对平台与顶张式立管之间的相对运动。

图 1 - 30   顶张式立管应力接头[3]

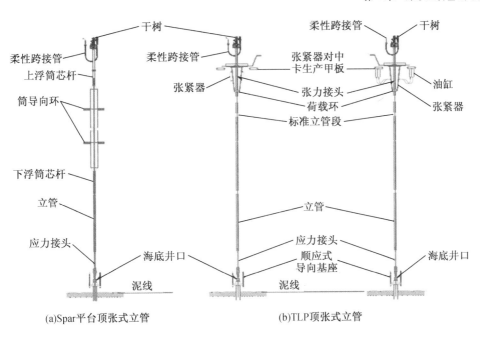

图 1 – 31　顶张式立管的整体结构[3]

　　顶张式立管的顶张力是保持其正常服役的关键参数,即保证在水位变化和水面设施垂荡运动的过程中,通过张紧器的调整,立管任何部位不会因负张力引发压溃或因过张力造成损伤。对于目前常用的 X65/X80 钢管,设计顶张力系数一般取 1.2 ~ 1.6,即取立管水中质量的 1.2 ~ 1.6 倍。由于目前的顶张式立管设计分析软件都是按照截面刚度等效的方法将油管、内套管和外套管等效为外径与外套管相同(保证水动力荷载相等)的单层管来计算的,且基于拉压刚度等效或弯曲刚度等效得到的单层管截面参数是不同的,因此有限元方法的计算结果与立管各功能管的实际受力状态是有差异的,设计时需根据各功能管的顶部连接方式来分配顶张力并分别验证各功能管的实际张力系数。

　　3. 自由站立式组合立管

　　自由站立式组合立管(free standing hybrid riser,FSHR)是联系水下生产系统与水面设施(FPSO 和半潜式生产平台)的立管系统(图 1 – 32),其结构原理与顶张式立管相同——依靠顶部张力矗立在水中,由于立管顶端位于水面设施外侧,故称之为自由站立式组合立管。由于自由站立式组合立管由刚性立管和跨接软管两部分组成,因此也称其为组合立管塔(hybrid riser tower,HRT)。

　　由于没有水面设施依托,自由站立式组合立管的顶张力由浮筒提供。自由站立式组合立管的浮筒与立管有两种连接方式——刚性连接和柔性连接。刚性连接方式与 Spar 平台顶张式立管的浮筒连接方式相同——浮筒内配置芯杆(图 1-33(a)),芯杆与立管刚性连接,其特征是连接水面设施的跨接软管位于浮筒顶端(图 1-32(a))。柔性连接方式采用钢链连接浮筒和立管(图 1-33(b)),其特征是连接水面设施的跨接软管位于浮筒的下方(图 1-32(b))。与顶张式立管不同的是,自由站立式组合立管并不与海底井口连接,而是由桩基固定于海底。因此,其整体结构与顶张式立管相似,但管体组成与顶张式立管不同。自由站立式组合立管一般采用卫星管结构(图 1-34),其芯管直径较大,用于油气输送或注水,而环绕其周围的是气举线等辅助管线,包括控制海底生产系统的电、液、气管缆。为了减小立管的质量以减小顶张力,立管外部配置了浮力块(图 1-35)。

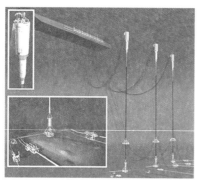

(a)FPSO与自由站立式组合立管

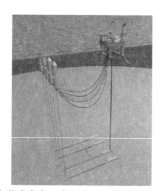

(b)半潜式生产平台与自由站立式组合立管

图 1-32　自由站立式组合立管[3]

(a)刚性连接浮筒

(b)柔性连接浮筒

图 1-33　自由站立式组合立管的浮筒结构[3]

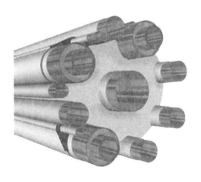 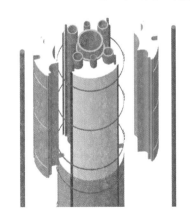

图1-34 自由站立式组合立管的管系结构[3]　图1-35 自由站立式组合立管的浮力块配置[3]

自由站立式组合立管的顶端通过柔性管直接连接到水面设施,因此水面设施只能采用分布式系泊系统定位。这意味着,自由站立式组合立管只能在环境条件温和的海域使用,因此目前仅在西非海域能够见到自由站立式组合立管与FPSO组成的柔性开发系统。

自由站立式组合立管可以解决大水深条件下,应用柔性立管带来的困难(大张力),同时也可以避免应用单点系泊系统给FPSO建造和系统维护带来的麻烦。

1.2.2　悬链式立管

1. 简单悬链式立管

简单悬链式立管是最早应用的一种柔性立管,也是主要用于海底生产系统与水面设施的连通和水面生产设施的输出立管。因此,它是一种生产立管,用于油、气、水的输运,可用于湿树或干树开发模式。由于一些半潜式生产平台是由钻井平台改造而来的,因此一些读者可能会看到半潜式钻井平台上悬挂悬链式立管的图片。

简单悬链式立管(图1-1)有复合管和钢管两种管体,它们的英文缩写都是SCR。由于最初应用的简单悬链式立管的管体材料是复合管,因此如果没有特殊说明,简单悬链式立管(simple catenary riser,SCR)就代表复合管立管,而称钢管的简单悬链式立管为钢悬链式立管(steel catenary riser,SCR)。钢悬链式立管是为了解决复合管立管不适应深水高温高压油气田开发的需要而发展起来的一种低成本立管系统,它不仅解决了深水高温高压油气田开发的油气输运问题,而且解决了大直径复合管制造的难题。更令石油公司青睐的原因是,它的造价远远低于复合管,从而大大降低了深水油气的开发成本。因此,钢悬链式立管技术自问世以来发展迅速,得到了广泛的应用,以至于SCR几乎成为钢悬链式立管的专用缩写,如果没有特别说明,SCR就表示钢悬链式立管。

复合管是一种由金属或非金属扁带绕制而成的层状管材(图1-36),按照各功能层之间的接合方式,复合管又有黏结和非黏结之分。由于非连续的截面特性,复合管不能采用焊接方法现场连接,而是采用法兰连接。复合管两端的法兰不是普通的金属管焊接法兰,而是与复合管配装的定制法兰,被称为端部接头(图1-37)。目前,端部接头只能在复合管制造厂配装,而不适宜现场加装。因此,复合管是定制产品,而不是出厂后供选购的产品。

(a)金属复合管

内衬层　压力增强层　挤压膜　　护套层
抗挤压层　环向增强层　压力/抗拉增强层　抗磨层

(b)非金属复合管

图1-36　复合管结构[3]

图1-37　复合管端部接头[3]

复合管的开发初衷是克服均质刚性管弯曲刚度大和均质柔性管强度低的缺点,因此其开发目标是弯曲刚度小且强度高。为此,金属复合管应运而生。它利用金属扁带螺旋缠绕产生的间隙来降低管体的弯曲刚度,从而利用金属扁带长度方向的高强度性质来保证管材的强度。由此可知,复合管的各功能层缠绕角度(扁带轴与管体轴的夹角)是不同的,以承担不同的内力。如承受内外压的功能层缠绕角度较大,主要承担由压力引起的环向应力;而承受轴向力的功能层则正好相反——缠绕角度较小,主要承担由张力引起的轴向应力。由于螺旋缠绕结构具有明显的不对称性,因此主要的承载功能层一般采用双向缠绕的两层结构,以减小复合管的不对称性并提高抗扭能力。

金属复合管由骨架层、内压护套层、压力铠装层、内(外)抗拉铠装层、保温层和外护套组成(图1－38),其中骨架层采用较其他功能层薄而宽的金属扁带缠绕而成,扁带两侧反向翻卷并相互咬合形成链状结构(图1－39)。为了减缓由摩擦引起的功能层磨损,金属复合管的各功能层之间均设置了抗磨层,抗磨层一般采用高分子材料挤压包覆而成。

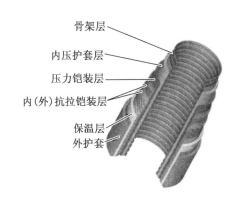

图1－38　金属复合管功能层组成[3]

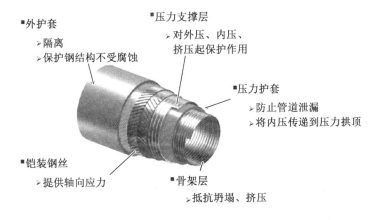

图1－39　骨架层的咬合结构[3]

非金属复合管具有成本低、质量小和耐腐蚀等优点,因此受到业界的关注。它采用玻璃纤维或碳纤维等高强纤维作为增强材料,通过树脂类固化剂将高强纤维固结成扁带缠绕而成。非金属复合管由内衬层、抗挤压层、压力增强层、环向增强层、挤压膜、压力/抗拉增强层、抗磨层和护套层组成,如图 1-36(b)所示。非金属复合管的各功能层之间也设有隔离层,以防止纤维扁带的磨损。

由于复合管的刚度远远小于端部接头的刚度,为了避免弯曲变形集中在复合管与端部接头连接处而引发屈曲,在端部接头处设有限弯器。限弯器是一个非金属的锥形套管(图 1-40),其刚度小于端部接头而大于复合管,它的大头端套在端部接头上,从而使端部接头和复合管连接处的弯曲刚度连续过渡。

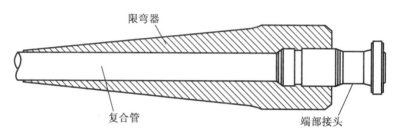

图 1-40　复合管限弯器[3]

钢悬链式立管的管体由钢管和保温层组成,由于钢悬链式立管与海底管线是一个整体结构,因此其保温形式也完全相同。目前,钢悬链式立管的保温形式有三种——管中管保温、湿式保温和电加热保温,如图 1-41 所示。

(a)管中管保温

(b)湿式保温

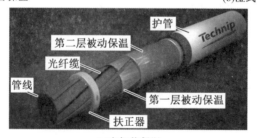

(c)电加热保温

图 1-41　钢悬链式立管保温结构[3]

管中管保温(图 1 - 41(a))是较早出现的一种保温形式,它是在两层钢管的环形空间内充填聚合物泡沫材料而形成保温层,如充填聚氨基甲酸酯泡沫和聚丙烯泡沫,其外层钢管的作用是为保温层提供抗压和抗磨功能。由于其结构形式酷似三明治,因此采用这种保湿形式的钢悬链式立管也被称为三明治保温管。

湿式保温(图 1 - 41(b))是在管中管保温的基础上发展起来的一种新型保温结构,其结构形式与陆地上的保温管线相似——保温材料直接包覆在钢管外,保温层直接暴露于海水,因此称其为湿式保温。由于没有外层钢管的保护,为了承受深水环境的高压和海底磨损,湿式保温采用了复合管的设计理念——由不同功能层组合成多层保温结构,包括防腐层、黏结层、硬质聚合物层、泡沫保温层和外保护层。目前,湿式保温有不同数量的功能层(图 1 - 42),以适应不同的水深环境。为了提升湿式保温结构的抗压能力,湿式保温的泡沫保温层借用了混凝土的理念——基体材料 + 充填骨料(图 1 - 43)。目前,湿式保温的基体材料主要是合成泡沫,充填骨料主要是空心玻璃小球(直径为 0.1 ~ 0.2 mm)和空心玻璃纤维小球(直径为 6 ~ 12 mm)。

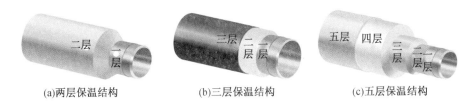

(a)两层保温结构　　　　(b)三层保温结构　　　　(c)五层保温结构

图 1 - 42　湿式保温结构形式[3]

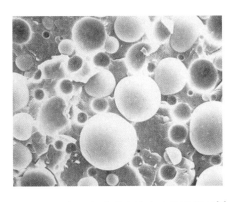

图 1 - 43　空心小球增强的泡沫保温材料[3]

电加热保温(图1-41(c))是采用电偶加热的原理实现管线保温的,为了减少热损失,在电加热带内、外侧设置了两层被动绝热层,并通过扶正器来定位,以确保外壳与内管之间的保温空间均匀。

简单悬链式立管是一条从水面设施直接悬垂至海底的立管,由于它与海底管线是一条整管,因此在立管与海底管线的分界点处具有最大的曲率,这个最大的曲率点被称为触地点(touch down point,TDP)。由于水面设施的运动将带动简单悬链式立管的运动,因此触地点在管线上不是一个确定的点,而是在一个长度范围内变化的点,这个范围被称为触地区(touch down zone,TDZ)。触地区的两个端点分别是水面设施位于远端(简单悬链式立管平面内远离海底管线端,触地点曲率小于准静平衡立管静平衡位置时的曲率)的触地点和水面设施位于近端(简单悬链式立管平面内靠近海底管线端,触地点曲率大于准静平衡立管静平衡位置时的曲率)的触地点,如图1-44所示。

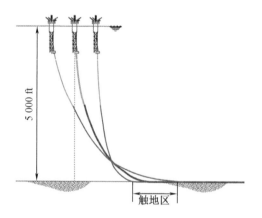

图1-44　简单悬链式立管触地区示意图

由于触地点的曲率不仅绝对值大,而且变化幅度也大,因此它是简单悬链式立管的关键位置,设计时必须给予特殊的考虑,特别是钢悬链式立管的触地点常常是该结构疲劳设计的薄弱点。简单悬链式立管的另一个结构疲劳设计的薄弱点是连接水面设施的顶点,由于波浪作用和水面设施运动的影响,顶端的弯曲疲劳成为结构疲劳设计的薄弱点。为了减小钢悬链式立管顶点的弯矩,通常采用柔性接头(图1-45),即钢悬链式立管通过柔性接头连接到立管悬挂组件上,并悬挂在立管托架上(图1-46)。

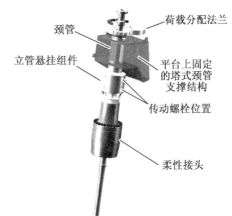

荷载分配法兰

颈管

立管悬挂组件

平台上固定
的塔式颈管
支撑结构

传动螺栓位置

柔性接头

图1-45 钢悬链式立管柔性接头[3]　　图1-46 钢悬链式立管与平台连接形式[3]

2. 陡/缓波立管和陡/缓S形立管

复合管抗拉强度较低,导致简单悬链式立管的应用水深受到限制。此外,简单悬链式立管的触地点与海床的相互作用易导致复合管的外护套磨损,一旦外护套破损,则复合管的抗拉层将暴露于海水,从而引起腐蚀和进一步磨损。为了解决复合管作为立管应用的上述问题,设计人员提出了陡波(steep wave)和缓波(lazy wave)立管及陡S形(steep S)和缓S形(lazy S)立管的解决方案,如图1-47所示。

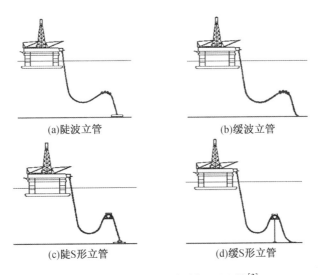

(a)陡波立管　　　　　　　　　(b)缓波立管

(c)陡S形立管　　　　　　　　(d)缓S形立管

图1-47 陡/缓波和陡/缓S形立管[3]

陡/缓波和陡/缓S形立管采用浮力块将简单悬链式立管的下半段托起形成

卧式 S 形曲线,由于曲线形状酷似波形,故而称之为陡波或缓波立管,以及陡 S 形或缓 S 形立管。由于立管的下半段重力由浮力块的浮力来平衡,因此减小了由立管顶张力平衡的自由悬垂段所受的重力,从而减小了立管的顶张力。此外,通过合理的设计,可以将水面设施的运动全部由立管顶端至浮力块的自由悬垂段立管来吸收,从而避免了立管触地区由于运动而引起的磨损和疲劳损伤。因此,陡波和缓波立管以及陡 S 形和缓 S 形立管不仅解决了简单悬链式立管深水应用的大张力问题,而且解决了简单悬链式立管触地区的磨损和疲劳问题。因此,即使复合管的抗拉强度能够提供足够的顶张力以支撑简单悬链式立管,为了避免触地区的磨损和疲劳损伤,复合管立管也应避免采用简单悬链式立管,而采用陡波或缓波立管及陡 S 形或缓 S 形立管,这是目前深水油气开发工程的通行做法。

　　陡波立管和缓波立管的区别在于立管与海底终端的连接方式不同,如果水面设施距海底终端较近,立管的海底端直接连接到海底终端(图 1 - 47(a)),即立管无触地区,则称之为陡波立管。反之,如果水面设施距海底终端较远,立管需要通过海底流线段(海底管线)连接到海底终端,从而形成了触地区(图 1 - 47(b)),则称之为缓波立管。陡 S 形和缓 S 形立管是陡波和缓波立管的另一种实现方法,它采用一个弧形支架或浮力块支撑立管的浮托段(图 1 - 47(c)和图 1 - 47(d)),以保持浮托立管段的曲线形状。因此,陡 S 形和缓 S 形立管与陡波和缓波立管是同一结构形式的两种不同实现方法。

　　陡波和缓波立管以及陡 S 形和缓 S 形立管广泛应用于 FPSO 的单点系泊系统(图 1 - 48)和其他柔性开发系统。对于复合管立管的极深水应用,当采用陡波或缓波立管仍无法满足顶张力对复合管抗拉强度的要求时,可采用在自由悬垂段增设浮力块以减小管线重力的方法来减小顶张力,以满足复合管抗拉强度的要求。当然,增设浮力块将增大立管的水动力荷载,从而降低立管的水动力性能,这也给设计提出了新的挑战。

图 1 - 48　单点系泊系统与缓 S 形立管[3]

参考文献

［1］ BARLTROP N D P. Floating structures：a guide for design and analysis［M］. Herefordshire：Oilfield Publication Limited，1998.

［2］ LEFFLER W L，PATTAROZZI R，STERLING G. Deepwater petroleum exploration & production：a nontechnical guide［M］. Oklahoma：PennWell Corporation，2003.

［3］ 黄维平，白兴兰. 深水油气开发装备与技术［M］. 上海：上海交通大学出版社，2016.

［4］ 畅元江，陈国明，鞠少栋. 国外深水钻井隔水管系统产品技术现状与进展［J］. 石油机械，36（5）：205-209.

第2章
海洋环境荷载

|2.1 概述|

海洋环境荷载包括风荷载、浪流荷载、冰荷载及地震荷载,其中风、浪、流和冰为多遇荷载,地震为罕遇荷载。目前,世界上的深水油气开发工程均处于非地震频发海域和非结冰海域,因此冰荷载和地震荷载尚未被纳入规范作为深水立管的设计分析荷载。此外,由于深水立管位于水下,风荷载并不直接作用在立管上,而是通过浮式平台的运动影响立管的运动,因此本章主要介绍作用在深水立管上的波浪和海流荷载,以供读者在后续阅读过程中参考。

波浪有风浪和涌浪之分,风浪是指风持续作用期间形成的波浪,而涌浪是指风力减弱至不足以推动水面运动或波浪离开风程区后,波能耗散过程中持续传播的波浪。由于风浪是风直接作用引起的海水波动,因此其传播方向与风向基本相同,且波高和周期等波浪要素也随风的要素(风速和风程等)的变化而变化。此外,风浪的形成和生长也与水深和海底地形等因素有关。这些因素之间存在着复杂的非线性关系,使得风浪在时间上和空间上都具有随机性,表现出明显的三维特征。当风力减弱后,波浪在传播过程中得不到外界的能量补充,仅靠自身的惯性继续传播,由于受到海水和空气阻力的作用,波浪能逐渐耗散,波高逐渐减小。这个能量的耗散过程具有选择性,小波长、短周期的波浪的波浪能耗散较快,因此涌浪是一种长周期、大波长的规则波,且波峰线较长,呈现出较为明显的二维特征。风浪和涌浪也可能同时存在,形成混合浪。

| 2.2 波浪荷载 |

2.2.1 波浪要素

波浪要素是描述波浪特征的参数,包括波高、波幅、周期、波长和波速等。由于深水条件下,波浪的运动受海底摩擦的影响较小,因此为了研究问题方便,深水波(水深 > 1/2 波长)被理想化为一种规则波,而浅水波(水深 < 1/2 波长)则以不规则波来描述。

规则波理论假定波浪以一定的周期、波长和波高在一个方向上传播,呈现二维波动的特点,因此可以用二维平面上的简谐函数来描述,如图 2 - 1 所示。图中,x 轴水平且指向波浪传播方向,称为波向。波向是波浪的一个重要属性。将同一列波峰的连线定义为波峰线,将垂直于波峰线并与 x 轴平行同向的线定义为波向线,用以表述波浪传播的方向。

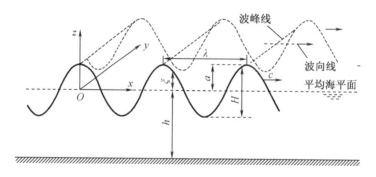

图 2 - 1 规则波二维波形[1]

图 2 - 1 中的两相邻波峰或波谷之间的水平距离用波长 λ 来表示,两相邻波峰或波谷先后通过同一点所经历的时间用周期 T 来表示。因此,波长是一个周期内波浪传播的距离。将波长与周期之比 λ/T 定义为波速 c,即 $c = \lambda/T$,用以描述波浪传播的速度;波峰与波谷的垂直距离用波高 H 来表示,将 1/2 波高定义为波幅 a,即 $a = H/2$,用以描述水质点距其平衡位置的最大垂直位移;将波高与波

长之比 H/λ 定义为波陡 δ，即 $\delta = H/\lambda$，δ 是一个表征波浪是否稳定的参数，用来判断波浪是否破碎。

对于不规则波，其波浪要素用统计特征值表示，如平均波高 $\overline{H}$、有效波高 $H_{1/3}$、最大波高 $H_{\max}$ 和平均波周期 $\overline{T}$ 等。其中，平均波高是连续记录的 N 个波高测量值的均值，即

$$\overline{H} = \frac{1}{N} \sum_{i=1}^{N} H_i \tag{2-1}$$

也可以采用加权平均，即

$$\overline{H} = \frac{1}{N} \sum_{j=1}^{M} H_j n_j \tag{2-2}$$

式中，n_j 为 $N\left(N = \sum_{j=1}^{M} n_j \right)$ 个观测值中波高 H_j 的个数；M 为不同波高的组数，即 n_j 的个数。

有效波高的定义是：在连续测量的 N 个波高中，前 N/3 个大波的波高的平均值，即

$$H_{1/3} = \frac{3}{N} \sum_{k=1}^{N/3} H_k \tag{2-3}$$

式中，H_k 为 N 个观测值中，波高值位列前 N/3 个大值的波高。

有效波高和最大波高是海洋工程结构设计中两个常用的设计波浪参数，二者之间的换算关系为

$$H_{\max} = (1.6 \sim 2.0) H_{1/3} \tag{2-4}$$

2.2.2 规则波理论

1. 线性波理论

线性波理论假定波幅 a 与波长 λ 之比是小量，即 $a/\lambda \ll 1$，从而将非线性的海面边界条件做线性化处理。因此，线性波理论也被称为微幅波理论，其中最具代表性的是 Airy 波理论。

线性波理论用简谐波来表示波浪运动，即将波面的运动看作是随时间而进行的简谐形式的振荡，且振荡周期不变，从而可以用正弦函数或余弦函数来描述。如行进波的波面方程可表示为

$$\zeta = a\cos(\omega t - kx) \tag{2-5}$$

式中　k——波数, $k = 2\pi/\lambda$;

　　　ζ——波面高度;

　　　t——时间;

　　　ω——频率, $\omega = 2\pi/T$。

在一定水深条件下,行进波将由于不同波长的波浪以不同的速度传播而发生分散现象。波浪理论基于这一现象建立起了频率、波数、水深和波长的关系,即

$$\frac{\omega^2}{g} = k\tanh(kh) = \frac{2\pi}{\lambda}\tanh\left(\frac{2\pi}{\lambda}h\right) \qquad (2-6)$$

式中　h——水深;

　　　g——重力加速度。

式(2-6)被称为色散关系或频散关系,式中的 $\tanh(kh)$ 是浅水修正项,因此浅水波也被称为色散波。由式(2-6)可得波长与周期的关系为

$$\lambda = \frac{g}{2\pi}T^2\tanh\left(\frac{2\pi}{\lambda}h\right) \qquad (2-7)$$

式(2-6)的适用范围是 $1/25 < h/\lambda < 1/2$,在无限水深条件下,即当 $h \to \infty$, $\tanh(kh) \to 1$ 时,浅水修正项失去意义,代入式(2-7)可得极深水条件下的波长与周期关系为

$$\lambda = \frac{g}{2\pi}T^2 \qquad (2-8)$$

同理,在极浅水条件下,若 $h \to 0$,则 $\tanh(kh) \to kh$,代入式(2-7)得极浅水条件下的波长与周期关系为

$$\lambda = \sqrt{gh}\,T \qquad (2-9)$$

由式(2-9)和波速的定义可得极浅水条件下的波速表达式为

$$c^2 = gh \qquad (2-10)$$

分析式(2-10)可知,极浅水条件下($h/\lambda < 1/25$),波浪的传播速度与波长无关,故称其为极浅水波,也称为长波,属于非色散波。

波浪传播过程中,水质点速度和加速度是计算波浪荷载的主要参数。对于浅水波($1/25 < h/\lambda < 1/2$),水质点速度和加速度可按下式计算:

$$u_x = \frac{\pi H}{T}\frac{\cosh[k(z+h)]}{\sinh(kh)}\cos(\omega t - kx) \qquad (2-11)$$

$$u_z = \frac{\pi H}{T}\frac{\sinh[k(z+h)]}{\sinh(kh)}\sin(\omega t - kx) \qquad (2-12)$$

$$\dot{u}_x = \frac{2\pi^2 H}{T^2} \frac{\cosh[k(z+h)]}{\sinh(kh)} \sin(\omega t - kx) \tag{2-13}$$

$$\dot{u}_z = -\frac{2\pi^2 H}{T^2} \frac{\sinh[k(z+h)]}{\sinh(kh)} \cos(\omega t - kx) \tag{2-14}$$

式中　u_x、u_z——水质点速度的水平分量和垂直分量；

　　　$\dot{u}_x$、$\dot{u}_z$——水质点加速度的水平分量和垂直分量；

　　　z——垂向坐标。

在极深水条件下，式(2-11)至式(2-14)中的双曲函数可简化为

$$\frac{\cosh[k(z+h)]}{\sinh(kh)} \approx \frac{\sinh[k(z+h)]}{\sinh(kh)} \approx e^{kz} \tag{2-15}$$

代入式(2-11)至式(2-14)得深水波的水质点速度和加速度计算公式，即

$$u_x = \frac{\pi H}{T} e^{kz} \cos(\omega t - kx) \tag{2-16}$$

$$u_z = \frac{\pi H}{T} e^{kz} \sin(\omega t - kx) \tag{2-17}$$

$$\dot{u}_x = \frac{2\pi^2 H}{T^2} e^{kz} \sin(\omega t - kx) \tag{2-18}$$

$$\dot{u}_z = -\frac{2\pi^2 H}{T^2} e^{kz} \cos(\omega t - kx) \tag{2-19}$$

2. 非线性波理论

非线性波理论有斯托克斯(Stokes)波理论、椭圆余弦波理论和孤立波理论，其中斯托克斯波理论是一种针对非线性重力波的近似理论，其理论基础与线性波理论相同——重力是唯一的外力，但波幅 a 与波长 λ 之比 $\varepsilon = a/\lambda$ 不再是小量，将相关物理量对 ε 做摄动展开，取不同阶次的 ε 就得到不同阶的斯托克斯波。由于斯托克斯波没有考虑水深的影响，因此不适用于描述有限波幅的波浪在浅水中的传播。椭圆余弦波理论考虑了水深对有限波幅的波浪在浅水中传播的影响，因此是一种描述波浪在浅水中传播的非线性波理论。孤立波是浅水中可能出现的一种波浪现象，由于波面上只能看到一个波峰向前传播，故称其为孤立波，而假定其波长为无限长。孤立波理论描述的是非周期运动的移动波，该理论认为孤立波的水体体积大部分集中在其波峰两侧的小区域范围内，能量也集中在波峰附近，当两个孤立波相遇或发生超越时，它们会在分开后继续向前传播，且形状和大小不变，但相位发生变化。

二阶以上的斯托克斯波的波剖面形状具有波峰较陡且窄、波谷较平坦且宽的特点，其二阶和三阶的波面方程可分别表示为

$$\zeta_2 = \zeta_1 + \frac{1}{2}ka^2\cos 2(\omega t - kx) \qquad (2-20)$$

$$\zeta_3 = \zeta_2 + \frac{3}{8}k^2a^3\cos 3(\omega t - kx) \qquad (2-21)$$

式中，ζ_1、ζ_2 和 ζ_3 分别为一阶、二阶和三阶斯托克斯波的波面方程。一阶斯托克斯波的波面方程与线性波的波面方程相同，即式（2-5）。

斯托克斯波的水质点运动轨迹不是一个闭合的圆，而是呈螺旋状，因此在水平方向上产生沿波向的位移，称为波流。

椭圆余弦波的波面方程可表示为

$$\zeta = \zeta_d + H\text{cn}^2\left[2K(\kappa)\left(\frac{x}{\lambda} - \frac{t}{T}\right), \kappa\right] \qquad (2-22)$$

式中　cn——椭圆余弦函数；

$\quad\quad K(\kappa)$、$E(\kappa)$——第一类和第二类完全椭圆积分；

$\quad\quad \kappa$——椭圆积分的模；

$\quad\quad \zeta_d$——波谷至海底的高度，有

$$\zeta_d = \frac{16h^3}{3\lambda^2}K(\kappa)\left[K(\kappa) - E(\kappa)\right] + h - H \qquad (2-23)$$

椭圆余弦波的波峰窄而高，波谷宽且平坦，其波面曲线如图 2-2 所示。当相对波高 H/h 趋于无穷小时，$\kappa \to 0$，椭圆余弦波接近微幅波；当波长 λ 趋于无穷大时，$\kappa \to 1$，其极限波剖面与孤立波相同。椭圆余弦波是一个具有稳定波形的周期波，由于椭圆余弦波理论考虑的影响因素较多，因此其具有较大的适用范围。

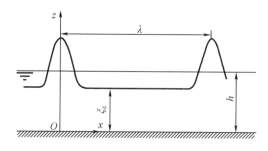

图 2-2　椭圆余弦波的波面曲线[1]

孤立波的波剖面方程为

$$\zeta = H\sinh^2\left[\sqrt{\frac{3H}{4h^3}}(ct - x)\right] \qquad (2-24)$$

工程应用时,如果 $\dfrac{\lambda}{h} > 2\pi\sqrt{\dfrac{h}{3H}}$,可近似地将浅水长波作为孤立波来处理。

3. 各种波浪理论的应用范围

由于不同的波浪理论采用了不同的假设条件和近似处理,因此不同的波浪理论都有各自的适用条件和适用范围。一般而言,影响深水波传播的主要因素是波陡 (H/λ);而影响浅水波传播的主要因素除波陡 (H/λ) 外,相对水深 (h/λ) 也是个重要因素。因此,在极浅水海域要考虑相对波高 (H/h) 的影响。图 2 - 3 给出了不同波浪理论的适用范围,可以看出,线性波理论适用于浅水和波陡较小的深水,是研究随机海浪的理论基础。对于波陡较大的非线性波,斯托克斯波理论适用于深水,多采用三阶和五阶斯托克斯波,其破碎波陡 $\delta_{\max} = 0.142$;椭圆余弦波理论和孤立波理论适用于浅水,其相对波高的极限值 $(H/h)_{\max} = 0.78$。这三个理论的适用范围之间的界限由不同的方法确定,椭圆余弦波与斯托克斯波的适用范围的界限由厄塞尔参数 $U(U = H\lambda^2/h^3) \approx 26$ 划分;椭圆余弦波与孤立波适用范围的界限由 $h/\lambda = 0.04$ 或 $h/gT^2 = 0.001\,55$ 划分。

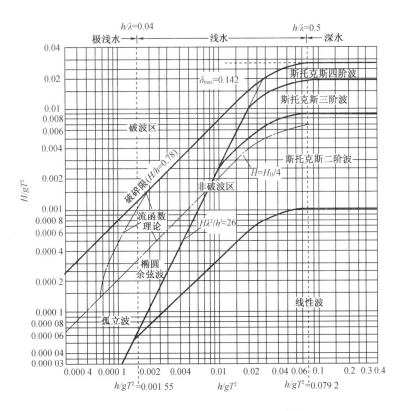

图 2 - 3　不同波浪理论的适用范围[1]

2.2.3 随机波浪理论

随机波浪理论认为波面随时间和空间的变化是一种具有高斯正态分布特征的随机过程——平稳和各态历经的随机过程,这已经被大量的实测资料证明。随机波浪远比采用确定性函数描述的规则波复杂,属于非周期性的不规则波,其波浪要素是随机变量,因此只能采用统计方法或概率方法来研究,以能量谱的形式来描述。

1. 海浪谱

为了研究问题的方便,通常将一个随机海浪过程看作由若干个具有不同频率、不同相位和不同波幅的简谐波叠加而成的合成波浪,其中每个组成波的波幅、频率和相位都是随机变量,因此合成波的波面函数是一个随机函数。基于式(2-5)可将不规则波的波面函数表示为

$$\zeta = \sum_{i=1}^{\infty} a_i \cos(\omega_i t - k_i x + \varepsilon_i) \qquad (2-25)$$

式中,a_i、ω_i、k_i 和 ε_i 分别为第 i 个组成波的波幅、频率、波数和相位。

由于式(2-25)中的参数 a_i、ω_i、k_i 和 ε_i 具有某种统计特征,因此用谱的形式来描述更加方便,从而产生了海浪谱,用于描述海浪的内部组成结构,研究海浪的生成机制,进行海浪的观测分析及预报。目前,海洋工程中最常用的海浪谱是 P-M 谱和 JONSWAP 谱,如图 2-4 所示。

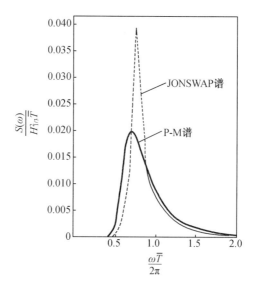

图 2-4　P-M 谱和 JONSWAP 谱[2]

P－M 谱是根据 1955—1960 年的海浪观测资料进行谱分析得到的,1966 年召开的第 11 届国际拖曳水池会议(International Towing Tank Conference,ITTC)将其确定为标准单参数谱。

$$S(\omega) = 8.10 \times 10^{-3} \frac{g}{\omega^2} \exp\left[-0.74\left(\frac{g}{U\omega}\right)^4\right] \tag{2-26}$$

式中　U——海面上 19.5 m 高度处的风速。

JONSWAP 谱是北海波浪联合研究计划(The Joint North Sea Wave Project)提出的经验谱。

$$S(\omega) = \frac{\alpha g^2}{\omega^5} \exp\left[-\frac{5}{4}\left(\frac{\omega_m}{\omega}\right)^4\right] \gamma \exp\left[-\frac{(\omega-\omega_m)^2}{2\sigma^2\omega_m^2}\right] \tag{2-27}$$

式中　ω_m——谱峰频率;

　　　γ——谱峰升高因子,一般取 3.3;

　　　σ——峰形参数,一般取 $\sigma = 0.07(\omega \leqslant \omega_m)$ 或 $\sigma = 0.09(\omega > \omega_m)$。

　　　$\alpha = \left(\frac{gF}{U_{10}^2}\right)^{-0.22}$,其中,$F$ 为风区长度,U_{10} 为海面上 10 m 高度处的风速。

2.波浪要素计算

随机海浪的参数都是随机变量,因此其波浪要素必须采用统计的方法来计算。利用谱方法研究随机海浪的频谱特性与利用统计方法研究随机海浪的波浪要素是同一个问题的两个不同方面。前者从波动积蓄的能量出发来研究随机海浪的统计特征,后者则从波动的表现形式出发来研究随机海浪的统计特征。波浪谱可通过对波面记录的随机过程进行谱分析得到,而波浪要素则是基于波浪谱计算得到的相应要素的统计特征值,包括:

平均波高

$$\overline{H} = 2.507\sqrt{m_0} \tag{2-28}$$

有效波高

$$H_{1/3} = 4.005\sqrt{m_0} \tag{2-29}$$

平均波周期

$$\overline{T} = 2\pi\frac{m_0}{m_1} \tag{2-30}$$

式中,m_0 和 m_1 分别为波浪谱的零阶矩和一阶矩,$m_0 = \int_0^\infty S(\omega)\mathrm{d}\omega$,$m_1 = \int_0^\infty \omega S(\omega)\mathrm{d}\omega$。

2.2.4 圆柱体的波浪力

波浪对结构物的作用不仅与水深、波高及周期有关,也与结构物的形式及位置等因素有关。由于深水立管为圆柱形结构,且其直径 D 与波长 λ 之比较小,因此此处仅讨论"小直径"($D/\lambda \leqslant 0.2$)圆柱体的波浪力计算问题。小直径的限定忽略了圆柱体的存在对波浪传播的影响,近似地将波浪力看作是仅由黏性阻力(与水质点速度相关的作用力)和惯性力(与水质点加速度相关的作用力)组成的合力,这就是莫里森(Morrison)方法。

Morrison 方法是基于模型试验的半经验半理论方法,广泛应用于海洋工程的结构设计计算,适用于计算 $D/\lambda \leqslant 0.2$ 的柱类构件波浪力,对于非圆截面杆,D 为截面的迎浪向截面特征尺寸。下面基于深水立管的波浪力计算来讨论 Morrison 方法的应用。

1. 直立圆柱体

设一圆柱体直立在水深为 h 的海底,圆柱体轴线与海底的交点为坐标原点,波高为 H 的入射波沿 x 轴正方向传播并通过圆柱体,如图 2-5 所示。Morrison 方法将作用在单位长度圆柱体上的水平波浪力 f_H 分解为两部分:一部分是由波浪水质点的水平速度 u_x 引起的黏性阻力 f_D,也称其为拖曳力;另一部分是由波浪水质点的水平加速度 $\dot{u}_x$ 引起的惯性力 f_I,即

$$f_\text{H} = f_\text{D} + f_\text{I} = \frac{1}{2} C_\text{D} \rho D u_x |u_x| + C_\text{M} \rho \frac{\pi D^2}{4} \dot{u}_x \qquad (2-31)$$

式中　C_D——拖曳力系数;

　　　ρ——海水密度;

　　　D——圆柱体直径;

　　　C_M——惯性力系数。

式(2-31)为计算直立圆柱体波浪力的 Morrison 公式,其一般表达式为

$$f = \frac{1}{2} C_\text{D} \rho A u |u| + C_\text{M} \rho V \frac{\partial u}{\partial t} \qquad (2-32)$$

式中　A——圆柱体的横截面积;

　　　V——圆柱体的体积。

需要指出的是,式(2-31)和式(2-32)的拖曳力项是基于黏性流体得到的,而惯性力项是基于理想流体得到的,两种不同性质的流体力直接线性叠加的理论依据不足。但目前还没有找到一个更好的计算方法来取代它,且几十年的工

程应用经验表明,它能够给出满足工程要求的结果。因此,Morision 公式至今仍是计算小尺度柱体结构波浪力的主要方法。

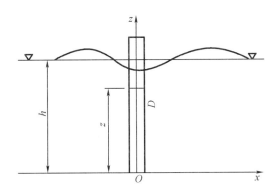

图 2 – 5 直立圆柱体波浪力计算坐标系统

式(2 – 31)仅仅考虑了圆柱体的尺寸效应,因此适用于静止的圆柱体,即固定的刚性圆柱体。当圆柱体在波浪中运动时(包括弹性支撑的刚性圆柱体和/或刚性固定的弹性圆柱体),Morrison 公式取如下的形式:

$$f_H = \frac{1}{2}C_D\rho D(u_x - \dot{x})\,|\,(u_x - \dot{x})\,| + C_M\rho\frac{\pi D^2}{4}\dot{u}_x - C_a\rho\frac{\pi D^2}{4}\ddot{x} \qquad (2-33)$$

式中 $\dot{x}$、$\ddot{x}$——圆柱体沿波浪方向运动的速度和加速度;

C_a——附加质量系数,$C_a = C_M - 1$。

还可以得到式(2 – 33)的另一种表达形式:

$$f_H = \frac{1}{2}C_D\rho D(u_x - \dot{x})\,|\,(u_x - \dot{x})\,| + C_M\rho\frac{\pi D^2}{4}(\dot{u}_x - \ddot{x}) + \rho\frac{\pi D^2}{4}\ddot{x} \qquad (2-34)$$

2. 倾斜圆柱体

式(2 – 31)和式(2 – 33)是求解直立圆柱体水平波浪力的计算公式,对于图 2 – 6 所示的倾斜圆柱体(如悬链式立管悬垂段,特别是触地区附近),如果波浪沿 x 方向传播,则在圆柱体上任一点处,垂直和平行于圆柱体轴线的水质点速度 U_N、U_T 和加速度 $\dot{U}_N$、$\dot{U}_T$ 分别由水质点的速度 u 和加速度 $\dot{u}$ 组成。由于波浪水质点速度和加速度的大小不同,因此它们虽然都在 zOx 平面内,但却不重合。故在一般情况下,对于任意方向的倾斜圆柱体,与其轴线垂直的水质点速度 U_N 和加速度 $\dot{U}_N$ 并不在同一平面内。因此,拖曳力和惯性力的合力只能表示为矢量的形式:

$$f = \frac{1}{2}C_{\mathrm{D}}\rho D U_{\mathrm{N}} \mid U_{\mathrm{N}} \mid + C_{\mathrm{M}}\rho \frac{\pi D^2}{4} \frac{\partial U_{\mathrm{N}}}{\partial t} \qquad (2-35)$$

式中 f——作用于倾斜圆柱体上任意高度 z 处的单位长度波浪力矢量;

U_{N}、$\partial U_{\mathrm{N}}/\partial t$——垂直于圆柱体轴线的水质点速度和加速度矢量;

$\mid U_{\mathrm{N}} \mid$——U_{N} 的模。

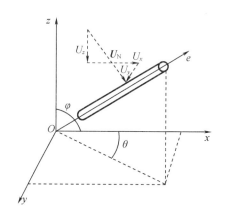

图 2 - 6　倾斜圆柱体波浪力计算坐标系统

设 e 为圆柱体轴线的单位矢量,即

$$e = e_x i + e_y j + e_z k \qquad (2-36)$$

式中,$e_x = \sin\varphi\cos\theta$,$e_y = \sin\varphi\sin\theta$,$e_z = \cos\varphi$。则速度矢量 U_{N} 可表示为

$$U_{\mathrm{N}} = e \times (u \times e) \qquad (2-37)$$

式中,u 为水质点的速度矢量,其三个坐标分量为 u_x、u_y、u_z。对于二维问题,$u_y = 0$,由此可得

$$u = u_x i + u_z k \qquad (2-38)$$

其中,u_x 和 u_z 可选取一种适宜的波浪理论计算得到。

设速度矢量 U_{N} 在坐标轴上的投影为 U_x、U_y、U_z,即

$$U_{\mathrm{N}} = U_x i + U_y j + U_z k \qquad (2-39)$$

将式(2 - 36)和式(2 - 38)代入式(2 - 37)得

$$U_x = u_x - e_x(e_x u_x + e_z u_z)$$

$$U_y = -e_y(e_x u_x + e_z u_z)$$

$$U_z = u_z - e_z(e_z u_z + e_z u_z) \qquad (2-40)$$

由此可得速度矢量 U_{N} 的模:

$$|\boldsymbol{U}_{N}| = (\boldsymbol{U}_{N} \cdot \boldsymbol{U}_{N})^{1/2} = \sqrt{U_x^2 + U_y^2 + U_z^2} = \sqrt{u_x^2 + u_z^2 - (e_x u_x + e_z u_z)^2}$$

$$(2-41)$$

及其加速度 $\partial \boldsymbol{U}_N / \partial t$ 的坐标分量：

$$\begin{cases} \dot{U}_x = (1 - e_x^2) \dfrac{\partial u_x}{\partial t} - e_z e_x \dfrac{\partial u_z}{\partial t} \\[2mm] \dot{U}_y = -e_x e_y \dfrac{\partial u_x}{\partial t} - e_z e_y \dfrac{\partial u_z}{\partial t} \\[2mm] \dot{U}_z = -e_x e_z \dfrac{\partial u_x}{\partial t} + (1 - e_z^2) \dfrac{\partial u_z}{\partial t} \end{cases}$$

$$(2-42)$$

于是式(2-35)可表示为

$$\begin{Bmatrix} f_x \\ f_y \\ f_z \end{Bmatrix} = \frac{1}{2} C_D \rho D \, |\boldsymbol{U}_N| \begin{Bmatrix} U_x \\ U_y \\ U_z \end{Bmatrix} + C_M \rho \frac{\pi D^2}{4} \begin{Bmatrix} \dot{U}_x \\ \dot{U}_y \\ \dot{U}_z \end{Bmatrix}$$

$$(2-43)$$

整个倾斜圆柱体上的总波浪力可由式(2-43)沿圆柱体长度积分得到，但由于同一时刻位于圆柱体轴线不同高度处的水质点速度和加速度具有不同的相位，故沿圆柱体轴线的积分只能采用数值积分方法来完成。

对于运动圆柱体，式(2-43)可表示为

$$\begin{Bmatrix} f_x \\ f_y \\ f_z \end{Bmatrix} = \frac{1}{2} C_D \rho D \, |\boldsymbol{U}_N| \begin{Bmatrix} U_x - \dot{x} \\ U_y - \dot{y} \\ U_z - \dot{z} \end{Bmatrix} + C_M \rho \frac{\pi D^2}{4} \begin{Bmatrix} \dot{U}_x \\ \dot{U}_y \\ \dot{U}_z \end{Bmatrix} - C_a \rho \frac{\pi D^2}{4} \begin{Bmatrix} \ddot{x} \\ \ddot{y} \\ \ddot{z} \end{Bmatrix} \quad (2-44)$$

3. 水动力系数

Morrison 公式中的拖曳力系数 C_D 和惯性力系数 C_M 是经验系数，它们与雷诺数 Re、KC 数（$KC = U_m T_w / D$，U_m 为振荡流的幅值，T_w 为振荡流的周期）和圆柱体表面粗糙度 e（$e = k_s / D$，k_s 为粗糙层厚度）有关，如图2-7至图2-9所示。

稳定流的拖曳力系数 C_{DS} 和 Re 的关系与 Re 的大小有关，在超临界 Re 范围内，C_{DS} 随 Re 的变化很小。这意味着，在极端设计海况条件下，可忽略 C_{DS} 随 Re 的变化。而在疲劳设计海况条件下，采用超临界范围的 C_{DS} 计算静态波浪力偏于保守，计算阻尼则偏于不安全。在实验室进行缩尺模型试验时，应考虑 C_{DS} 与 Re 的关系。应合理地确定模型比例和表面粗糙度，以消除或尽可能降低 Re 对 C_{DS} 的影响，在应用模型试验结果预测原型数据时应考虑模型 C_{DS} 与原型 C_{DS} 之间的差异。

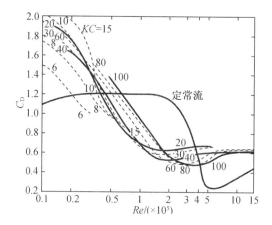

图 2 - 7　光滑圆柱体 C_D 与 Re 和 KC 数的关系[1]

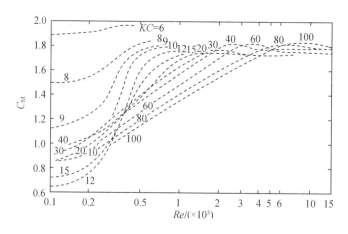

图 2 - 8　光滑圆柱体 C_M 与 Re 和 KC 数的关系[1]

　　图 2 - 10 和图 2 - 11 分别给出了在超临界 Re 范围内, $KC > 12$ 和 $KC < 12$ 的直立圆柱体的拖曳力系数 C_D 与 KC 数的关系。从图 2 - 11 可以看出, 光滑圆柱体和粗糙圆柱体的 C_D 随 KC 数的变化趋势是相同的, 当 KC 数被 C_{DS} 归一化时, 两条曲线是重合的(图 2 - 10)。

　　图 2 - 12 和图 2 - 13 给出了直立圆柱体的惯性力系数 C_M 与 KC 数的关系。其中, 图 2 - 13 的横轴被 C_{DS} 归一化。从图 2 - 12 中可以看出, 当 $KC \leqslant 3$ 时, 光滑圆柱体和粗糙圆柱体的 C_M 都接近 2.0(理论值)。随着 KC 数的增大, 惯性力系数逐渐减小, 当 $KC \geqslant 17$ 时, 惯性力系数 C_M 达到一个恒定的值, 光滑圆柱体为 1.6、粗糙圆柱体为 1.2, 如图 2 - 13 所示。$3 < KC < 17$ 时, 惯性力系数是线性减小的。

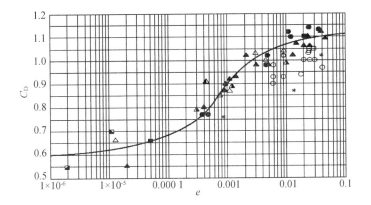

图 2-9　C_D 与粗糙度 e 的关系[3]

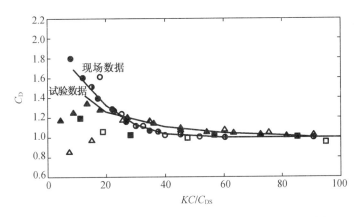

图 2-10　超临界 Re 范围 C_D 与 KC 数的关系（$KC > 12$）[3]

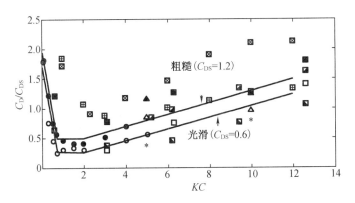

图 2-11　超临界 Re 范围 C_D 与 KC 数的关系（$KC < 12$）[3]

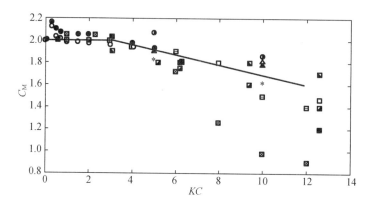

图 2 - 12　惯性力系数 C_M 与 KC 数的关系(一)[3]

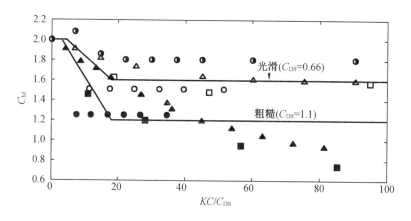

图 2 - 13　惯性力系数 C_M 与 KC 数的关系(二)[3]

　　拖曳力系数和惯性力系数除了与 Re、KC 数和圆柱体表面粗糙度 e 有关外,还受流场流速与波浪水质点速度之比 $r = V_x/U_m$ 的影响,其中,V_x 为流速在波浪传播方向上的分量,U_m 为最大波浪水质点速度。研究表明,当 $r > 0.4$ 时,工程上可取 $C_D = C_{DS}$;当 $r < 0.4$ 时,API 规范(API RP 2A-WSD – 2014)建议通过修正 KC 数来考虑稳定流场的影响,其一阶修正系数为 $(1 + r)2\theta/\pi$,其中,$\theta = \arctan(\sqrt{1 - r^2}, - r)$。

　　工程应用时,C_D、C_M 一般并不直接根据图表查得,而是参考规范选取。DNV (Det Norse Veritas) 规范(DNV-OS-C201 – 2012)建议:当 $KC > 37$ 时,对于粗糙度 $e < 1/10\ 000$ 的光滑圆柱体,取 $C_D = 0.65$、$C_M = 2.0$;对于粗糙度 $e > 1/100$ 的圆柱体,取 $C_D = 1.05$、$C_M = 1.8$;对于粗糙度 $e < 1/100$ 的圆柱体,取 $C_D = 1.0$、$C_M = 1.8$。API 规范(API RP 2A-WSD – 2014)建议:当 $KC > 30$ 时,对于光滑圆柱体,

取 $C_D = 0.65$、$C_M = 1.6$;对于粗糙圆柱体,取 $C_D = 1.05$、$C_M = 1.2$。当 $1.0 < KC < 6.0$ 时,对于光滑圆柱体,取 $C_D = 0.5$、$C_M = 2.0$;对于粗糙圆柱体,取 $C_D = 0.8$、$C_M = 2.0$。

对于高雷诺数($Re > 10^6$)和大 KC 数,DNV 规范(DNV RP C205 – 2010)建议 C_{DS} 按下式计算:

$$C_{DS} = \begin{cases} 0.65 & e < 10^{-4} \\ (29 + 4 \cdot \log_{10} e)/20 & 10^{-4} < e < 10^{-2} \\ 1.05 & e > 10^{-2} \end{cases} \qquad (2-45)$$

表 2 – 1 列出了 DNV 规范和 API 规范推荐的 C_D 和 C_M 值。表 2 – 2 列出了 API RP 16Q 推荐的钻井隔水管动力分析的 C_D 和 C_M 值,其中裸管的荷载计算依据可以只考虑主管,也可以包括附属管线。

表 2 – 1　DNV 规范和 API 规范推荐的 C_D 和 C_M 值

系数		DNV-OS-C201	DNV-OS-F201	API RP 2A	API RP 2RD	
					$KC < 5$	$KC > 20$
C_D	光滑	0.65	0.7 ~ 1.0	0.65	0.9	0.7
	$e < 1/100$	1.0		1.05	1.5	1.1
	$e > 1/100$	1.05				
C_M	光滑	2.0	2.0	1.6		1.5
	$e < 1/100$	1.8			2.0	
	$e > 1/100$	1.8		1.2		1.3

表 2 – 2　API RP 16Q 推荐的 C_D 和 C_M 值

系数		$Re < 10^5$	$10^5 < Re < 10^6$	$Re > 10^6$
C_D	裸管	1.2 ~ 2.0	2.0 ~ 1.0	1.0 ~ 1.5
	有浮力块	1.2	1.2 ~ 0.6	0.6 ~ 0.8
C_M	裸管	1.5 ~ 2.0		
	有浮力块			

|2.3 海流荷载|

2.3.1 稳定流场的涡旋泄放

1.固定圆柱体

海流荷载对圆柱体的作用包括顺流向(拖曳力)和横流向(升力)两个分量,而使圆柱体产生动力响应(振动或振荡)的是它们的交变部分——涡激升力(横流向)和脉动拖曳力(顺流向)。因此,此处仅限于讨论由于涡旋泄放而产生的涡激升力和脉动拖曳力。

涡旋泄放是流经圆柱体的流体由于流动分离(图 2 – 14)而产生的一种流动现象。流动分离使得分离点处产生了瞬间的低压区,而流场压力的自平衡则导致涡旋形成,并随着流体的流动而离开圆柱体向下游运动,如图 2 – 15 所示,这便是涡旋泄放。由于涡旋中的水质点运动速度和轨迹与流场不同,涡旋在被流场裹挟运动的过程中因没有维持其运动的能量补充而逐渐消失。在此过程中,陆续泄放的涡旋形成了一条涡迹,被称为卡门涡街,如图 2 – 16 所示。

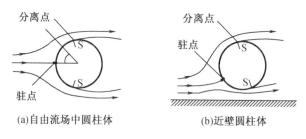

(a)自由流场中圆柱体　　　　　　(b)近壁圆柱体

图 2 – 14　流动分离现象[4]

由前面的分析可知,涡旋泄放的条件是流动分离,而产生流动分离的条件与流体的流速和运动黏度及圆柱体在流场平面内的截面几何形状(后面的讨论均以圆柱体的轴线垂直于流场为例,即圆柱体在流场平面内的截面形状为圆)和表面粗糙度有关。

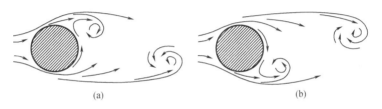

图 2 – 15　涡的形成与脱落[4]

图 2 – 16　卡门涡街

由常识和生活经验可知,在相同的圆柱体直径和流体运动黏度条件下,流速越大越容易产生流动分离;在相同的流速和运动黏度条件下,圆柱体直径越大越容易产生流动分离;在相同的流速和圆柱体直径条件下,黏度越小越容易产生流动分离。因此,固定圆柱体的分离点位置及涡旋泄放状态是随雷诺数

$$Re = \frac{UD}{\nu} \tag{2-46}$$

变化的,如图 2 – 17 和图 2 – 18 所示。

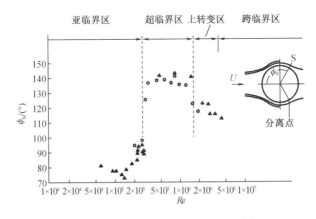

图 2 – 17　分离点位置随 Re 的变化[4]

式(2 – 46)中,U 为稳定流场的流速;D 为圆柱体直径;ν 为流体的运动黏度。

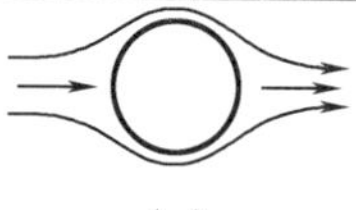	无分离流动	$Re < 5$
(a)		
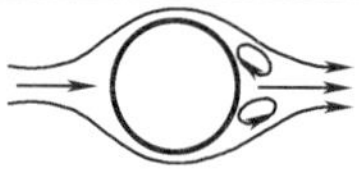	层流边界分离,产生一对稳定的对称涡,尾流全是层流	$5 \sim 15 < Re < 40$
(b)		
	涡旋交替生成并脱落,尾流为层流涡街	$40 < Re < 200$
(c)		
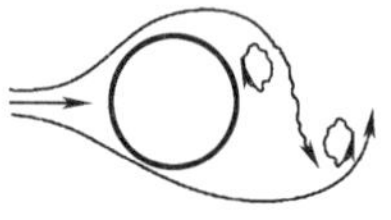	涡街向层流过渡,涡街全是湍流	$200 < Re < 300$ $300 < Re < 3 \times 10^5$
(d)		
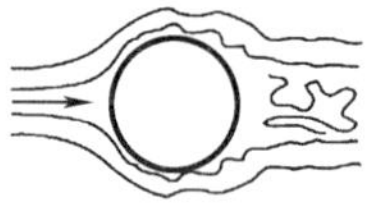	层流边界层转变为湍流,尾流变窄且无序	$3 \times 10^5 < Re <$ 3.5×10^6
(e)		
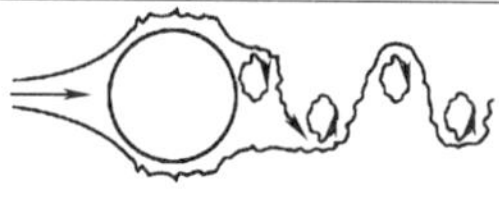	涡街重新形成,但为湍流态涡街	$3.5 \times 10^6 < Re$
(f)		

图 2 – 18　稳定流场中光滑圆柱体涡旋泄放状态

当 $Re < 5$ 时,不发生流动分离,如图 2 – 18(a)所示,因此没有涡旋形成。随着 Re 增大,在圆柱体的尾流中形成了一对稳定的涡旋,这对稳定的涡旋并不脱落,如图 2 – 18(b)所示,且涡旋的椭圆形长轴随 Re 的增大而增大,直至 Re 达到 40。

随着 Re 的进一步增大,圆柱体的尾流从稳定向不稳定转变,最终导致涡旋从圆柱体两侧有规律地交替脱落——涡旋泄放,从而在圆柱体下游形成了涡街,如图 2 – 18(c)所示,涡旋泄放的频率随流速的增大而提高,可表示为

$$f_s = St \frac{U}{D} \tag{2 – 47}$$

式中,St 为斯坦顿数(Stanton Number),它与雷诺数和圆柱体的表面粗糙度有关,如图 2 – 19 所示。

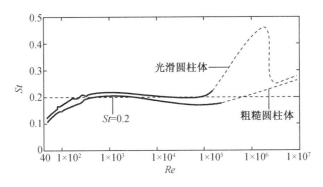

图 2 - 19 光滑与粗糙表面的 St 与 Re 的关系曲线

$Re < 200$ 时,涡旋泄放基本上是二维的,即沿圆柱体的轴向涡街是相同的。而当 $Re > 200$ 时,尾流开始由层流向湍流转变,直至 Re 达到 300。在此 Re 范围内,涡旋泄放呈现明显的三维特征,涡旋在圆柱体的轴向呈胞状脱落。当 $Re >$ 300 后,尾流由层流向湍流的转变完成,涡街全部是湍流态的,但圆柱体表面的边界层仍为层流态,相应的 Re 范围是 $300 < Re < 3 \times 10^5$,如图 2 - 18(d) 所示,该 Re 范围被称为亚临界区。

随着 Re 的继续增大,圆柱体表面的边界层开始由层流向湍流转变。转变从分离点开始,并随 Re 的增大而逐渐向驻点扩散。当 $3 \times 10^5 < Re < 3.5 \times 10^5$ 时,圆柱体一侧的边界层在分离点处由层流转变为湍流,而另一侧的分离点处仍为层流。由于流动不对称,圆柱体将受到一个非零的平均升力作用。值得注意的是,圆柱体两侧的湍流分离点和层流分离点偶尔会互换位置,非零的平均升力也将因此改变方向。这个 Re 范围被称为临界区或下转变区。

在超临界区($3.5 \times 10^5 < Re < 1.5 \times 10^6$),圆柱体两侧的边界层分离点处均为湍流,但边界层还没有完全转变为湍流,层流和湍流的过渡区位于驻点和分离点之间的某个位置。当 Re 达到 1.5×10^6 时,一侧的边界层全部转变为湍流,而另一侧的部分边界层是湍流,其余仍为层流,直至 Re 达到 3.5×10^6,该 Re 范围($1.5 \times 10^6 < Re < 3.5 \times 10^6$)被称为上转变区。

在边界层转变的整个过程($3 \times 10^5 < Re < 3.5 \times 10^6$)中,由于涡街的消失,圆柱体的尾流变窄且杂乱无章,如图 2 - 18(e) 所示。

当 $Re > 3.5 \times 10^6$ 时,圆柱体两侧的边界层全部转变为湍流,重新形成的涡街呈湍流态,如图 2 - 18(f) 所示。这个 Re 范围被称为跨临界区。

2. 振荡圆柱体

当圆柱体在稳定的流场中做往复运动时,圆柱体的边界层流态和分离点将不再是流速(或 Re)的单一变量,而因受到圆柱体运动的位移和频率(速度和加速度)的影响而变得更加复杂。受到影响的不仅仅是涡旋泄放的频率,还包括涡旋泄放的模式。图 2 – 20 给出了 $300 < Re < 1\ 000$ 时横向(垂直流于速方向)振荡圆柱体的涡旋泄放模式与振幅的关系,其纵轴和横轴分别用两个含有圆柱体位移 A 和频率 f_n 的无量纲参数 A^*($A^* = A/D$)和 V_r 来表示。此处,A 为圆柱体的振幅,V_r 为约化速度(reduction velocity),$V_r = U/f_n D$。图 2 – 20 中,字母 P 和 S 及其组合所代表的涡旋泄放模式如图 2 – 21 所示,其中,P 表示涡对(vortex pair),S 表示单涡(single vortex)。

从图 2 – 20 中可以看出,涡旋泄放模式不仅与流速有关,而且受圆柱体振荡频率和幅度的影响。因为圆柱体的横向振荡将加速一侧的流动分离而延缓另一侧的流动分离,从而打破了圆柱体绕流时稳定的流动分离状态,使得圆柱体两侧的流动分离严重失衡,形成了不同的涡旋泄放模式。

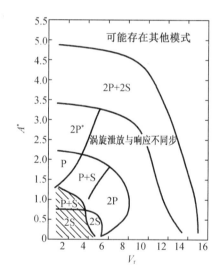

图 2 – 20　振荡圆柱体的涡旋泄放模式与振幅的关系[4]

当圆柱体顺流向振荡时,由于圆柱体的运动改变了流体流经圆柱体的速度——圆柱体与流体的相对速度,分离点的位置发生了扰动。当 $1.25 < V_r < 2.5$ 时,紧随交替涡旋脱落有一对由于圆柱体和流体的相对运动而导致的对称涡旋脱落,如图 2 – 22 所示。这对对称的涡旋泄放在近尾流处呈现出我们所熟悉的涡街形态,并迅速淹没在交替的涡街中,如图 2 – 23(a)所示。当 $2.5 < V_r > 3.8$ 时,对称的涡旋泄放消失,尾流又恢复了交替涡街的形态,如图 2-23(b)所示。

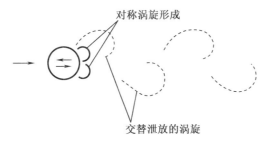

图 2-21 振荡圆柱体的涡旋泄放模式[4]

图 2-22 交替涡旋与对称涡旋示意图[4]

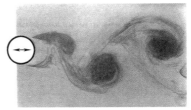

(a)1.25<V_r<2.5   (b)2.5<V_r<3.8

图 2-23 圆柱体顺流向振荡的涡旋泄放[4]

2.3.2 涡旋泄放频率

对于稳定流场的圆柱绕流问题,涡旋泄放频率可用式(2-47)计算,其中的 U 和 D 是由问题的物理条件确定的,而 St 是它们与涡旋泄放频率的比例系数,即

$$St = \frac{f_s D}{U} \qquad (2-48)$$

由于涡旋的形成与流动分离和分离点的流动状态(如层流或湍流)有关,因此 St 是 Re 和表面粗糙度 e 的函数,如图 2-19、图 2-24 和图 2-25 所示。

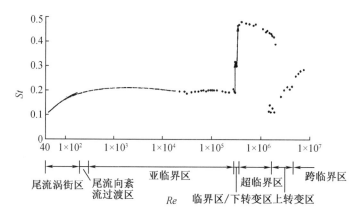

图 2-24　光滑圆柱体的 St 与 Re 的关系曲线[4]

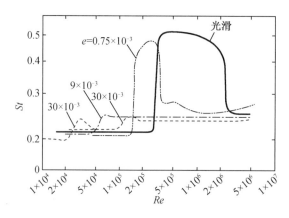

图 2-25　粗糙度对 St 的影响[4]

从图 2-24 中可以看出,在层流涡街区($40 < Re < 200$),St 随 Re 的增大而近

似线性增大,可表示为

$$St \approx C_{St}(Re - 40) + 0.1 \qquad (2-49)$$

式中,C_{St}为该段曲线的斜率。

将式(2-46)和式(2-49)代入式(2-47)得到层流涡街区的涡旋泄放频率表达式:

$$f_s \approx C_{St}\frac{U^2}{\nu} + (0.1 - 40C_{St})\frac{U}{D} \qquad (2-50)$$

从式(2-50)可以看出,在层流涡街区,涡旋泄放频率是流速的二次函数。如果将 $C_{St} = 6.25 \times 10^{-4}$ 代入式(2-50),得

$$f_s \approx 6.25 \times 10^{-4}\frac{U^2}{\nu} + 7.5 \times 10^{-2}\frac{U}{D} \qquad (2-51)$$

由于常温下水的运动黏度约为 1.0×10^{-6},因此非线性项构成了涡旋泄放频率的主要部分,且与圆柱体直径无关。

在亚临界区,St 随 Re 的增大没有发生大幅度的变化,仅在 0.2 附近做小幅调整,因此涡旋泄放频率可用式(2-47)计算,一般取 $St = 0.18 \sim 0.20$。

在临界和超临界区($3 \times 10^5 < Re < 3.5 \times 10^6$),边界层开始由层流向湍流转变,两侧边界层的分离点交替地呈现湍流和层流状态,由此而产生的非零平均升力取代了涡旋泄放产生的升力,因此此时的 St 表示的是非零平均升力的倒相频率,从而呈现出 St 迅速增大的现象。随着边界层湍流的发展,非零平均升力的倒相频率逐渐降低,St 呈现出渐进下降的趋势,直至边界层转变完成、尾流涡街重新建立、非零平均升力消失,涡旋泄放产生的升力再次成为 St 的主人,St 曲线再次回到涡旋泄放频率的轨道,如图2-25所示。

在跨临界区($Re > 3.5 \times 10^6$),由于尾流再次出现了交替脱落的涡旋,重新形成了湍流涡街,因此涡旋泄放频率仍可采用式(2-47)计算,其中的 St 可按图2-25取值,或采用试验、计算流动力学(computational fluid dynamics)方法获得。

对于振荡圆柱体,边界层的分离受圆柱体运动的影响,流体与圆柱体的相对速度决定了涡旋的形成和泄放,因此涡旋泄放频率应采用流体与圆柱体的相对速度计算:

$$f_s = St\frac{|\boldsymbol{U}_R|}{D} \qquad (2-52)$$

式中,$\boldsymbol{U}_R$ 为流体与圆柱体的相对速度矢量,$\boldsymbol{U}_R = \boldsymbol{U} - \boldsymbol{v}$,其中,$\boldsymbol{U}$ 为流体速度矢量,$\boldsymbol{v}$ 为圆柱体速度矢量。

2.3.3 涡旋泄放荷载

1. 涡激升力和脉动拖曳力

涡旋的形成和泄放过程在圆柱体的尾流场引起了交变的压力波动,使圆柱体受到不平衡的流体压力作用,如图 2 - 26 所示。这个不平衡的流体压力场被定义为涡旋泄放荷载——涡激升力和脉动拖曳力,它们与流体的密度和流速及圆柱体的直径有关,可分别表示为

$$F_L = \frac{1}{2}C_L\rho D U^2 \qquad (2-53)$$

$$F_D = \frac{1}{2}C_D\rho D U^2 \qquad (2-54)$$

式中 F_L、F_D——分别为涡激升力和脉动拖曳力;

C_L、C_D——分别为涡激升力系数和脉动拖曳力系数;

ρ——流体密度。

分析式(2 - 53)和式(2 - 54)可知,由于涡激升力和脉动拖曳力是随时间做周期变化的,因此涡激升力系数 C_L 和脉动拖曳力系数 C_D 是随时间周期变化的,如图 2 - 27 所示。从图中可以看出,涡激升力的均值为零,而脉动拖曳力的均值不为零,这个非零均值与波浪荷载中的拖曳力部分具有同样的意义,即稳定流场作用在圆柱体上的拖曳力,被称为平均拖曳力。下面主要介绍引起结构振动/振荡的脉动拖曳力和涡激升力。

从图 2 - 26 中可以看出,在圆柱体一侧的涡旋发展过程中(0.87 ~0.94 s 三幅图或 1.03 ~1.10 s 三幅图),上、下游和两侧均由于流场的不对称而产生了随着涡旋的发展而变化的压力差,直至涡旋脱落,从而产生了随时间变化的拖曳力和升力。两侧交替发展的一对涡旋完成一次升力的循环所需的时间被定义为涡旋泄放周期,即涡激升力周期 T_v,一侧涡旋的发展过程是指完成一次拖曳力的脉动循环,因此脉动拖曳力的周期为 $T_v/2$,如图 2 - 27 所示。

需要指出的是,涡激升力和脉动拖曳力的这一频率关系仅适用于固定圆柱体和某些特定条件下的振荡圆柱体,如涡旋泄放频率与圆柱体固有频率相等(频率锁定)时,脉动拖曳力的频率是涡激升力频率的 2 倍。而在其他条件下,振荡圆柱体的脉动拖曳力频率与涡激升力频率的比值在 1 ~3 之间变化。当发生对称涡旋泄放时(1.25 < V_r <2.5),脉动拖曳力的频率近似等于 3 倍的涡激升力频率。

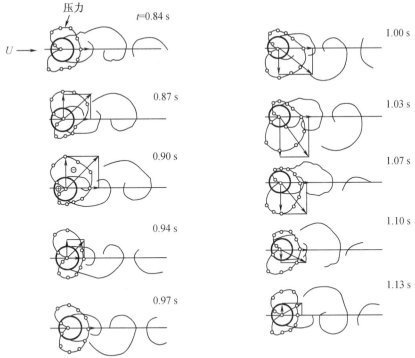

图 2 - 26 涡旋泄放过程的圆柱体边界压力分布[4]

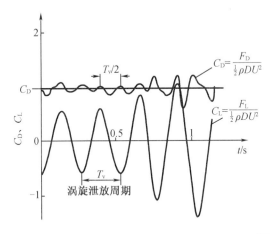

图 2 - 27 振荡的涡激升力系数和脉动拖曳力系数[4]

对于倾斜的圆柱体,其法向拖曳力可按下式计算:

$$F_D^N = \frac{1}{2}C_D\rho DU_N^2 \qquad (2-55)$$

式中,U_N为流速的法向分量,如图 2 – 28 所示。

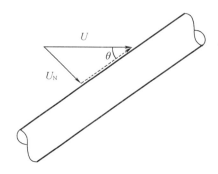

图 2 – 28　倾斜圆柱体示意图

当圆柱体与流场的夹角 θ 满足 $35° \leqslant \theta \leqslant 90°$ 时,式(2 – 55)中的系数 C_D 可按垂直圆柱体($\theta = 90°$)取值,因为在此条件下,流体流经倾斜的圆柱体时,流线发生弯曲而沿圆柱体的法向流动,如图 2 – 29 所示,因此实际的流动分离与垂直圆柱体相同,故 C_D 与倾角无关。当然,如果 C_D 的取值与 Re 相关,则 Re 应采用法向速度来计算,即

$$Re = \frac{U_N D}{\nu} \qquad (2 – 56)$$

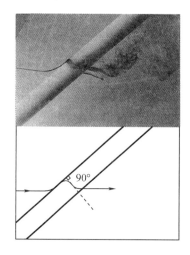

图 2 – 29　流经倾斜圆柱体的流线示意图[4]

由于上述的流动特性,涡激升力也可采用与式(2-53)相同的方法计算,只需将式中的流速 U 换成法向速度 U_N 即可。同时,涡旋泄放频率也应采用法向速度计算,即

$$f_s = St \frac{U_N}{D} \qquad\qquad (2-57)$$

2. 涡激升力和脉动拖曳力系数

从图 2-27 中可以看出,涡激升力和脉动拖曳力系数的振荡幅值不是一组常数,而是在不同周期之间随机地取不同幅值。因此,描述涡激升力和脉动拖曳力系数需利用其统计特性。图 2-30 给出了涡激升力和脉动拖曳力系数的均方根值随 Re 变化的曲线,由图可见,涡激升力和脉动拖曳力系数不仅随 Re 的变化有较大的变化,在给定 Re 的条件下,其均方根值仍有一定幅度的波动,说明这两个系数有较大的不确定性。同时,两个系数在 $Re > 1 \times 10^5$ 时均呈现出大幅度降低的趋势,在临界区达到最小,并持续到超临界区结束。这一 Re 范围也是 St 突变的阶段,这可以从图 2-31 更清楚地看出。

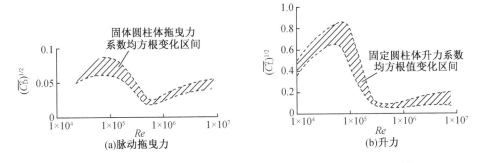

图 2-30　振荡的升力和脉动拖曳力系数均方根值随 Re 的变化[4]

分析可知,涡激升力和脉动拖曳力系数的大幅度降低是边界层由层流向湍流转变的结果,其中的升力系数代表的是非零平均升力而非交变的涡激升力。这意味着,由于圆柱体两侧不同流态(湍流或层流)的流动分离而产生的非零平均升力远小于由于涡旋泄放而产生的交变升力。由于边界层的转变是从分离点向驻点发展的,转变过程中层流的驻点和湍流的分离点之间产生了压差,因此在没有涡旋泄放的条件下,脉动拖曳力仍有小幅的波动。而脉动拖曳力均值的大幅度降低则是由于边界层转变过程中,分离点由亚临界区的小于 100°(分离点与驻点之间的弧度角)增大到临界区和超临界区的大于 140°(图 2-17)。因此,圆柱体上、下游的压差减小(图 2-32),从而使脉动拖曳力降低。

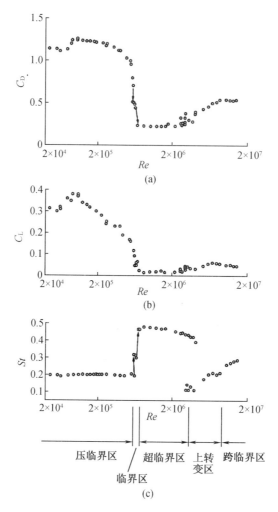

图 2 - 31　脉动拖曳力和升力系数与 St 对比[4]

　　对于振荡的圆柱体,其涡激升力和脉动拖曳力均被大幅度地放大,且放大系数(振荡圆柱体的力系数与固定圆柱体的力系数之比)随圆柱体位移的增大而增大。图 2 - 33 给出了圆柱体横向振荡时,涡激升力系数、平均拖曳力系数和脉动拖曳力系数随无量纲振幅(A/D)的变化曲线,其中的脉动拖曳力系数(图 2 - 33(c))为均方根值,即 $C_D' = (\overline{C_D^2})^{1/2}$。

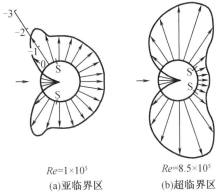

$Re=1\times10^5$
(a)亚临界区

$Re=8.5\times10^5$
(b)超临界区

图 2 - 32　亚临界区和超临界区的圆柱体压力分布[4]

当圆柱体顺流向振荡时,由于涡旋泄放形式的不同,脉动拖曳力的放大系数也不相同。当 $1.0 < V_r < 2.5$ 时,在交替涡旋泄放的同时有一对对称的涡旋脱落,脉动拖曳力不仅频率高(3 倍的 Strouhal 频率),而且波动的幅度也大,其放大系数随圆柱体振荡幅度成线性变化,如图 2 - 34 中的曲线一所示,这个约化速度的范围也被称为第一不稳定区。当 $2.5 < V_r < 4.0$ 时,对称的涡旋泄放消失,脉动拖曳力的放大系数略低于第一不稳定区,如图 2 - 34 中的曲线二所示,这个约化速度的范围也被称为第二不稳定区。

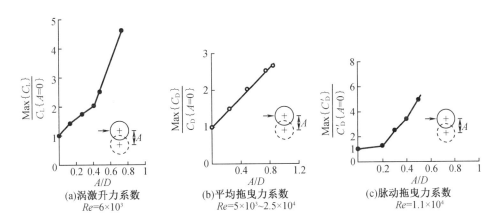

(a)涡激升力系数
$Re=6\times10^3$

(b)平均拖曳力系数
$Re=5\times10^3\sim2.5\times10^4$

(c)脉动拖曳力系数
$Re=1.1\times10^4$

图 2 - 33　圆柱体横向振荡的涡激升力系数、平均拖曳力系数和脉动拖曳力系数随无量纲振幅(A/D)的变化曲线[4]

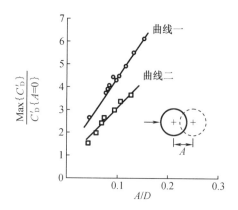

图 2-34　顺流向振荡圆柱体的脉动拖曳力系数曲线($Re = 4 \times 10^4$)[4]

2.3.4　振荡流场的涡旋泄放

1. 涡旋泄放模式

当圆柱体处于不稳定流场中时,由于流速的时变性,流动的分离和涡旋的形成与脱落都不再是稳定的,因此涡旋泄放不仅取决于 Re(振荡流条件下, $Re = U_m D/\nu$,U_m 为流速的振幅,即 $U = U_m \sin \omega t$,ω 为振荡流的频率),还与流场的时变特性有关,即与 KC 数有关,如图 2-35 所示。图中的 KC 数区间对于不同的 Re 是不同的,如图 2-36 所示。

(a)	层流,不发生流动分离	$KC < 1.1$
(b)	以 Honji 涡的形式分离（图 2-37）	$1.1 < KC < 1.6$
(c)	形成两个对称涡	$1.6 < KC < 2.1$
(d)	形成两个对称涡,圆柱体表面为湍流	$2.1 < KC < 4$

图 2-35　光滑圆柱体涡旋泄放模式与 KC 数的关系($Re = 10^3$)[4]

(e)	形成两个不对称涡	$4 < KC < 7$
(f)	涡旋脱落	$7 < KC$

图 2 – 35(续)

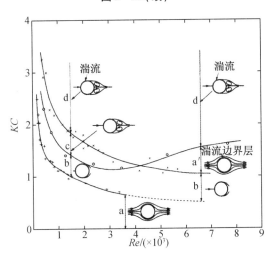

图 2 – 36　光滑圆柱体涡旋泄放模式与 KC 数和 Re 的关系[4]

注:图中的字母表示图 2 – 35 相应字母的流动状态,a′与 a 不同的是边界层为湍流或层流。

从图 2 – 35 中可以看出,在 $Re = 1\,000$ 的条件下,$KC > 7$ 时将发生涡旋泄放。随着 KC 数的增大,涡旋泄放的模式将发生变化。基于涡旋泄放模式可将 KC 数划分为若干个区间,如 $7 < KC < 15$、$15 < KC < 24$、$24 < KC < 32$、$32 < KC < 40$ 等。

在 $7 < KC < 15$ 条件下,振荡流往复运动一次将有一对涡旋和一个涡旋先后脱落并在圆柱体的一侧形成涡街,在 $7 < KC < 13$ 时,涡街垂直于流向,被称为横向涡街。因此,$7 < KC < 13$ 也被称为横向涡街区。而在 $7 < KC < 13$ 时,涡街与流向成45°角。

在 $15 < KC < 24$ 及后续的 KC 数范围内,涡旋都是成对脱落的,高一段的 KC 数范围比低一段的多一个涡对,即 $15 < KC < 24$ 时,一个周期有两对涡旋脱落;$24 < KC < 32$时,则有三对涡旋脱落;$32 < KC < 40$ 时,有四对涡旋脱落;而 $40 < KC < 48$时,有五对涡旋脱落。

图 2 - 37　**Honji** 涡旋分离示意图[4]

2. 涡旋泄放频率与升力频率

振荡流场的涡旋泄放频率与升力频率之间不存在像稳定流场那样一一对应的关系,特别是小 KC 数的单涡 + 一对涡模式和两对涡模式,其升力频率高于涡旋泄放频率,如图 2 - 38 和图 2 - 39 所示。从图 2 - 38 中可以看出,当 $KC = 11$ 时,涡旋泄放一个周期对应的升力频率为两个周期。而图 2 - 39 中,涡旋泄放一个周期对应的升力频率为三个周期,此时 $15 < KC < 24$。表 2 - 3 列出了部分 KC 数及相应的 Re 范围的无量纲升力频率 N_L($N_L = f_L / f_w$,其中,f_L 为升力的频率,f_w 为振荡流的涡旋频率)。

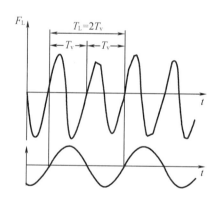

图 2 - 38　单涡 + 一对涡模式的升力和涡旋泄放时程($KC = 11$)[4]

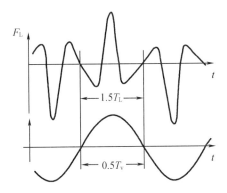

图 2-39　两对涡模式的升力和涡旋泄放时程[4]

表 2-3　部分 KC 数及相应的 Re 范围的无量纲升力频率 N_L[4]

涡旋泄放模式	KC	Re	$N_L = f_L / f_w$
单涡+一对涡	7 ~ 15	$(1.8 \sim 3.8) \times 10^3$	2
两对涡	15 ~ 24	$(3.8 \sim 6.1) \times 10^3$	3
三对涡	24 ~ 32	$(6.1 \sim 8.2) \times 10^3$	4
四对涡	32 ~ 40	$(8.2 \sim 10) \times 10^3$	5

参考文献

[1]　曾一非. 海洋工程环境[M]. 上海:上海交通大学出版社,2007.

[2]　FALTINSEN O M. 船舶与海洋工程环境载荷[M]. 杨建民,等译. 上海:上海交通大学出版社,2008.

[3]　American Petroleum Insitute. Planning, designing and constructing fixed offshore platforms:working stress design[S]. [S.l.]:[s.n.]: 2014.

[4]　SUMER B M, FREDSOE J. Hydrodynamics around cylindrical structures[M]. Singapore:World Scientific Publishing Co. Pte. Ltd. , 1997.

第3章
结构动力学基础

|3.1 单自由度系统|

3.1.1 动力特性

1. 运动方程

如果结构的质量非均匀分布且存在着一个质量集度相对较大的区域,则可以将其简化为单自由度系统,即忽略质量集度较大区域的弹性而将其简化为一个质点,忽略结构其他部分的质量,将其简化为一个弹簧和阻尼器,从而形成了单自由度的质量-弹簧-阻尼器系统,如图3-1所示。

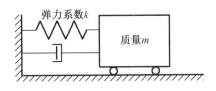

图3-1 单自由度系统动力学模型

由于结构自身的阻尼(包括材料阻尼和结构阻尼)对结构动力特性的影响较小,因此为了研究问题的方便,计算结构动力特性时将图3-1的质量-弹簧-阻尼器系统进一步简化为无阻尼的质量-弹簧系统,如图3-2所示,即结构动力特性是基于无阻尼系统得到的。

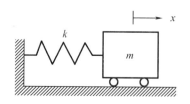

图 3 - 2　单自由度无阻尼系统模型

先来推导单自由度无阻尼系统的运动方程。取质量块为隔离体,设其在交变外力 $F(t)$ 的作用下沿坐标轴正向加速运动,其运动自由度方向的受力如图 3 - 3 所示。

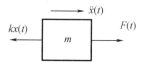

图 3 - 3　无阻尼系统质量块受力示意图

图 3 - 3 中,m 为系统质量;$\ddot{x}(t)$ 为质量块的加速度;$kx(t)$ 为弹性力,其中,k 为弹簧常数,$x(t)$ 为质量块位移。

由牛顿第二定律可写出图 3 - 3 所示质量块的运动方程:

$$m\ddot{x}(t) = F(t) - kx(t) \qquad (3-1)$$

整理后得

$$m\ddot{x}(t) + kx(t) = F(t) \qquad (3-2)$$

对于图 3 - 1 所示的有阻尼系统,其质量块的受力如图 3 - 4 所示。图中,$c\dot{x}(t)$ 为阻尼力,其中,c 为阻尼系数,$\dot{x}(t)$ 为质量块的速度。比较图 3 - 4 与图 3 - 3 可知,只要式(3 - 2)的基础上增加阻尼力 $c\dot{x}(t)$ 一项即可得到有阻尼系统的运动方程:

$$m\ddot{x}(t) + c\dot{x}(t) + kx(t) = F(t) \qquad (3-3)$$

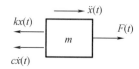

图 3 - 4　有阻尼系统质量块受力示意图

2. 固有频率

结构的动力特性包括固有频率与振型,它们是由结构的物理参数确定的,与外荷载无关。由于单自由度系统只有一个质量块,不能构成振型(质量块之间的相对位置),因此单自由度系统的动力特性就是系统的固有频率。

由前面的分析可知,系统的固有频率应基于式(3 − 2)的齐次式

$$m\ddot{x}(t) + kx(t) = 0 \qquad\qquad (3-4)$$

计算。式(3 − 4)是一个二阶常系数齐次微分方程,可设其解为

$$x(t) = A\sin\omega t \qquad\qquad (3-5)$$

式中,ω 为系统的固有频率;A 为质量块的最大位移。

将式(3 − 5)代入式(3 − 4)得

$$(-\omega^2 m + k)x(t) = 0 \qquad\qquad (3-6)$$

则 x 有非零解的条件为

$$-\omega^2 m + k = 0 \qquad\qquad (3-7)$$

式(3 − 7)称为单自由度系统的特征方程或频率方程,因此也称结构动力特性分析为特征值问题,因为多自由度系统的固有频率是系统动力矩阵的特征值。

由式(3 − 7)可得系统的固有频率为

$$\omega = \sqrt{\frac{k}{m}} \qquad\qquad (3-8)$$

式中,刚度系数 k 的单位为 N/m,质量 m 的单位为 kg,则由式(3 − 8)直接得到 ω 的单位应为 1/s。但是由式(3 − 5)可知,ω 的单位为 rad/s,因此系统固有频率 ω 的单位取为 rad/s,故 ω 也被称为圆频率。

周期表示质量块往复运动一个完整的循环所需的时间,因此周期的单位为秒(s)。由此可以得到周期与频率的关系:

$$T = \frac{2\pi}{\omega} \qquad\qquad (3-9)$$

3.1.2　自由振动

自由振动是系统对初始扰动的响应,即扰动消失后系统在自身弹性力和阻尼力作用下的往复运动。此处的"初始"是相对于系统运动状态变化而言的,即系统在没有外力干扰下开始做往复运动。因此,所谓的初始扰动是造成系统不平衡而做自由振动的外界因素。它可以是静力的,即质量块在偏离平衡位置处被无初速度地释放;也可以是动力的,即质量块在受迫运动过程中外力突然消失

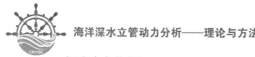

或受冲击作用。

1. 无阻尼系统

由前面的分析可知,自由振动是研究扰动消失后的系统运动状态,因此自由振动响应仍应基于齐次运动方程

$$m\ddot{x}(t) + kx(t) = 0 \tag{3-4}$$

求解。由微分方程的理论可知,式(3-4)的定解需要两个初始条件——初始位移(零阶导数),以 x_0 表示;初始速度(一阶导数),以 $\dot{x}_0$ 表示。

设式(3-4)的解为

$$x(t) = A\sin \omega t + B\cos \omega t \tag{3-10}$$

则有

$$\dot{x}(t) = \omega A\cos \omega t - \omega B\sin \omega t \tag{3-11}$$

将 $t = 0$ 和 $x_0 = x(0)$、$\dot{x}_0 = (0)$ 分别代入式(3-10)和式(3-11)后求得

$$A = \frac{\dot{x}_0}{\omega}, \quad B = x_0 \tag{3-12}$$

代入式(3-10)得

$$x(t) = \frac{\dot{x}_0}{\omega}\sin \omega t + x_0\cos \omega t \tag{3-13}$$

或

$$x(t) = C\sin(\omega t + \theta) \tag{3-14}$$

式中

$$C = \sqrt{x_0^2 + \frac{\dot{x}_0^2}{\omega^2}} \tag{3-15}$$

$$\theta = \arctan \frac{x_0\omega}{\dot{x}_0} \tag{3-16}$$

2. 有阻尼系统

与无阻尼系统自由振动的分析方法相同,我们先来求解有阻尼系统的自由振动方程:

$$m\ddot{x}(t) + c\dot{x}(t) + kx(t) = 0 \tag{3-17}$$

由于增加了一阶导数项,问题变得复杂一些,不能采用式(3-10)作为式(3-17)的试探解,可设式(3-17)的解为

$$x(t) = Ce^{pt} \tag{3-18}$$

代入式(3-17)并整理得

$$(mp^2 + cp + k)Ce^{pt} = 0 \tag{3-19}$$

由式(3 – 19)得

$$mp^2 + cp + k = 0 \qquad (3 - 20)$$

这是一个关于参数 p 的一元二次方程,其解的形式为

$$p_{1,2} = \frac{-c \pm \sqrt{c^2 - 4mk}}{2m} \qquad (3 - 21)$$

(1)过阻尼系统

当 $c^2 - 4mk > 0$ 时,p_1 和 p_2 为两个不同的实根,由微分方程的理论可知,此时式(3 – 17)的解取如下形式:

$$x(t) = C_1 e^{p_1 t} + C_2 e^{p_2 t} \qquad (3 - 22)$$

由式(3 – 22)可以看出,当式(3 – 20)的两个根为不相等的实数时,系统的质量块并不做往复运动,不具有振动的性质。由于两个根均为负值,因此质量单元的位移单调减小而趋近于零。具有这种运动状态的系统被称为过阻尼系统,不属于结构动力学的研究内容。

(2)临界阻尼系统

当 $c^2 - 4mk = 0$ 时,p_1 和 p_2 为两个相等的实根,由微分方程的理论可知,此时式(3 – 17)的解取如下形式:

$$x(t) = (C_1 + C_2 t) e^{pt} \qquad (3 - 23)$$

由式(3 – 23)可以看出,当式(3 – 20)的两个根相等时,系统的质量单元也不具有振动的性质,处于一种临界状态,因此称其为临界阻尼系统。虽然临界阻尼系统也不是结构动力学的研究对象,但临界阻尼的概念却是结构动力学中一个重要的概念,临界阻尼是研究动力系统阻尼性质的一个重要参数。因此,有必要做进一步的讨论。

由

$$c^2 - 4mk = 0 \qquad (3 - 24)$$

可得临界阻尼系统的阻尼系数:

$$c_{cr} = 2\sqrt{mk} \qquad (3 - 25)$$

c_{cr} 称为临界阻尼系数,因此临界阻尼系数可用式(3 – 25)或式(3 – 26)计算。

$$c_{cr} = 2m\omega \qquad (3 - 26)$$

由临界阻尼系数可以导出结构动力学中的另一个重要参数——阻尼比,通常以 ζ 来表示。阻尼比的定义为阻尼系数与临界阻尼系数之比,即

$$\zeta = \frac{c}{c_{cr}} \qquad (3 - 27)$$

（3）小阻尼系统

当 $c^2 - 4mk < 0$ 时，p_1 和 p_2 为一对共轭复根，利用阻尼比的概念将式 (3 – 21) 改写为

$$p_{1,2} = -\zeta\omega \pm i\omega_D \tag{3 – 28}$$

式中

$$\omega_D = \omega\sqrt{1 - \zeta^2} \tag{3 – 29}$$

称为系统的有阻尼频率。而有阻尼系统的周期可表示为

$$T_D = \frac{2\pi}{\omega_D} = \frac{2\pi}{\omega\sqrt{1 - \zeta^2}} \tag{3 – 30}$$

由式 (3 – 28) 可得小阻尼系统的自由振动位移函数：

$$x(t) = e^{-\zeta\omega t}(C_1 e^{i\omega_D t} + C_2 e^{-i\omega_D t}) \tag{3 – 31}$$

由欧拉公式可将式 (3 – 31) 变换为

$$x(t) = C e^{-\zeta\omega t}\sin(\omega_D t + \varphi) \tag{3 – 32}$$

式中

$$C = \sqrt{(C_1 + C_2)^2 - (C_1 - C_2)^2} \tag{3 – 33}$$

$$\varphi = \arctan\frac{(C_1 + C_2)}{i(C_1 - C_2)}$$

3.1.3　强迫振动

1. 简谐荷载

（1）无阻尼系统

由式 (3 – 2) 可知，无阻尼系统对简谐扰力的响应具有如下形式的运动方程：

$$m\ddot{x}(t) + kx(t) = F_0\sin\overline{\omega}t \tag{3 – 34}$$

式中，F_0 为扰力的幅值；$\overline{\omega}$ 为扰力的频率。

由微分方程的理论可知，式 (3 – 34) 的解由两部分组成——通解和特解，其通解为自由振动响应，见式 (3 – 14)，而其特解具有如下形式：

$$x^*(t) = X_0\sin\overline{\omega}t \tag{3 – 35}$$

将式 (3 – 35) 代入式 (3 – 34) 并整理得

$$(-\overline{\omega}^2 m + k)X_0 = F_0 \tag{3 – 36}$$

由此可得

$$X_0 = \frac{x_{st}}{1 - r^2} \tag{3 – 37}$$

式中，x_{st} 为质量单元的最大静态位移，$x_{st} = F_0/k$；r 为频率比，$r = \overline{\omega}/\omega$。

从式(3 - 37)可以看出，当扰力频率与系统固有频率相等时，系统的稳态响应幅值将趋于无穷大，即 $X_0 \to \infty$，系统发生共振。

将式(3 - 37)代入式(3 - 35)就得到了式(3 - 34)的特解，也称为系统的稳态响应：

$$x^*(t) = \frac{x_{st}}{1 - r^2} \sin \overline{\omega}t \qquad (3 - 38)$$

式(3 - 38)和式(3 - 14)构成了式(3 - 34)的解，即单自由度无阻尼系统对简谐荷载的响应：

$$x(x) = C\sin(\omega t + \theta) + \frac{x_{st}}{1 - r^2} \sin \overline{\omega}t \qquad (3 - 39)$$

式中的系数 C 和 θ 由初始条件确定。

(2)有阻尼系统

由式(3 - 3)可得有阻尼系统在简谐荷载作用下的强迫振动方程：

$$m\ddot{x}(t) + c\dot{x}(t) + kx(t) = F_0 \sin \overline{\omega}t \qquad (3 - 40)$$

设其特解的形式为

$$x^*(t) = A\sin \overline{\omega}t + B\cos \overline{\omega}t \qquad (3 - 41)$$

代入式(3 - 40)解得

$$A = \frac{(k - \overline{\omega}^2 m)F_0}{(k - \overline{\omega}^2 m)^2 + (\overline{\omega}c)^2}, \quad B = \frac{-\overline{\omega}cF_0}{(k - \overline{\omega}^2 m)^2 + (\overline{\omega}c)^2} \qquad (3 - 42)$$

代入式(3 - 41)并整理得

$$x^*(t) = \frac{x_{st}}{\sqrt{(1 - r^2)^2 + (2\zeta r)^2}} \sin(\overline{\omega}t - \varphi) \qquad (3 - 43)$$

式中，φ 为响应与扰力的相位差，$\varphi = \arctan \dfrac{2\zeta r}{1 - r^2}$。

由于式(3 - 32)的自由振动项随着时间的增长将趋于零，因此称其为瞬态响应。通常情况下，我们所说的强迫振动仅指稳态响应。因此，后续的强迫振动讨论不再考虑瞬态响应部分，仅分析方程的特解——稳态响应。

2. 任意荷载

如果系统的扰力是任意连续函数或离散的数值点，则利用微分方程理论解析求解系统的运动方程已成为一种奢望，只能借助数值方法来计算系统的响应。此处仅介绍目前常用的逐步积分法。

将系统动力学的一般方程表示为某时刻的动力平衡方程：

$$m\ddot{x}_{i+1} + c\dot{x}_{i+1} + kx_{i+1} = F_{i+1} \qquad (3-44)$$

式中,$\ddot{x}_{i+1} = \ddot{x}(t_{i+1})$、$\dot{x}_{i+1} = \dot{x}(t_{i+1})$、$x_{i+1} = x(t_{i+1})$ 和 $F_{i+1} = F(t_{i+1})$ 分别为 $i+1$ 时刻的系统加速度、速度、位移和动力荷载。

式(3-44)为全量形式的动力学方程,仅适用于线性系统的逐步积分法,对于非线性系统,可采用增量形式的动力学方程:

$$m\Delta\ddot{x}_i + c\Delta\dot{x}_i + k\Delta x_i = \Delta F_i \qquad (3-45)$$

式中,$\Delta\ddot{x}_i = \ddot{x}_{i+1} - \ddot{x}_i$、$\Delta\dot{x}_i = \dot{x}_{i+1} - \dot{x}_i$、$\Delta x_i = x_{i+1} - x_i$ 和 $\Delta F_i = F_{i+1} - F_i$ 分别为 i 时刻的系统加速度、速度、位移和动力荷载在时间步长 $\Delta t = t_{i+1} - t_i$ 上的增量。

(1)平均加速度法

平均加速度法也称为 Euler-Gauss 方法。该方法取时间步长 Δt 开始和结束时刻加速度 $\ddot{x}_i$ 和 $\ddot{x}_{i+1}$ 的平均值作为该时间步长内的加速度,如图 3-5 所示。因此,在时间步长 Δt 内,加速度可表示为

$$\ddot{x}(\tau) = \frac{1}{2}(\ddot{x}_{i+1} + \ddot{x}_i) \qquad (3-46)$$

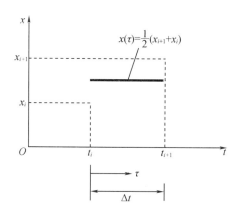

图 3-5　平均加速度示意图

且假定加速度在时间步长 Δt 内为常量,因此平均加速度法也称为常平均加速度法。

积分式(3-46)得

$$\dot{x}(\tau) = \dot{x}_i + \frac{\tau}{2}(\ddot{x}_{i+1} + \ddot{x}_i) \qquad (3-47)$$

$$x(\tau) = x_i + \dot{x}_i\tau + \frac{1}{4}(\ddot{x}_{i+1} + \ddot{x}_i)\tau^2 \qquad (3-48)$$

令 $\tau = \Delta t$，则

$$\dot{x}_{i+1} = \dot{x}_i + \frac{1}{2}(\ddot{x}_{i+1} + \ddot{x}_i)\Delta t \qquad (3-49)$$

$$x_{i+1} = x_i + \dot{x}_i \Delta t + \frac{1}{4}(\ddot{x}_{i+1} + \ddot{x}_i)\Delta t^2 \qquad (3-50)$$

由式(3-50)解得

$$\ddot{x}_{i+1} = \frac{4}{\Delta t^2}x_{i+1} - \frac{4}{\Delta t^2}x_i - \frac{4}{\Delta t}\dot{x}_i - \ddot{x}_i \qquad (3-51)$$

由式(3-49)和式(3-50)可得

$$\dot{x}_{i+1} = \frac{2}{\Delta t}x_{i+1} - \frac{2}{\Delta t}x_i - \dot{x}_i \qquad (3-52)$$

将式(3-51)和式(3-52)代入式(3-44)得

$$\overline{k}x_{i+1} = \overline{F}_{i+1} \qquad (3-53)$$

式中

$$\overline{k} = m\frac{4}{\Delta t^2} + c\frac{2}{\Delta t} + k$$

$$\overline{F}_{i+1} = F_{i+1} + \left(m\frac{4}{\Delta t^2} + c\frac{2}{\Delta t}\right)x_i + \left(m\frac{4}{\Delta t} + c\right)\dot{x}_i + m\ddot{x}_i$$

对于非线性系统，可采用增量积分格式。将式(3-49)至式(3-51)表示为

$$\Delta\dot{x}_i = \frac{1}{2}(\ddot{x}_{i+1} + \ddot{x}_i)\Delta t \qquad (3-54)$$

$$\Delta x_i = \dot{x}_i \Delta t + \frac{1}{4}(\ddot{x}_{i+1} + \ddot{x}_i)\Delta t^2 \qquad (3-55)$$

$$\Delta\ddot{x}_i = \frac{4}{\Delta t^2}\Delta x_i - \frac{4}{\Delta t}\dot{x}_i - 2\ddot{x}_i \qquad (3-56)$$

由式(3-54)和式(3-55)可得

$$\Delta\dot{x}_i = \frac{2}{\Delta t}\Delta x_i - 2\dot{x}_i \qquad (3-57)$$

将式(3-56)和式(3-57)代入系统的增量形式的动力学方程(3-45)得

$$\overline{k}_i\Delta x_i = \Delta\overline{F}_i \qquad (3-58)$$

式中

$$\overline{k} = m\frac{4}{\Delta t^2} + c\frac{2}{\Delta t} + k_i$$

$$\Delta\overline{F}_i = \Delta F_i + \left(m\frac{4}{\Delta t} + 2c\right)\dot{x}_i + 2m\ddot{x}_i$$

（2）线性加速度法

线性加速度法假定系统的加速度在时间增量 Δt 内为线性变化，如图 $3-6$ 所示，则在时间增量 Δt 内，加速度可表示为

$$\ddot{x}(\tau) = \ddot{x}_i + \frac{1}{\Delta t}(\ddot{x}_{i+1} - \ddot{x}_i)\tau \qquad (3-59)$$

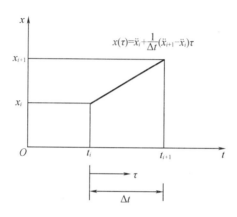

图 $3-6$　线性加速度示意图

式 $(3-59)$ 可看作是有限增量邻域内的加速度泰勒展开式，因此加速度的精度与 Δt 的大小密切相关。

对式 $(3-59)$ 积分两次得

$$\dot{x}(\tau) = \dot{x}_i + \ddot{x}_i\tau + \frac{1}{2\Delta t}(\ddot{x}_{i+1} - \ddot{x}_i)\tau^2 \qquad (3-60)$$

$$x(\tau) = x_i + \dot{x}_i\tau + \frac{1}{2}\ddot{x}_i\tau^2 + \frac{1}{6\Delta t}(\ddot{x}_{i+1} - \ddot{x}_i)\tau^3 \qquad (3-61)$$

将 $\tau = \Delta t$ 代入式 $(3-60)$ 和式 $(3-61)$ 得 t_{i+1} 时刻的速度和位移：

$$\dot{x}_{i+1} = \dot{x}_i + \ddot{x}_i\Delta t + \frac{1}{2}(\ddot{x}_{i+1} - \ddot{x}_i)\Delta t \qquad (3-62)$$

$$x_{i+1} = x_i + \dot{x}_i\Delta t + \frac{1}{2}\ddot{x}_i\Delta t^2 + \frac{1}{6}(\ddot{x}_{i+1} - \ddot{x}_i)\Delta t^2 \qquad (3-63)$$

由式 $(3-62)$ 和式 $(3-63)$ 可得

$$\ddot{x}_{i+1} = \frac{6}{\Delta t^2}x_{i+1} - \frac{6}{\Delta t^2}x_i - \frac{6}{\Delta t}\dot{x}_i - 2\ddot{x}_i \qquad (3-64)$$

$$\dot{x}_{i+1} = \frac{3}{\Delta t}x_{i+1} - \frac{3}{\Delta t}x_i - 2\dot{x}_i - \frac{1}{2}\ddot{x}_i\Delta t \qquad (3-65)$$

将式(3－64)和式(3－65)代入式(3－44)得线性加速度法的全量逐步积分方程：

$$\overline{k}x_{i+1} = \overline{F}_{i+1} \tag{3－66}$$

式中

$$\overline{k} = m\frac{6}{\Delta t^2} + c\frac{3}{\Delta t} + k$$

$$\overline{F}_{i+1} = F_{i+1} + \left(m\frac{6}{\Delta t^2} + c\frac{3}{\Delta t}\right)x_i + \left(m\frac{6}{\Delta t} + 2c\right)\dot{x}_i + \left(2m + c\frac{1}{2}\Delta t\right)\ddot{x}_i$$

类似地,可以推出线性加速度法的增量积分格式。为此,将式(3－64)和式(3－65)表示为增量形式：

$$\Delta\ddot{x}_i = \frac{6}{\Delta t^2}\Delta x_i - \frac{6}{\Delta t}\dot{x}_i - 3\ddot{x}_i \tag{3－67}$$

$$\Delta\dot{x}_i = \frac{3}{\Delta t}\Delta x_i - 3\dot{x}_i - \frac{1}{2}\ddot{x}_i\Delta t \tag{3－68}$$

代入式(3－45)得增量形式的线性加速度法积分格式：

$$\overline{k}_i\Delta x_i = \Delta\overline{F}_i \tag{3－69}$$

式中

$$\overline{k}_i = k_i + m\frac{6}{\Delta t^2} + c\frac{3}{\Delta t}$$

$$\Delta\overline{F}_i = \Delta F_i + \left(m\frac{6}{\Delta t} + 3c\right)\dot{x}_i + \left(3m + c\frac{1}{2}\Delta t\right)\ddot{x}_i$$

（3）Newmark－β 法

在介绍 Newmark－β 法之前,我们先来分析一下平均加速度法和线性加速度法的速度递推格式：

$$\dot{x}_{i+1} = \dot{x}_i + \frac{1}{2}(\ddot{x}_{i+1} + \ddot{x}_i)\Delta t \tag{3－49}$$

$$\dot{x}_{i+1} = \dot{x}_i + \ddot{x}_i\Delta t + \frac{1}{2}(\ddot{x}_{i+1} - \ddot{x}_i)\Delta t \tag{3－62}$$

和位移递推格式：

$$x_{i+1} = x_i + \dot{x}_i\Delta t + \frac{1}{4}(\ddot{x}_{i+1} + \ddot{x}_i)\Delta t^2 \tag{3－50}$$

$$x_{i+1} = x_i + \dot{x}_i\Delta t + \frac{1}{2}\ddot{x}_i\Delta t^2 + \frac{1}{6}(\ddot{x}_{i+1} - \ddot{x}_i)\Delta t^2 \tag{3－63}$$

分析式(3－49)和式(3－62)可知,平均加速度法和线性加速度法的速度递

推格式是相同的,可以统一表示为

$$\dot{x}_{i+1} = \dot{x}_i + \left[(1-\gamma)\Delta t \right] \ddot{x}_i + (\gamma \Delta t) \ddot{x}_{i+1} \tag{3-70}$$

式中,$\gamma = 1/2$,即平均加速度法和线性加速度法的 γ 值相同。

同样,平均加速度法和线性加速度法的位移递推格式也可以表示为相同的形式,为此将式(3-50)表示为如下形式:

$$x_{i+1} = x_i + \dot{x}_i \Delta t + \frac{1}{2}\ddot{x}_i \Delta t^2 + \frac{1}{4}(\ddot{x}_{i+1} - \ddot{x}_i)\Delta t^2 \tag{3-71}$$

比较式(3-71)和式(3-63)可知,平均加速度法和线性加速度法的位移递推格式中,除加速度增量的系数不同之外,其他均相同,我们用字母 β 来表示加速度增量的系数,则两式可统一表示为

$$x_{i+1} = x_i + \dot{x}_i \Delta t + \left[(0.5-\beta)\Delta t^2 \right] \ddot{x}_i + (\beta \Delta t^2) \ddot{x}_{i+1} \tag{3-72}$$

下面基于式(3-70)和式(3-72)来导出 Newmark $-\beta$ 法的逐步积分方程。

由式(3-72)解得

$$\ddot{x}_{i+1} = \frac{1}{\beta \Delta t^2}x_{i+1} - \frac{1}{\beta \Delta t^2}x_i - \frac{1}{\beta \Delta t}\dot{x}_i - \left(\frac{1}{2\beta} - 1 \right)\ddot{x}_i \tag{3-73}$$

代入式(3-70)得

$$\dot{x}_{i+1} = \frac{\gamma}{\beta \Delta t}x_{i+1} - \frac{\gamma}{\beta \Delta t}x_i + \left(1 - \frac{\gamma}{\beta} \right)\dot{x}_i + \left[\left(1 - \frac{\gamma}{2\beta} \right)\Delta t \right]\ddot{x}_i \tag{3-74}$$

将式(3-73)和式(3-74)代入式(3-44)得

$$\overline{k}x_{i+1} = \overline{F}_{i+1} \tag{3-75}$$

式中

$$\overline{k} = m\frac{1}{\beta \Delta t^2} + c\frac{\gamma}{\beta \Delta t} + k \tag{3-76}$$

$$\overline{F}_{i+1} = F_{i+1} + \left(m\frac{1}{\beta \Delta t^2} + c\frac{\gamma}{\beta \Delta t} \right)x_i + \left[m\frac{1}{\beta \Delta t} + c\left(\frac{\gamma}{\beta} - 1 \right) \right]\dot{x}_i +$$
$$\left[m\left(\frac{1}{2\beta} - 1 \right) + c\left(\frac{\gamma}{2\beta} - 1 \right)\Delta t \right]\ddot{x}_i \tag{3-77}$$

借助式(3-45)、式(3-73)和式(3-74)可以方便地导出 Newmark $-\beta$ 法的增量逐步积分格式。将式(3-73)和式(3-74)表示为增量形式:

$$\Delta \ddot{x}_i = \frac{1}{\beta \Delta t^2}\Delta x_i - \frac{1}{\beta \Delta t}\dot{x}_i - \frac{1}{2\beta}\ddot{x}_i \tag{3-78}$$

$$\Delta \dot{x}_i = \frac{\gamma}{\beta \Delta t}\Delta x_i - \frac{\gamma}{\beta}\dot{x}_i + \left[\left(1 - \frac{\gamma}{2\beta} \right)\Delta t \right]\ddot{x}_i \tag{3-79}$$

并代入式(3-45)得

$$\overline{k}_i \Delta x_i = \Delta \overline{F}_i \qquad (3-80)$$

式中

$$\overline{k}_i = k_i + m \frac{1}{\beta \Delta t^2} + c \frac{\gamma}{\beta \Delta t} \qquad (3-81)$$

$$\Delta \overline{F}_i = \Delta F_i + \left(m \frac{1}{\beta \Delta t} + c \frac{\gamma}{\beta} \right) \dot{x}_i + \left[m \frac{1}{2\beta} + c \left(\frac{\gamma}{2\beta} - 1 \right) \Delta t \right] \ddot{x}_i \qquad (3-82)$$

当 $\gamma \geqslant 1/2$ 和 $\beta \geqslant 0.25(0.5 + \gamma)^2$ 时，Newmark $-\beta$ 法是无条件稳定的。

3.2 多自由度系统

3.2.1 动力特性

1. 运动方程

多自由度系统由质量单元和弹性单元交替联结而成，因此可以将其看作是多个具有相同或不同质量和弹性参数的单自由度系统顺序联结而成的，如图 3 - 7 所示。多自由度系统也有无阻尼和有阻尼之分，但通常情况下，仅在计算系统动力特性时才采用无阻尼系统来分析。此外，也不讨论多自由度系统的自由振动问题。因此，我们不再单独讨论无阻尼系统。

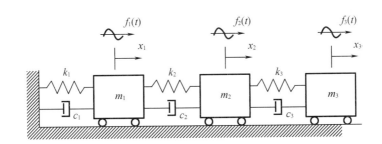

图 3 - 7 多自由度系统动力学模型

下面基于图 3 - 7 的力学模型来推导多自由度系统的运动方程。对于质量单元 1，其上作用有外荷载 $f_1(t)$，弹性力 $k_1 x_1$、$k_2(x_1 - x_2)$ 和阻尼力 $c_1 \dot{x}_1$、$c_2(\dot{x}_1 - \dot{x}_2)$，由牛顿第二定律可写出质量单元 1 的动力学平衡方程：

$$m_1\ddot{x}_1 = f_1(t) - k_1 x_1 - k_2(x_1 - x_2) - c_1\dot{x}_1 - c_2(\dot{x}_1 - \dot{x}_2) \qquad (3-83)$$

整理后得

$$m_1\ddot{x}_1 + (c_1 + c_2)\dot{x}_1 - c_2\dot{x}_2 + (k_1 + k_2)x_1 - k_2 x_2 = f_1(t) \qquad (3-84)$$

式(3-84)即为质量单元 1 的运动方程。同理可得质量单元 2 和 3 的运动方程:

$$m_2\ddot{x}_2 - c_2\dot{x}_1 + (c_2 + c_3)\dot{x}_2 - c_3\dot{x}_3 - k_2 x_1 + (k_2 + k_3)x_2 - k_3 x_3 = f_2(t)$$

$$(3-85)$$

$$m_3\ddot{x}_3 + c_3\dot{x}_3 - c_3\dot{x}_2 + k_3 x_3 - k_3 x_2 = f_3(t) \qquad (3-86)$$

分析式(3-84)至式(3-86)可知,由于弹性单元和阻尼单元的连接作用,多自由度系统的物理坐标运动方程为一耦合的方程组,可表示为矩阵的形式:

$$[M]\{\ddot{x}\} + [C]\{\dot{x}\} + [K]\{x\} = \{f(t)\} \qquad (3-87)$$

式中,$[M]$、$[C]$ 和 $[K]$ 分别为系统的质量矩阵、阻尼矩阵和刚度矩阵:

$$[M] = \begin{bmatrix} m_1 & 0 & 0 \\ 0 & m_2 & 0 \\ 0 & 0 & m_3 \end{bmatrix}$$

$$[C] = \begin{bmatrix} c_1 + c_2 & -c_2 & 0 \\ -c_2 & c_2 + c_3 & -c_3 \\ 0 & -c_3 & c_3 \end{bmatrix}$$

$$[K] = \begin{bmatrix} k_1 + k_2 & -k_2 & 0 \\ -k_2 & k_2 + k_3 & -k_3 \\ 0 & -k_3 & k_3 \end{bmatrix}$$

$\{\ddot{x}\} = [\ddot{x}_1 \quad \ddot{x}_2 \quad \ddot{x}_3]^T$、$\{\dot{x}\} = [\dot{x}_1 \quad \dot{x}_2 \quad \dot{x}_3]^T$ 和 $\{x\} = [x_1 \quad x_2 \quad x_3]^T$ 分别为系统的加速度、速度和位移向量。

2. 固有频率

固有频率与振型是多自由度系统的动力特性,与单自由度系统相同的是:它们仅取决于系统的质量和刚度特性,而与系统阻尼及荷载无关。因此,系统固有频率与振型的计算是基于无阻尼系统的自由振动方程

$$[M]\{\ddot{x}\} + [K]\{x\} = \{0\} \qquad (3-88)$$

来实现的。式中,$\{x\} = [x_1, x_2, \cdots, x_n]^T$。

设式(3-88)的解为

$$\{x\} = \{\varphi\}\sin \omega t \qquad (3-89)$$

式中,ω 为系统的固有频率,单位为 rad/s;$\{\varphi\}$ 为系统的振型向量,$\{\varphi\} = [\varphi_1, \varphi_2, \cdots, \varphi_n]^T$。

将式(3-89)代入式(3-88)得

$$(-\omega^2[M] + [K])\{\varphi\} = \{0\} \tag{3-90}$$

式(3-90)称为系统的特征方程,可表示为

$$[A]\{\varphi\} = \{0\} \tag{3-91}$$

式中,$[A]$ 为系统的特征矩阵或动力矩阵,即

$$[A] = [K] - \omega^2[M] \tag{3-92}$$

式(3-90)有非零解的条件为

$$|-\omega^2[M] + [K]| = 0 \tag{3-93}$$

下面以三自由度系统为例来讨论多自由度系统的特征值问题。

为了便于后续的讨论,将式(3-87)的刚度矩阵表示为

$$[K] = \begin{bmatrix} k_{11} & k_{12} & 0 \\ k_{21} & k_{22} & k_{23} \\ 0 & k_{32} & k_{33} \end{bmatrix} \tag{3-94}$$

则

$$|-\omega^2[M] + [K]| = \begin{vmatrix} k_{11} - \omega^2 m_1 & k_{12} & 0 \\ k_{21} & k_{22} - \omega^2 m_2 & k_{23} \\ 0 & k_{32} & k_{33} - \omega^2 m_3 \end{vmatrix} = 0 \tag{3-95}$$

展开得

$$A_1\lambda^3 - A_2\lambda^2 + A_3\lambda + A_4 = 0 \tag{3-96}$$

式中,$\lambda = \omega^2$ 为矩阵 $[A]$ 的特征值,系数 A_i 为

$$A_1 = m_1 m_2 m_3$$

$$A_2 = m_2 m_3 k_{11} + m_1 m_3 k_{22} + m_1 m_2 k_{33}$$

$$A_3 = (k_{22}k_{33} - k_{23}k_{32})m_1 + k_{11}k_{33}m_2 + (k_{11}k_{22} - k_{12}k_{21})m_3$$

$$A_4 = k_{11}k_{23}k_{32} + k_{12}k_{21}k_{33} - k_{11}k_{22}k_{33}$$

求解式(3-96)可得到系统有三个特征值 $\lambda_i (i = 1, 2, 3)$,由此可得系统的三阶固有频率 $\omega_i = \sqrt{\lambda_i} (i = 1, 2, 3)$。

3. 振型向量

将 ω_1、ω_2 和 ω_3 分别代入式(3-90)可求出系统的三个特征向量 $\{\varphi\}_1$、$\{\varphi\}_2$ 和 $\{\varphi\}_3$:

$$\{\varphi\}_1 = \begin{Bmatrix} \varphi_{11} \\ \varphi_{21} \\ \varphi_{31} \end{Bmatrix}, \quad \{\varphi\}_2 = \begin{Bmatrix} \varphi_{12} \\ \varphi_{22} \\ \varphi_{32} \end{Bmatrix}, \quad \{\varphi\}_3 = \begin{Bmatrix} \varphi_{13} \\ \varphi_{23} \\ \varphi_{33} \end{Bmatrix} \tag{3-97}$$

它们是系统的三阶振型,组成了系统的振型矩阵或模态矩阵:

$$[\varPhi] = [\{\varphi\}_1 \quad \{\varphi\}_2 \quad \{\varphi\}_3] = \begin{bmatrix} \varphi_{11} & \varphi_{12} & \varphi_{13} \\ \varphi_{21} & \varphi_{22} & \varphi_{23} \\ \varphi_{31} & \varphi_{32} & \varphi_{33} \end{bmatrix} \tag{3-98}$$

特征值和特征向量统称为系统的特征对,对于 n 个自由度的系统则有

$$\omega_i, \ \{\varphi\}_i \quad (i = 1, 2, \cdots, n) \tag{3-99}$$

系统的特征对具有如下性质:

(1)频率的非负性

$$\omega_i > 0 \tag{3-100}$$

(2)频率的递增性

$$\omega_1 < \omega_2 < \cdots < \omega_n \tag{3-101}$$

(3)振型的正交性

$$\{\varphi\}_i^{\mathrm{T}}[M]\{\varphi\}_j = \begin{cases} M_i & i = j \\ 0 & i \neq j \end{cases} \quad (i, j = 1, 2, \cdots, n)$$

$$\{\varphi\}_i^{\mathrm{T}}[K]\{\varphi\}_j = \begin{cases} K_i & i = j \\ 0 & i \neq j \end{cases} \quad (i, j = 1, 2, \cdots, n) \tag{3-102}$$

式中,M_i 和 K_i 分别称为模态(振型)质量系数和模态(振型)刚度系数,简称为模态质量和模态刚度。

3.2.2 强迫振动

1. 模态叠加法

多自由度系统的运动方程是一组耦合的微分方程组,虽不能像单自由度那样直接求解,但可以利用系统振型关于质量阵和阻尼阵正交的特点将方程解耦,得到一组以模态坐标表示的非耦合方程组,通过逐个求解模态坐标方程得到各阶振型响应,并计算出物理坐标响应——每个集中质量的响应。

由于多自由度系统的振型向量是一组正交向量,可作为系统响应的一组基向量,因此系统响应可表示为振型的线性组合:

$$\{x(t)\} = \sum_{i=1}^{n} \{\varphi\}_i q_i(t) = [\Phi]\{q(t)\} \tag{3-103}$$

将式(3-103)代入式(3-97)并左乘振型矩阵的转置矩阵$[\Phi]^{\mathrm{T}}$得

$$[\overline{M}]\{\ddot{q}\} + [\overline{C}]\{\dot{q}\} + [\overline{K}]\{q\} = \{\overline{f}(t)\} \tag{3-104}$$

式中

$$[\overline{M}] = \begin{bmatrix} M_1 & & & \mathbf{0} \\ & M_2 & & \\ & & \ddots & \\ \mathbf{0} & & & M_n \end{bmatrix} \tag{3-105}$$

$$[\overline{C}] = \begin{bmatrix} C_1 & & & \mathbf{0} \\ & C_2 & & \\ & & \ddots & \\ \mathbf{0} & & & C_n \end{bmatrix} \tag{3-106}$$

$$[\overline{K}] = \begin{bmatrix} K_1 & & & \mathbf{0} \\ & K_2 & & \\ & & \ddots & \\ \mathbf{0} & & & K_n \end{bmatrix} \tag{3-107}$$

$\{\overline{f}(t)\} = [\Phi]^{\mathrm{T}}\{f(t)\}$为模态荷载向量。

由式(3-105)至式(3-107)可知,式(3-104)是一组非耦合的广义坐标
方程:

$$M_i\ddot{q}_i(t) + C_i\dot{q}_i(t) + K_iq_i(t) = F_i(t) \quad (i = 1,2,\cdots,n) \tag{3-108}$$

式中

$$F_i(t) = \sum_{j=1}^{n} \varphi_{ij}f_j(t) \tag{3-109}$$

式中,φ_{ij}为第j个集中质量的第i阶振型系数,即第i阶振型$\{\varphi\}_i$的第j个元素;
$f_j(t)$为作用在第j个集中质量上的荷载,即荷载向量$\{f(t)\}$的第j个元素。

从式(3-108)可以看出,多自由度系统的广义坐标方程与单自由度系统具
有相同的形式,因此模态响应的求解方法与单自由度系统相同,根据力的性质而
采用相应的方法求解。需要指出的是,对于任意的荷载,通常不采用时程分析法
求解系统的广义坐标方程,而直接对耦合的物理坐标方程进行时程分析。因为
那样的话,将需要对n个方程分别进行时程分析,然后将n个解叠加,这将大大

增加计算工作量。

如果作用在多自由度系统 n 个集中质量上的荷载均为简谐荷载,则式(3 - 109)可表示为

$$F_i(t) = \sum_{j=1}^{n} \varphi_{ij} f_j^0 \sin \overline{\omega}_j t \quad (i = 1,2,\cdots,n) \tag{3 - 110}$$

式中, f_j^0 为作用在第 j 个质量单元上的荷载幅值; $\overline{\omega}_j$ 为作用在第 j 个质量单元上的荷载频率。

由单自由度系统对简谐荷载的响应式(3 - 43)可写出系统第 i 阶模态对第 j 个荷载的稳态响应,即

$$q_{ij}(t) = \frac{q_{ij}^{st}}{\sqrt{(1 - r_{ij}^2)^2 + (2\zeta_i r_{ij})^2}} \sin(\overline{\omega}_j t - \theta_{ij}) \tag{3 - 111}$$

式中, $q_{ij}^{st} = \varphi_{ij} f_j^0 / K_i$,为第 j 个荷载引起的第 i 阶模态静位移; $r_{ij} = \overline{\omega}_j / \omega_i$,为第 j 个荷载频率与第 i 阶固有频率之比; θ_{ij} 为第 j 个荷载与第 i 阶响应的相位差:

$$\theta_{ij} = \arctan \frac{2\zeta_i r_{ij}}{1 - r_{ij}^2} \tag{3 - 112}$$

而系统第 k 个集中质量响应的物理坐标表示可由模态响应的叠加得到,即

$$x_k(t) = \sum_{i=1}^{n} \sum_{j=1}^{n} \frac{\varphi_{ik} q_{ij}^{st}}{\sqrt{(1 - r_{ij}^2)^2 + (2\zeta r_{ij})^2}} \sin(\overline{\omega}_j t - \theta_{ij}) \quad (k = 1,2,\cdots,n) \tag{3 - 113}$$

由前面的讨论可知,多自由度系统的振动响应包括系统的各阶模态,但各阶模态对系统响应的贡献是不同的,即各阶模态的响应在总响应中所占的比例是不同的。因此,采用模态叠加法求系统响应时,可根据荷载的性质、计算精度要求和系统自由度的数量及计算资源的多少,取全部模态或与荷载频率相应的模态,或是仅取对系统响应贡献较大的 m 阶模态进行计算。

2.时程分析法

从前文的分析中看到,模态叠加法是建立在求解系统广义坐标方程的基础上的,即假定系统的运动方程是可以解耦的,并通过一系列模态响应的线性组合得到系统的强迫振动响应。因此,模态叠加法仅适用于具有经典阻尼的线性系统——非耦合的广义坐标方程,并适用叠加原理。

本节介绍的时程分析法可用于非经典阻尼系统或非线性系统的强迫振动响应计算。在前文中,我们介绍了求解单自由度系统对任意荷载响应的时程分析法,这些方法对于多自由度系统是相同的,仅需将单自由度系统的结构参数——

质量、刚度和阻尼用多自由度系统的质量矩阵、刚度矩阵和阻尼矩阵替换,将响应参数——位移、速度和加速度用相应的矢量替换即可得到多自由度系统的时程分析矩阵方程。

对于单自由度系统,不需要构造系统的阻尼矩阵,仅需要确定阻尼比即可求得阻尼系数以进行时程分析。模态分析法由于求解一系列非耦合的广义坐标方程,因此与单自由度系统相同,也不需要构造系统的阻尼矩阵,仅仅通过确定系统的模态阻尼比来实现系统方程的求解即可。而时程分析法是对多自由度系统耦合动力方程的求解,因此仅仅确定模态阻尼比不能立即求解,还需要建立系统的阻尼矩阵。对于时程分析法而言,由于无须解耦,因此系统阻尼的性质并不影响方法本身的实施。且如单自由度系统时程分析法的介绍,时程分析法的增量方程是专为非线性系统量身打造的,因此时程分析法适用于一般的结构系统。

时程分析法的稳定性仅仅说明计算结果是否收敛,并不表征计算结果的准确性。因此,无条件稳定并不意味着对于任意的时间步长都可以得到满意的计算结果。对于线性系统,时程分析法的时间步长可根据不同方法的稳定性条件选取,但对于非线性系统,由于系统的刚度与位移(几何非线性)或应力(物理非线性)呈非线性关系,时间步长应取得更小。具体量级视问题的非线性程度而定,且随计算时段的变化而变化,因此很多商业软件具有自动调整时间步长的功能。

前文中介绍了三种时程分析法——平均加速度法、线性加速度法和 Newmark $-\beta$ 法。这三种方法的积分格式相同,可以同一地表示为

全量格式

$$[\,\overline{K}\,]\{x\}_{t+1} = \{\bar{f}\}_{t+1} \qquad\qquad (3-114)$$

式中

$$[\,\overline{K}\,] = [\,M\,]\frac{1}{\beta\Delta t^2} + [\,C\,]\frac{\gamma}{\beta\Delta t} + [\,K\,]$$

$$\{\overline{\Delta f}\}_t = \{f\}_{t+1} + \left(\frac{1}{\beta\Delta t^2}[\,M\,] + \frac{\gamma}{\beta\Delta t}[\,C\,]\right)\{x\}_t +$$

$$\left[\frac{1}{\beta\Delta t}[\,M\,] + \left(\frac{\gamma}{\beta}-1\right)[\,C\,]\right]\{\dot{x}\}_t +$$

$$\left[\left(\frac{1}{2\beta}-1\right)[\,M\,] + \Delta t\left(\frac{\gamma}{2\beta}-1\right)[\,C\,]\right]\ddot{x}_t$$

增量格式

$$[\,\overline{K}\,]\{\Delta x\}_t = \{\overline{\Delta f}\}_t \qquad\qquad (3-115)$$

式中

$$[\bar{K}] = [M]\frac{1}{\beta\Delta t^2} + [C]\frac{\gamma}{\beta\Delta t} + [K]$$

$$\{\Delta\bar{f}\}_t = \{f\}_{t+1} + \left(\frac{1}{\beta\Delta t}[M] + \frac{\gamma}{\beta}[C]\right)\{\dot{x}\}_t + \left[\frac{1}{2\beta}[M] + \Delta t\left(\frac{\gamma}{2\beta} - 1\right)[C]\right]\{\ddot{x}\}_t$$

上列各式中,若 $\gamma = 1/2, \beta = 1/4$,就可以得到平均加速度法;若 $\gamma = 1/2, \beta = 1/6$,就可以得到线性加速度法;若 $\gamma \geq 1/2, \beta = (0.5 + \gamma)^2/4$,就可以得到 Newmark $-\beta$ 法。

3.3 梁的弯曲振动

梁的弯曲是梁最基本的变形形式,横力弯曲时,梁也发生剪切变形。弯曲变形和剪切变形在梁的变形中的主导地位随梁的高跨比不同而不同。在材料力学和结构力学中,我们仅仅考虑梁的弯曲变形而忽略剪切变形,是对高跨比较小(<1/10)的梁的一种简化,此类梁被称为欧拉(Euler)梁或"浅梁"。

当梁的两端受到轴向约束或承受轴向力时,其弯曲问题被称为复杂弯曲。在结构力学中,轴向力对结构动力特性的影响,被称为几何刚度。但纯弯曲仍是梁弯曲问题的基础,因此本章首先介绍梁的纯弯曲振动。有了这个基础之后,后续的章节将陆续介绍复杂弯曲、剪切的影响和弹性基础梁的弯曲振动问题。

3.3.1 运动方程

欧拉梁弯曲振动的微元段力学模型如图 3 - 8 所示。由图可见,梁弯曲振动的微元段力学模型仅比材料力学的梁弯曲模型多了一个运动参量——加速度。因此,由微元段的剪力和弯矩平衡条件:

$$\bar{m}\frac{\partial^2 y(x,t)}{\partial t^2} + \frac{\partial N(x,t)}{\partial x} = p(x,t) \tag{3 - 116}$$

及

$$\frac{\partial M(x,t)}{\partial x} = N(x,t) \tag{3 - 117}$$

得

$$\overline{m}\frac{\partial^2 y(x,t)}{\partial t^2} + \frac{\partial^2 M(x,t)}{\partial x^2} = p(x,t) \tag{3-118}$$

将

$$M(x,t) = EI\frac{\partial^2 y(x,t)}{\partial x^2} \tag{3-119}$$

代入式(3-118)得

$$\overline{m}\frac{\partial^2 y(x,t)}{\partial t^2} + \frac{\partial^2}{\partial x^2}\left[EI\frac{\partial^2 y(x,t)}{\partial x^2}\right] = p(x,t) \tag{3-120}$$

对于均质等截面梁,式(3-120)可简化为

$$\overline{m}\frac{\partial^2 y(x,t)}{\partial t^2} + EI\frac{\partial^4 y(x,t)}{\partial x^4} = p(x,t) \tag{3-121}$$

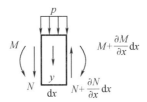

图 3-8　欧拉梁弯曲振动的微元段力学模型

3.3.2　方程的解

取式(3-121)的齐次形式:

$$\overline{m}\frac{\partial^2 y(x,t)}{\partial t^2} + EI\frac{\partial^4 y(x,t)}{\partial x^4} = 0 \tag{3-122}$$

对其求解仍采用分离变量法,即设

$$y(x,t) = \varphi(x)q(t) \tag{3-123}$$

代入式(3-122)得

$$\overline{m}\varphi(x)\frac{\mathrm{d}^2 q(t)}{\mathrm{d}t^2} = -EIq(t)\frac{\mathrm{d}^4\varphi(x)}{\mathrm{d}x^4} \tag{3-124}$$

式(3-124)两端同时除以 $\varphi(x)q(t)$ 并整理得

$$\frac{\ddot{q}(t)}{q(t)} = -\frac{EI}{\overline{m}}\frac{\varphi^{\mathrm{IV}}(x)}{\varphi(x)} \tag{3-125}$$

至此已经完成了变量分离,式(3-125)的两端分别为坐标 x 的函数和时间 t 的函

数,两者若相等,则只能为一常数,与杆的振动相同,设该常数为 $-\omega^2$,即

$$\frac{\ddot{q}(t)}{q(t)} = -\frac{EI}{m}\frac{\varphi^{\text{IV}}(x)}{\varphi(x)} = -\omega^2 \qquad (3-126)$$

由式(3-126)可得梁纯弯曲振动的振型方程:

$$\varphi^{\text{IV}}(x) - \alpha^4\varphi(x) = 0 \qquad (3-127)$$

和广义坐标方程:

$$\ddot{q}(t) + \omega^2 q(t) = 0 \qquad (3-128)$$

式中

$$\alpha^4 = \frac{\overline{m}\omega^2}{EI} \qquad (3-129)$$

由式(3-127)和式(3-128)可以看出,梁弯曲振动的固有频率也不能直接由频率方程求出,而需通过振型方程的求解得到,这表明固有频率与边界条件有关。

设式(3-127)的解为

$$\varphi(x) = Ce^{sx} \qquad (3-130)$$

代入式(3-127)得

$$s^4 - \alpha^4 = 0 \qquad (3-131)$$

由此解得

$$s_{1,2} = \pm\,\alpha, \quad s_{3,4} = \pm\,\mathrm{i}\alpha \qquad (3-132)$$

代入式(3-130)得梁弯曲振动的振型函数:

$$\varphi(x) = C_1 e^{\alpha x} + C_2 e^{-\alpha x} + C_3 e^{\mathrm{i}\alpha x} + C_4 e^{-\mathrm{i}\alpha x} \qquad (3-133)$$

由欧拉公式可将式(3-133)改写为

$$\varphi(x) = D_1 \mathrm{ch}\,\alpha x + D_2 \mathrm{sh}\,\alpha x + D_3 \cos\varepsilon x + D_4 \sin\alpha x \qquad (3-134)$$

式(3-134)为欧拉梁弯曲振动的振型函数。而式(3-128)的解可表示为

$$q(t) = B_1 \cos\omega t + B_2 \sin\omega t \qquad (3-135)$$

3.3.3 频率与振型

梁弯曲振动的固有频率与杆振动的固有频率的求解方法相同,其振型也和边界条件有关。因此,梁弯曲振动固有频率与振型的计算应从求解振型方程式(3-134)入手。下面以简支梁为例给出梁弯曲振动的固有频率与振型。

简支梁的边界条件可表示为

$$y(0,t) = y(l,t) = 0, \quad M(0,t) = M(l,t) = 0 \qquad (3-136)$$

由式（3 - 119）得

$$\frac{\partial^2 y(x,t)}{\partial x^2}\bigg|_{x=0} = \frac{\partial^2 y(x,t)}{\partial x^2}\bigg|_{x=l} = 0 \qquad (3-137)$$

将式（3 - 123）代入式（3 - 136）和式（3 - 137）得

$$\varphi(0)q(t) = \varphi(l)q(t) = 0, \quad \varphi''(0)q(t) = \varphi''(l)q(t) = 0 \qquad (3-138)$$

由于 $q(t) \neq 0$，从而有

$$\varphi(0) = \varphi(l) = 0, \quad \varphi''(0) = \varphi''(l) = 0 \qquad (3-139)$$

将式（3 - 134）代入式（3 - 139）得

$$\varphi(0) = D_1 + D_3 = 0, \quad \varphi''(0) = D_1 - D_3 = 0 \qquad (3-140)$$

$$\begin{cases} \varphi(l) = D_1 \mathrm{ch}\ \alpha l + D_2 \mathrm{sh}\ \alpha l + D_3 \cos \alpha l + D_4 \sin \alpha l = 0 \\ \varphi''(l) = \alpha^2 (D_1 \mathrm{ch}\ \alpha l + D_2 \mathrm{sh}\ \alpha l - D_3 \cos \alpha l - D_4 \sin \alpha l) = 0 \end{cases} \qquad (3-141)$$

由式（3 - 140）得

$$D_1 = D_3 = 0 \qquad (3-142)$$

代入式（3 - 141）得

$$\begin{cases} D_2 \mathrm{sh}\ \alpha l + D_4 \sin \alpha l = 0 \\ D_2 \mathrm{sh}\ \alpha l - D_4 \sin \alpha l = 0 \end{cases} \qquad (3-143)$$

式（3 - 143）的两式相加得

$$D_2 \mathrm{sh}\ \alpha l = 0 \qquad (3-144)$$

由于 $\mathrm{sh}\ \alpha l \neq 0$，因此 $D_2 = 0$。由此可得

$$D_4 \sin \alpha l = 0 \qquad (3-145)$$

由于 $D_4 = 0$ 意味着梁不发生变形，因此排除平凡解（$D_4 = 0$）后得

$$\sin \alpha l = 0 \qquad (3-146)$$

由此可得

$$\alpha_n l = n\pi \quad (n = 1, 2, \cdots, \infty) \qquad (3-147)$$

代入式（3 - 129）可求得简支梁的固有频率为

$$\omega_n = (n\pi)^2 \sqrt{\frac{EI}{ml^4}} \quad (n = 1, 2, \cdots, \infty) \qquad (3-148)$$

将 $D_1 = D_2 = D_3 = 0$ 和式（3 - 284）代入式（3 - 134）得简支梁的振型函数：

$$\varphi_n(x) = D_4 \sin \frac{n\pi}{l} x \quad (n = 1, 2, \cdots, \infty) \qquad (3-149)$$

3.3.4 轴力的影响

1. 运动方程

梁发生弯曲振动时,如果轴向变形受到限制或受到轴向拉力的作用,则其弯曲刚度将呈现增大的趋势,即轴力将改变梁的弯曲性能。轴力的出现使梁的弯曲问题变得更加复杂,因此这种弯曲常被称为复杂弯曲。为了分析轴力对弯曲刚度的影响,不能采用图 3-8 所示的小变形梁模型,因为在小变形梁模型中,轴力是自相平衡的,不会出现在运动方程中。因此,必须采用变形后的梁微元段模型,对于欧拉梁或细长梁,其剪切变形可以忽略,所以此处采用了图 3-9 所示的梁微元段模型。由图 3-9 可见,轴向力是弯矩自平衡,因此不会出现在弯矩平衡条件中。而在荷载或惯性力方向,轴向力是不平衡的,将合成为一个力 $2T\sin \mathrm{d}\theta/2$,方向与惯性力相同,因此微元段的横向力平衡条件为

$$\overline{m}\ddot{y}\mathrm{d}x + \mathrm{d}N\cos\frac{\mathrm{d}\theta}{2} + 2T\sin\frac{\mathrm{d}\theta}{2} = p\mathrm{d}x \qquad (3-150)$$

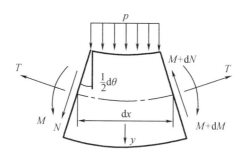

图 3-9　梁复杂弯曲振动模型

在小变形条件下,$\cos(\mathrm{d}\theta/2) \approx 1$,$\sin(\mathrm{d}\theta/2) \approx \mathrm{d}\theta/2$,因此式(3-150)可表示为

$$\overline{m}\ddot{y} + \frac{\mathrm{d}N}{\mathrm{d}x} + T\frac{\mathrm{d}\theta}{\mathrm{d}x} = p \qquad (3-151)$$

将 $\mathrm{d}N/\mathrm{d}x = \mathrm{d}^2M/\mathrm{d}x^2$,$M = EI\mathrm{d}^2y/\mathrm{d}x^2$,$\mathrm{d}\theta/\mathrm{d}x = -\mathrm{d}^2y/\mathrm{d}x^2$ 代入式(3-151),并注意到所有变量均为坐标 x 和时间 t 的函数,因此式(3-151)可表示为

$$\overline{m}\frac{\partial^2 y(x,t)}{\partial t^2} + \frac{\partial^2}{\partial x^2}\left[EI\frac{\partial^2 y(x,t)}{\partial x^2}\right] - T\frac{\partial^2 y(x,t)}{\partial x^2} = p(x,t) \qquad (3-152)$$

与式(3-120)比较可知,式(3-152)中的二阶导数项

$$-T\frac{\partial^2 y(x,t)}{\partial x^2} \qquad (3-153)$$

即为轴向力对弯曲弹性回复力的影响。即考虑轴向力时,梁的弯曲弹性回复力为

$$\frac{\partial^2}{\partial x^2}\Big[EI\frac{\partial^2 y(x,t)}{\partial x^2}\Big] - T\frac{\partial^2 y(x,t)}{\partial x^2} \qquad (3-154)$$

式(3-154)中的 T 为代数量,当轴向力为压力时取负号,即

$$\frac{\partial^2}{\partial x^2}\Big[EI\frac{\partial^2 y(x,t)}{\partial x^2}\Big] + T\frac{\partial^2 y(x,t)}{\partial x^2} \qquad (3-155)$$

对于均质等截面梁,式(3-152)可表示为

$$\overline{m}\frac{\partial^2 y(x,t)}{\partial t^2} + EI\frac{\partial^4 y(x,t)}{\partial x^4} - T\frac{\partial^2 y(x,t)}{\partial x^2} = p(x,t) \qquad (3-156)$$

2. 方程的解

取式(3-156)的齐次形式就得到了欧拉梁复杂弯曲振动的自由振动方程:

$$\overline{m}\frac{\partial^2 y(x,t)}{\partial t^2} + EI\frac{\partial^4 y(x,t)}{\partial x^4} - T\frac{\partial^2 y(x,t)}{\partial x^2} = 0 \qquad (3-157)$$

式(3-157)的求解仍采用分离变量法,为此将式(3-123)代入式(3-157)得

$$\overline{m}\varphi(x)\ddot{q}(t) + EI\varphi^{\mathrm{IV}}(x)q(t) - T\varphi''(x)q(t) = 0 \qquad (3-158)$$

式(3-158)除以 $\varphi(x)q(t)$ 并整理得

$$\frac{\ddot{q}(t)}{q(t)} = -\frac{EI}{\overline{m}}\frac{\varphi^{\mathrm{IV}}(x)}{\varphi(x)} + \frac{T}{\overline{m}}\frac{\varphi''(x)}{\varphi(x)} \qquad (3-159)$$

式(3-159)等号两端分别为 t 和 x 的函数,因此应等于同一个常数,设该常数为 $-\omega^2$,即

$$\frac{\ddot{q}(t)}{q(t)} = -\frac{EI}{\overline{m}}\frac{\varphi^{\mathrm{IV}}(x)}{\varphi(x)} + \frac{T}{\overline{m}}\frac{\varphi''(x)}{\varphi(x)} = -\omega^2 \qquad (3-160)$$

由式(3-160)可得梁复杂弯曲的振型方程:

$$\varphi^{\mathrm{IV}}(x) - \alpha\varphi''(x) - \beta\varphi(x) = 0 \qquad (3-161)$$

和广义坐标方程:

$$\ddot{q}(t) + \omega^2 q(t) = 0 \qquad (3-162)$$

式中

$$\alpha = \frac{T}{EI}, \quad \beta = \frac{\omega^2\overline{m}}{EI} \qquad (3-163)$$

从式(3-161)和式(3-163)可以看出,轴向力对梁弯曲刚度的影响取决于轴向力 T 与梁的截面抗弯刚度 EI 的比值,而不是轴向力的绝对值。

设式(3-161)的解为

$$\varphi(x) = Ce^{px} \tag{3-164}$$

代入式(3-161)得

$$p^4 - \alpha p^2 - \beta = 0 \tag{3-165}$$

由此可解得

$$p_{1,2}^2 = \frac{\alpha \pm \sqrt{\alpha^2 + 4\beta}}{2} \tag{3-166}$$

由式(3-166)可得式(3-165)的四个根:

$$p_{1,2} = \pm\sqrt{\frac{\alpha}{2} + \sqrt{\left(\frac{\alpha}{2}\right)^2 + \beta}}, \quad p_{3,4} = \pm i\sqrt{-\frac{\alpha}{2} + \sqrt{\left(\frac{\alpha}{2}\right)^2 + \beta}} \tag{3-167}$$

代入式(3-164)得欧拉梁复杂弯曲的振型函数:

$$\varphi(x) = C_1 e^{\delta x} + C_2 e^{-\delta x} + C_3 e^{i\varepsilon x} + C_4 e^{-i\varepsilon x} \tag{3-168}$$

式中

$$\delta = \sqrt{\frac{\alpha}{2} + \sqrt{\left(\frac{\alpha}{2}\right)^2 + \beta}}, \quad \varepsilon = \sqrt{-\frac{\alpha}{2} + \sqrt{\left(\frac{\alpha}{2}\right)^2 + \beta}} \tag{3-169}$$

将式(3-163)代入式(3-169)得考虑轴向力时的梁弯曲振动固有频率:

$$\omega = \delta^2 \left(1 - \frac{T}{\delta^2 EI}\right)^{1/2} \sqrt{\frac{EI}{m}} \tag{3-170}$$

或

$$\omega = \varepsilon^2 \left(1 + \frac{T}{\varepsilon^2 EI}\right)^{1/2} \sqrt{\frac{EI}{m}} \tag{3-171}$$

3. 简支梁的频率与振型

下面来求简支梁的振型及固有频率,利用欧拉公式可将式(3-168)改写为

$$\varphi(x) = D_1 \operatorname{ch} \delta x + D_2 \operatorname{sh} \delta x + D_3 \cos \varepsilon x + D_4 \sin \varepsilon x \tag{3-172}$$

将式(3-172)代入简支梁的左端边界条件得

$$\begin{cases} \varphi(0) = D_1 + D_3 = 0 \\ \varphi''(0) = \delta^2 D_1 - \varepsilon^2 D_3 = 0 \end{cases} \tag{3-173}$$

由此可得

$$D_1 = D_3 = 0 \tag{3-174}$$

再将式(3－172)和式(3－174)代入简支梁的右端边界条件得

$$\begin{cases} \varphi(l) = D_2 \operatorname{sh} \delta l + D_4 \sin \varepsilon l = 0 \\ \varphi'(l) = \delta^2 D_2 \operatorname{sh} \delta l - \varepsilon^2 D_4 \sin \varepsilon l = 0 \end{cases} \qquad (3－175)$$

由此可得

$$(\delta^2 + \varepsilon^2) D_2 \operatorname{sh} \delta l = 0 \qquad (3－176)$$

和

$$(\delta^2 + \varepsilon^2) D_4 \sin \varepsilon l = 0 \qquad (3－177)$$

由于 $\operatorname{sh} \delta l \neq 0$，因此由式(3－176)可得

$$D_2 = 0 \qquad (3－178)$$

由式(3－178)和式(3－174)可知，$D_4 \neq 0$，否则梁的振型为零。因此，由式(3－177)可得

$$\sin \varepsilon l = 0 \qquad (3－179)$$

由此可得

$$\varepsilon_n = \frac{n\pi}{l} \quad (n = 1, 2, \cdots, \infty) \qquad (3－180)$$

将 $D_1 = D_2 = D_3 = 0$ 和式(3－180)代入式(3－172)得

$$\varphi_n(x) = D_4 \sin \frac{n\pi}{l} x \quad (n = 1, 2, \cdots, \infty) \qquad (3－181)$$

式(3－181)为简支梁复杂弯曲振动的振型，与式(3－149)比较可知，轴向力对简支梁的振型没有影响，即简支梁的简单弯曲振动和复杂弯曲振动具有相同的振型。

将式(3－180)代入式(3－171)得简支梁复杂弯曲的固有频率：

$$\omega_n = (n\pi)^2 \sqrt{\left(1 + \frac{l^2 T}{n^2 \pi^2 EI}\right) \frac{EI}{ml^4}} \qquad (3－182)$$

比较式(3－182)和式(3－148)可知，轴向张力将提高简支梁的弯曲振动固有频率，而轴向压力将降低简支梁的弯曲振动固有频率。

3.3.5　大变形的影响

1. 运动方程

对于深水立管等大柔性的结构，其弯曲振动产生的挠度和转角较大，采用小变形假设将引起较大的误差。因此，分析其弯曲振动时应考虑大挠度和大转角

的影响。图 3-10 为考虑了大挠度和大转角时的梁微元段受力示意图。由于产生大挠度和大转角的梁多为细长梁,因此不考虑剪切变形的影响。此外,由于转动惯量的影响和梁截面的弯曲刚度与剪切刚度的比值 EI/GA 有关,因此对于细长梁,该比值较小,可以忽略截面转动的惯性作用。

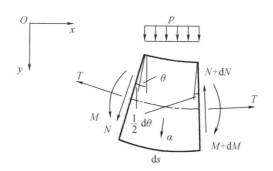

图 3-10 考虑大挠度和大转角时的梁微元段受力示意图

由 y 轴的力平衡条件可得

$$N\cos\frac{1}{2}\mathrm{d}\theta\cos\theta - (N+\mathrm{d}N)\cos\frac{1}{2}\mathrm{d}\theta\cos\theta -$$

$$N\sin\frac{1}{2}\mathrm{d}\theta\sin\theta - (N+\mathrm{d}N)\sin\frac{1}{2}\mathrm{d}\theta\sin\theta -$$

$$2T\sin\frac{1}{2}\mathrm{d}\theta\cos\theta - \overline{m}a\mathrm{d}s\cos\theta + p(x,t)\mathrm{d}s = 0 \tag{3-183}$$

式中,a 为微元段的加速度,$a = \partial^2 y(x,t)/\partial t^2$;$\theta$ 为微元段截面的转角;$\mathrm{d}\theta$ 为微元段两截面的相对转角。

当 θ 较小时,$\cos\theta \approx 1$,$\cos(\mathrm{d}\theta/2) \approx 1$,$\sin\theta \approx \theta$,$\sin(\mathrm{d}\theta/2) \approx \mathrm{d}\theta/2$,且所有变量均为坐标 x 和时间 t 的函数,则式(3-183)经整理得

$$\overline{m}\frac{\partial^2 y(x,t)}{\partial t^2} + \frac{\partial N(x,t)}{\partial s} + N(x,t)\theta(x,t)\frac{\partial\theta(x,t)}{\partial s} + T\frac{\partial\theta(x,t)}{\partial s} = p(x,t)$$

$$\tag{3-184}$$

将

$$\frac{\partial N}{\partial s} = EI\frac{\partial^4 y}{\partial s^4}, \quad N = EI\frac{\partial^3 y}{\partial s^3}, \quad \theta = \frac{\partial y}{\partial s}, \quad \frac{\partial\theta}{\partial s} = -\frac{\partial^2 y}{\partial s^2} \tag{3-185}$$

代入式(3-184)得

$$\overline{m}\frac{\partial^2 y}{\partial t^2} + EI\frac{\partial^4 y}{\partial s^4} - EI\frac{\partial^3 y}{\partial s^3}\frac{\partial y}{\partial s}\frac{\partial^2 y}{\partial s^2} - T\frac{\partial^2 y}{\partial s^2} = p(x,t) \tag{3-186}$$

将 $\kappa^2 = -\dfrac{\partial^3 y}{\partial s^3} \dfrac{\partial y}{\partial s}$ 代入式 $(3-186)$ 得

$$-\bar{m}\,\frac{\partial^2 y(x,t)}{\partial t^2} + EI\,\frac{\partial^4 y(x,t)}{\partial s^4} - (T - EI\kappa^2)\,\frac{\partial^2 y(x,t)}{\partial s^2} = p(x,t) \qquad (3-187)$$

式 $(3-187)$ 为大挠度梁的振动微分方程,也可用于曲线梁的振动分析。求解式 $(3-187)$ 时需注意,式中对空间变量的导数项是对弧长 s 求导,因此需进行导数变换

$$\frac{\partial y}{\partial s} = \frac{\partial y}{\partial x}\,\frac{\partial x}{\partial s}$$

2. 频率与振型

将式 $(3-187)$ 改写为

$$-\bar{m}\,\frac{\partial^2 y(x,t)}{\partial t^2} + EI\,\frac{\partial^4 y(x,t)}{\partial s^4} - \lambda\,\frac{\partial^2 y(x,t)}{\partial s^2} = p(x,t) \qquad (3-188)$$

式中,$\lambda = T - EI\kappa^2$。

与式 $(3-156)$ 比较可知,大挠度或曲线梁的振动与梁的复杂弯曲振动具有相同的方程形式,大挠度的影响减小了轴向张力的作用,或者说增大了轴向压力的作用,即减小了梁的弯曲刚度。

用 $\lambda = T - EI\kappa^2$ 代替式 $(3-170)$ 和式 $(3-171)$ 中的 T,得大挠度或曲线梁的固有频率,即

$$\omega = \delta^2 \left(1 - \frac{T}{\delta^2 EI} + \frac{\kappa^2}{\delta^2}\right)^{1/2} \sqrt{\frac{EI}{\bar{m}}} \qquad (3-189)$$

或

$$\omega = \varepsilon^2 \left(1 + \frac{T}{\varepsilon^2 EI} - \frac{\kappa^2}{\varepsilon^2}\right)^{1/2} \sqrt{\frac{EI}{\bar{m}}} \qquad (3-190)$$

大挠度条件下的振型可直接由复杂弯曲的振型得到,即

$$\varphi(x) = D_1 \operatorname{ch} \delta x + D_2 \operatorname{sh} \delta x + D_3 \cos \varepsilon x + D_4 \sin \varepsilon x \qquad (3-191)$$

式中

$$\delta = \sqrt{\frac{\alpha}{2} + \sqrt{\left(\frac{\alpha}{2}\right)^2 + \beta}}, \quad \varepsilon = \sqrt{-\frac{\alpha}{2} + \sqrt{\left(\frac{\alpha}{2}\right)^2 + \beta}} \qquad (3-192)$$

与式 $(3-169)$ 不同的是,式 $(3-192)$ 中的 $\alpha = \lambda/EI$。对于简支梁,$\varepsilon_n = n\pi/l$,代入式 $(3-190)$ 得大挠度或曲线简支梁的固有频率为

$$\omega_n = (n\pi)^2 \left[1 + \frac{(T - \kappa^2 EI) l^2}{EI(n\pi)^2}\right]^{1/2} \sqrt{\frac{EI}{\bar{m} l^4}} \qquad (3-193)$$

分析式(3-193)可知,大挠度条件下,简支梁的固有频率降低,且低阶频率降低的幅度较大。而大挠度对简支梁的振型没有影响,仍为

$$\varphi_n(x) = D_4 \sin \frac{n\pi}{l} x \qquad (3-194)$$

3.动力响应

分析式(3-188)可知,梁发生大挠度弯曲振动时,其运动方程是非线性的。为了求解方便,可将其进行线性化处理,见式(3-187)。但是,式(3-187)仍不是完全的线性化方程,而仅仅是式(3-186)的线性迭代格式,即

$$\overline{m} \frac{\partial^2 y^{(i+1)}}{\partial t^2} + EI \frac{\partial^4 y^{(i+1)}}{\partial s^4} + (EI\kappa_i^2 - T) \frac{\partial^2 y^{(i+1)}}{\partial s^2} = p^{(i+1)} \qquad (3-195)$$

式(3-195)的广义坐标方程为

$$M_n \ddot{q}_n^{(i+1)}(t_k) + K_n^{(i)} q_n^{(i+1)}(t_k) = F_n(t_k) \qquad (3-196)$$

式中,M_n 为模态质量系数,$M_n = \overline{m} \int_0^l \varphi_n^2(x) dx$;$K_n^{(i)}$ 为模态刚度系数,$K_n^{(i)} = EI \int_0^l \varphi_n''^2(x) dx + (T - EI\kappa_{(i)}^2) \int_0^l \varphi_n'^2(x) dx$;$F_n(t_k)$ 为模态荷载。

式(3-196)的求解可采用任何一种时程分析法,而每个时间增量 Δt 内的迭代计算可根据 Δt 的大小取舍。如果 Δt 很小(如 $\Delta t \leqslant 10^{-4}$,具体数值需根据结构响应的大小,即非线性程度确定),则可以不迭代。而迭代计算时,结束迭代的条件可设定为

$$|y^{(i+1)}(x, t_k) - y^{(i)}(x, t_k)| \leqslant \varepsilon \qquad (3-197)$$

式中,ε 为预先设定的计算精度。也可以设定迭代的次数,以避免迭代运算的时间过长。

3.3.6 弹性基础的影响

当梁受到弹性基础的约束时,基础对梁的弹性支撑作用类似于分布荷载,不同的是,分布荷载是主动力且不随梁的变形而改变,而弹性基础的反力是抵抗梁变形的约束力且随梁的变形大小而变化。受到弹性基础约束的梁也被称为弹性基础梁,钢悬链线立管与海底接触的流线段就是典型的弹性基础梁。

1.运动方程

下面来考虑一个受分布荷载作用的弹性基础梁,其计算简图如图 3-11 所示。由于弹性基础的反力也是一种分布荷载,因此弹性基础梁的弯曲振动微分

方程可以直接从式(3 – 121)导出。在式(3 – 121)的右端加入弹性基础的支座反力 $-ky$，就得到了弹性基础梁的微分方程：

$$\overline{m}\frac{\partial^2 y(x,t)}{\partial t^2} + EI\frac{\partial^4 y(x,t)}{\partial x^4} = p(x,t) - ky(x,t) \qquad (3-198)$$

式中，k 为基础的刚度系数。

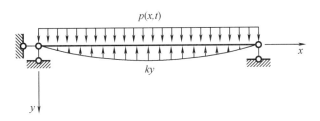

$p(x,t)$

ky

x

y

图 3 – 11　弹性基础梁的受力示意图

由此可得弹性基础梁的弯曲振动方程：

$$\overline{m}\frac{\partial^2 y(x,t)}{\partial t^2} + EI\frac{\partial^4 y(x,t)}{\partial x^4} + ky(x,t) = p(x,t) \qquad (3-199)$$

2. 简支梁的频率与振型

将式(3 – 121)代入式(3 – 199)的齐次式

$$\overline{m}\frac{\partial^2 y(x,t)}{\partial t^2} + EI\frac{\partial^4 y(x,t)}{\partial x^4} + ky(x,t) = 0 \qquad (3-200)$$

得

$$\overline{m}\varphi(x)\frac{\mathrm{d}^2 q(t)}{\mathrm{d}t^2} + EI\frac{\mathrm{d}^4\varphi(x)}{\mathrm{d}x^4}q(t) + k\varphi(x)q(t) = 0 \qquad (3-201)$$

由式(3 – 201)可得

$$\frac{\ddot{q}(t)}{q(t)} = -\frac{EI}{\overline{m}}\frac{\varphi^{\mathrm{IV}}(x)}{\varphi(x)} - \frac{k}{\overline{m}} = -\omega^2 \qquad (3-202)$$

则弹性基础梁的振型方程为

$$\varphi^{\mathrm{IV}}(x) - \alpha^4\varphi(x) = 0 \qquad (3-203)$$

式中

$$\alpha^4 = \left(\omega^2 - \frac{k}{\overline{m}}\right)\frac{\overline{m}}{EI} \qquad (3-204)$$

由式(3 – 204)可得弹性基础梁的固有频率为

$$\omega^2 = \left(\alpha^4 + \frac{k}{EI}\right)\frac{EI}{\overline{m}} \qquad (3-205)$$

当 $k = 0$ 时,式(3 - 204)就是式(3 - 129)。

式(3 - 203)与式(3 - 127)有相同的形式,因此其振型函数可直接由式(3 - 134)得到

$$\varphi(x) = D_1 \operatorname{ch} \alpha x + D_2 \operatorname{sh} \alpha x + D_3 \cos \alpha x + D_4 \sin \alpha x \tag{3 - 206}$$

而两端简支的弹性基础梁振型也可由式(3 - 149)得到

$$\varphi_n(x) = D_4 \sin \frac{n\pi}{l} x \tag{3 - 207}$$

即

$$\alpha_n = \frac{n\pi}{l} \tag{3 - 208}$$

将式(3 - 208)代入式(3 - 205)得弹性基础梁的固有频率:

$$\omega_n = (n\pi)^2 \left(1 + \frac{k l^4}{n^4 \pi^4 EI} \right)^{1/2} \sqrt{\frac{EI}{m l^4}} \tag{3 - 209}$$

如果弹性基础是黏弹性材料,则还应考虑基础的阻尼作用。设弹性基础的阻尼系数为 c_a,则式(3 - 198)可表示为

$$\overline{m} \frac{\partial^2 y(x,t)}{\partial t^2} + EI \frac{\partial^4 y(x,t)}{\partial x^4} = p(x,t) - k y(x,t) - c_a \dot{y}(x,t) \tag{3 - 210}$$

经过同样的推导可得式(3 - 202)的有阻尼形式:

$$\frac{\ddot{q}(t)}{q(t)} + \frac{c_a}{\overline{m}} \frac{\dot{q}(t)}{q(t)} = -\frac{EI}{\overline{m}} \frac{\varphi^{\mathrm{IV}}(x)}{\varphi(x)} - \frac{k}{\overline{m}} = -\omega^2 \tag{3 - 211}$$

由式(3 - 211)可知,阻尼并不影响系统的振型,而改变了广义坐标方程:

$$\ddot{q}(t) + 2\zeta_a \omega q(t) + \omega^2 q(t) = 0 \tag{3 - 212}$$

式中

$$\zeta_a = \frac{c_a}{2\overline{m}\omega}$$

如果考虑梁的结构阻尼,则式(3 - 212)可表示为

$$\ddot{q}(t) + 2\zeta \omega q(t) + \omega^2 q(t) = 0 \tag{3 - 213}$$

式中

$$\zeta = \frac{c + c_a}{2\overline{m}\omega}$$

式中,c 为结构阻尼系数。

3.3.7　传递矩阵法

梁弯曲振动的传递矩阵法是求解梁结构动力特性的一种半解析半数值方法,该方法将梁划分为若干个由无质量的弹性单元和无几何尺寸的质量单元组成的系统,分别计算弹性单元的场矩阵和质量单元的点矩阵并组成一个完整单元的传递矩阵,然后将所有单元的传递矩阵组合成整个结构的传递矩阵。因此,该方法对于变参数梁式结构的动力特性计算是非常有效的。

1. 场矩阵

图 3 – 12(a)所示为传递矩阵法基本单元的力学模型,它由一个无质量的梁单元和一个质点组成。所谓场传递矩阵是指梁单元两端的参数(内力和位移)之间的传递关系,如图 3 – 12(b)所示。图中,下标 i 表示梁单元的序号(从左向右排序),上标 L 或 R 表示梁单元两端的位置,即左端或右端。例如:N_i^L 表示梁(段)i 左端的剪力。下面基于图 3 – 12(b)来推导场矩阵。

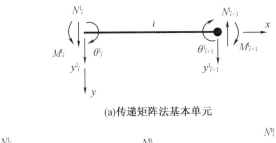

(a)传递矩阵法基本单元

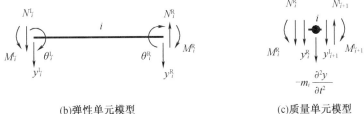

(b)弹性单元模型　　　　　　　　(c)质量单元模型

图 3 – 12　传递矩阵法动力学模型

由前面的分析可知,作为分布参数系统,梁弯曲振动的响应函数可表示为

$$y(x,t) = \varphi(x)q(t) \qquad (3-214)$$

式中的振型函数

$$\varphi(x) = C_1 \mathrm{ch}\, ax + C_2 \mathrm{sh}\, ax + C_3 \cos ax + C_4 \sin ax \qquad (3-215)$$

隐含着质量的影响,即

$$a = \frac{\overline{m}\omega^2}{EI}$$

而传递矩阵法将梁的质量全部集中到梁端,梁段仅仅提供弹性回复力。因此,如果采用式(3-215)作为挠曲线显然是不合理的。振型是由质量和弹性体组成的系统的动力特征,对于无质量的弹性体,不能应用振型的概念。下面将从梁的静态挠曲线出发来推导传递矩阵法。

由材料力学或结构力学理论可知,均质等截面梁的挠曲线方程可用梁左端的截面参数(初参数)表示为

$$y(x) = y_0 + \theta_0 x + \frac{M_0}{2EI}x^2 + \frac{N_0}{6EI}x^3 + \frac{1}{EI}\int_a^b\int_a^b\int_a^b q(x)\,\mathrm{d}x \quad (3-216)$$

式中,y_0、θ_0、M_0、N_0 为梁左端的截面位移和内力;a、b 分别为分布荷载 $q(x)$ 作用的始末点。

对于图 3-12(b)所示弹性单元,式(3-26)可进一步表示为

$$y_i(x) = y_i^{\mathrm{L}} + \theta_i^{\mathrm{L}}x + \frac{1}{2}\overline{M}_i^{\mathrm{L}}x^2 + \frac{1}{6}\overline{N}_i^{\mathrm{L}}x^3 \quad (3-217)$$

式中,$\overline{M}_i^{\mathrm{L}} = M_i^{\mathrm{L}}/(EI)_i$,$\overline{N}_i^{\mathrm{L}} = N_i^{\mathrm{L}}/(EI)_i$。

由梁截面内力与位移的关系:

$$\theta_i(x) = y_i'(x), \quad \overline{M}_i(x) = y_i''(x), \quad \overline{N}_i(x) = y_i'''(x) \quad (3-218)$$

可得任意截面参数与初参数的关系:

$$\theta_i(x) = \theta_i^{\mathrm{L}} + \overline{M}_i^{\mathrm{L}}x + \frac{1}{2}\overline{N}_i^{\mathrm{L}}x^2$$

$$\overline{M}_i(x) = \overline{M}_i^{\mathrm{L}} + \overline{N}_i^{\mathrm{L}}x$$

$$\overline{N}_i(x) = \overline{N}_i^{\mathrm{L}} \quad (3-219)$$

由式(3-217)和式(3-219)可得梁截面参数的传递关系:

$$\begin{Bmatrix} y_i(x) \\ \theta_i(x) \\ \overline{M}_i(x) \\ \overline{N}_i(x) \end{Bmatrix} = \begin{bmatrix} 1 & x & x^2/2 & x^3/6 \\ 0 & 1 & x & x^2/2 \\ 0 & 0 & 1 & x \\ 0 & 0 & 0 & 1 \end{bmatrix} \begin{Bmatrix} y_i^{\mathrm{L}} \\ \theta_i^{\mathrm{L}} \\ \overline{M}_i^{\mathrm{L}} \\ \overline{N}_i^{\mathrm{L}} \end{Bmatrix} \quad (3-220)$$

将 $x = l_i$(l_i 为第 i 段梁长)代入式(3-220)就得到了梁两端截面参数的传递方程:

$$\left\{ \begin{array}{c} y_i^R \\ \theta_i^R \\ \overline{M}_i^R \\ \overline{N}_i^R \end{array} \right\} = [T_f]_i \left\{ \begin{array}{c} y_i^L \\ \theta_i^L \\ \overline{M}_i^L \\ \overline{N}_i^L \end{array} \right\} \qquad (3-221)$$

式中，$[T_f]_i$ 称为场矩阵，有

$$[T_f]_i = \begin{bmatrix} 1 & l_i & l_i^2/2 & l_i^3/6 \\ 0 & 1 & l_i & l_i^2/2 \\ 0 & 0 & 1 & l_i \\ 0 & 0 & 0 & 1 \end{bmatrix} \qquad (3-222)$$

如果考虑轴力的影响，则应采用如下的挠曲线方程：

$$y_i(x) = y_i^L + \frac{1}{\alpha}\theta_i^L \mathrm{sh}\,\alpha x + \frac{1}{\alpha^2}\overline{M}_i^L(\mathrm{ch}\,\alpha x - 1) + \frac{1}{\alpha^3}\overline{N}_i^L(\mathrm{sh}\,\alpha x - \alpha x)$$

$$(3-223)$$

式中，$\alpha = \sqrt{T/EI}$。

将式（3-223）代入式（3-219）得

$$\left\{ \begin{array}{l} \theta_i(x) = \theta_i^L \mathrm{ch}\,\alpha x + \dfrac{1}{\alpha}\overline{M}_i^L \mathrm{sh}\,\alpha x + \dfrac{1}{\alpha^2}\overline{N}_i^L(\mathrm{ch}\alpha x - 1) \\[2mm] \overline{M}_i(x) = \alpha\theta_i^L \mathrm{sh}\,\alpha x + \overline{M}_i^L \mathrm{ch}\,\alpha x + \dfrac{1}{\alpha}\overline{N}_i^L \mathrm{sh}\,\alpha x \\[2mm] \overline{N}_i(x) = \alpha^2\theta_i^L \mathrm{ch}\,\alpha x + \alpha\overline{M}_i^L \mathrm{sh}\,\alpha x + \overline{N}_i^L \mathrm{ch}\,\alpha x \end{array} \right. \qquad (3-224)$$

由此可得梁复杂弯曲的截面参数传递关系：

$$\left\{ \begin{array}{c} y_i(x) \\ \theta_i(x) \\ \overline{M}_i(x) \\ \overline{N}_i(x) \end{array} \right\} = \begin{bmatrix} 1 & \alpha^{-1}\mathrm{sh}\,\alpha x & \alpha^{-2}(\mathrm{ch}\,\alpha x - 1) & \alpha^{-3}(\mathrm{sh}\,\alpha x - \alpha x) \\ 0 & \mathrm{ch}\,\alpha x & \alpha^{-1}\mathrm{sh}\,\alpha x & (\mathrm{ch}\,\alpha x - 1)/\alpha^2 \\ 0 & \alpha\mathrm{sh}\,\alpha x & \mathrm{ch}\,\alpha x & \alpha^{-1}\mathrm{sh}\,\alpha x \\ 0 & \alpha^2\mathrm{ch}\,\alpha x & \alpha\mathrm{sh}\,\alpha x & \mathrm{ch}\,\alpha x \end{bmatrix} \left\{ \begin{array}{c} y_i^L \\ \theta_i^L \\ \overline{M}_i^L \\ \overline{N}_i^L \end{array} \right\}$$

$$(3-225)$$

则梁复杂弯曲的场矩阵为

$$[T_{\mathrm{f}}]_i = \begin{bmatrix} 1 & \alpha^{-1}\mathrm{sh}\,\alpha x & \alpha^{-2}(\mathrm{ch}\,\alpha x - 1) & \alpha^{-3}(\mathrm{sh}\,\alpha x - \alpha x) \\ 0 & \mathrm{ch}\,\alpha x & \alpha^{-1}\mathrm{sh}\,\alpha x & (\mathrm{ch}\,\alpha x - 1)/\alpha^2 \\ 0 & \alpha\mathrm{sh}\,\alpha x & \mathrm{ch}\,\alpha x & \alpha^{-1}\mathrm{sh}\,\alpha x \\ 0 & \alpha^2\mathrm{ch}\,\alpha x & \alpha\mathrm{sh}\,\alpha x & \mathrm{ch}\,\alpha x \end{bmatrix} \quad (3-226)$$

2. 点矩阵

场矩阵建立了弹性单元两端截面参数(内力和位移)的传递关系,而点矩阵则表示质量单元两端的内力和位移传递关系,如图 3 – 12(c)所示。由此可以写出质量单元两端的位移和内力关系:

$$\begin{cases} y_{i+1}^{\mathrm{L}} = y_i^{\mathrm{R}} \\ \theta_{i+1}^{\mathrm{L}} = \theta_i^{\mathrm{R}} \\ M_{i+1}^{\mathrm{L}} = M_i^{\mathrm{R}} \\ N_{i+1}^{\mathrm{L}} = N_i^{\mathrm{R}} - \overline{m}_i \dfrac{\partial^2 y}{\partial t^2} \end{cases} \quad (3-227)$$

式中,$\overline{m}_i = (m_i l_i + m_{i+1} l_{i+1})/2$,其中,$m_i$ 和 m_{i+1} 分别为结点 i 两端的梁单元质量,l_i 和 l_{i+1} 分别为结点 i 两端的梁单元长度。

由前面的分析可知,梁弯曲振动的广义坐标方程的解可表示为

$$q(t) = C\sin(\omega t + \theta) \quad (3-228)$$

代入式(3 – 214)得

$$y(x,t) = \varphi(x)C\sin(\omega t + \theta) \quad (3-229)$$

因此,式(3 – 227)可表示为

$$\begin{cases} y_{i+1}^{\mathrm{L}} = y_i^{\mathrm{R}} \\ \theta_{i+1}^{\mathrm{L}} = \theta_i^{\mathrm{R}} \\ M_{i+1}^{\mathrm{L}} = M_i^{\mathrm{R}} \\ N_{i+1}^{\mathrm{L}} = N_i^{\mathrm{R}} + m_i \omega^2 y_i^{\mathrm{R}} \end{cases} \quad (3-230)$$

式(3 – 230)可进一步表示为

$$\begin{cases} y_{i+1}^{\mathrm{L}} = y_i^{\mathrm{R}} \\ \theta_{i+1}^{\mathrm{L}} = \theta_i^{\mathrm{R}} \\ \overline{M}_{i+1}^{\mathrm{L}} = \overline{M}_i^{\mathrm{R}} \\ \overline{N}_{i+1}^{\mathrm{L}} = \overline{N}_i^{\mathrm{R}} + \eta_i y_i^{\mathrm{R}} \end{cases} \quad (3-231)$$

式中,$\eta_i = m_i \omega^2 / EI$。

式(3-231)可表示为矩阵的形式：

$$\left\{ \begin{array}{c} y_{i+1}^{\mathrm{L}} \\ \theta_{i+1}^{\mathrm{L}} \\ \overline{M}_{i+1}^{\mathrm{L}} \\ \overline{N}_{i+1}^{\mathrm{L}} \end{array} \right\} = \left[T_{\mathrm{p}} \right]_i \left\{ \begin{array}{c} y_i^{\mathrm{R}} \\ \theta_i^{\mathrm{R}} \\ \overline{M}_i^{\mathrm{R}} \\ \overline{N}_i^{\mathrm{R}} \end{array} \right\} \tag{3-232}$$

式中，$[T_{\mathrm{p}}]_i$ 称为点矩阵，有

$$\left[T_{\mathrm{p}} \right]_i = \left[\begin{array}{cccc} 1 & & & \\ & 1 & & \\ & & 1 & \\ \eta_i & & & 1 \end{array} \right] \tag{3-233}$$

3. 系统传递矩阵

将式(3-221)代入式(3-232)就得到了 i 梁段的传递矩阵：

$$\left\{ \begin{array}{c} y_{i+1}^{\mathrm{L}} \\ \theta_{i+1}^{\mathrm{L}} \\ \overline{M}_{i+1}^{\mathrm{L}} \\ \overline{N}_{i+1}^{\mathrm{L}} \end{array} \right\} = \left[T \right]_i \left\{ \begin{array}{c} y_i^{\mathrm{L}} \\ \theta_i^{\mathrm{L}} \\ \overline{M}_i^{\mathrm{L}} \\ \overline{N}_i^{\mathrm{L}} \end{array} \right\} \tag{3-234}$$

式中，$[T]_i$ 称为(单元)传递矩阵，有

$$[T]_i = [T_{\mathrm{p}}]_i [T_{\mathrm{f}}]_i \tag{3-235}$$

将式(3-222)和式(3-233)代入式(3-235)得梁简单弯曲的传递矩阵：

$$[T]_i = \left[\begin{array}{cccc} 1 & l_i & l_i^2/2 & l_i^3/6 \\ 0 & 1 & l_i & l_i^2/2 \\ 0 & 0 & 1 & l_i \\ \eta_i & \eta_i l_i & \eta_i l_i^2/2 & \eta_i l_i^3/6 + 1 \end{array} \right] \tag{3-236}$$

如果将一根梁划分为 n 个梁段，则将每个梁段的传递方程式组合便得到了系统的传递方程：

$$\left\{ \begin{array}{c} y_n^{\mathrm{L}} \\ \theta_n^{\mathrm{L}} \\ \overline{M}_n^{\mathrm{L}} \\ \overline{N}_n^{\mathrm{L}} \end{array} \right\} = [T]_n [T]_{n-1} \cdots [T]_1 \left\{ \begin{array}{c} y_1^{\mathrm{L}} \\ \theta_1^{\mathrm{L}} \\ \overline{M}_1^{\mathrm{L}} \\ \overline{N}_1^{\mathrm{L}} \end{array} \right\}$$

将梁两端的边界条件代入系统的传递矩阵$[T]=[T]_n[T]_{n-1}\cdots[T]_1$即可求得系统的固有频率$\omega_k(k=1,2,\cdots,n)$。然后,将$\omega_k$依次代入式(3-234)求出每个结点的位移$y_i(i=1,2,\cdots,n)$,从而得到系统的振型为

$$\{\varphi\}_k=[\,y_1\quad y_2\quad\cdots\quad y_n\,]_k^{\mathrm{T}}\quad(k=1,2,\cdots,n)$$

参考文献

[1] 黄维平,白兴兰. 结构动力学[M]. 北京:现代教育出版社,2013.

[2] 帕兹. 结构动力学:理论与计算[M]. 李裕澈,刘勇生,等译. 北京:地震出版社,1993.

[3] 姚熊亮. 结构动力学[M]. 哈尔滨:哈尔滨工程大学出版社,2007.

第 2 篇　理论与方法

第4章
立管运动方程

| 4.1　概述 |

从第 1 章的介绍中我们知道,深水立管分为两大类——刚性立管和柔性立管。刚性立管的几何特征为静平衡时的轴线为直线,如钻井隔水管、顶张式立管和自由站立式立管;而柔性立管的几何特性为静平衡时的轴线为曲线,如简单悬链式立管、陡波/缓波立管和顺应式立管。

由于刚性立管和柔性立管初始位形的这一差别,它们的动力学方程也存在着一定的差异。刚性立管的动力学方程是基于欧拉梁理论建立起来的,而柔性立管的动力学方程则必须基于曲线梁和刚体动力学理论来建立。如果仅以弯曲振动而论,二者的差异主要是曲率的影响。由于欧拉梁的小变形假设,可以认为欧拉梁是忽略了曲率影响的曲线梁。在大变形的条件下,欧拉梁的动力学方程具有与曲线梁相同的形式。但曲线梁的刚体运动是有别于欧拉梁的特殊性质,是欧拉梁随曲率的增大而发生了量变到质变的结果。因此,柔性立管的动力学方程除了弯曲模态有别于刚性立管外,其刚体模态是特有的运动形式。

本章主要讨论刚性立管和柔性立管中的简单悬链式立管的动力学方程,其中的刚体运动方程也适用于缓波/陡波和顺应式立管。

|4.2 刚性立管|

4.2.1 基本方程

刚性立管的轴线为一直线,由于其长细比足够大,因此其横向振动可比拟为欧拉梁的复杂弯曲振动,而参数振动可比拟为杆的轴向振动。

由3.4节的讨论可知,均质等截面梁的复杂弯曲运动方程可表示为

$$m\frac{\partial^2 y(x,t)}{\partial t^2} + c\frac{\partial y(x,t)}{\partial t} + EI\frac{\partial^4 y(x,t)}{\partial x^4} - T\frac{\partial^2 y(x,t)}{\partial x^2} = f(x,t) \quad (4-1)$$

式中 m——梁单位长度的质量;

c——结构阻尼系数;

EI——$x-y$ 平面内的截面抗弯刚度;

T——轴向力;

$y(x,t)$——$x-y$ 平面内的动态挠曲线;

$f(x,t)$——动态分布荷载。

由于浪流荷载可能不同向或其同一方向的荷载引起立管两个方向的振动响应(如涡激振动),因此需要用横截面的两个坐标来描述。在结构工程中,梁的轴线为 x 轴,横截面的两个主轴为 y 轴和 z 轴。为了使刚性立管运动的描述与海洋工程约定俗成的习惯保持一致,将刚性立管的轴线设定为 z 轴,原点位于海底的立管端部(此处强调立管端部是因为井口装置或钻井隔水管的下部总成并不作为立管的一部分参与计算),横截面的两个主轴设定为 x 轴和 y 轴。因此,刚性立管的运动方程应表示为

$$\begin{cases} (m+m_a)\frac{\partial^2 x(z,t)}{\partial t^2} + (c+c_a)\frac{\partial x(z,t)}{\partial t} + EI\frac{\partial^4 x(z,t)}{\partial z^4} - T_{tw}(z,t)\frac{\partial^2 x(z,t)}{\partial z^2} = f_x(z,t) \\ (m+m_a)\frac{\partial^2 y(z,t)}{\partial t^2} + (c+c_a)\frac{\partial y(z,t)}{\partial t} + EI\frac{\partial^4 y(z,t)}{\partial z^4} - T_{tw}(z,t)\frac{\partial^2 y(z,t)}{\partial z^2} = f_y(z,t) \end{cases}$$

$$(4-2)$$

式中 m——立管单位长度的质量,包括管内流体的质量;

m_a——流体附加质量;

c——结构阻尼系数;

c_a——流体附加阻尼;

EI——立管的截面抗弯刚度;

$T_{tw}(z, t)$——立管的壁张力;

$x(z, t)$——x 方向的动态挠曲线;

$y(z, t)$——y 方向的动态挠曲线;

$f_x(z, t)$——x 方向的浪流荷载;

$f_y(z, t)$——y 方向的浪流荷载。

由于立管为轴对称结构,因此式(4-2)的两个方程除右端项不同外,其他完全相同。因此,后续的讨论在不涉及具体形式的荷载时,仅以第二个方程为例来阐述。

从数学上来说,式(4-2)的两个坐标方程与式(4-1)的唯一区别是二阶坐标导数(几何刚度项)的系数(张力)不同,但恰恰是这个系数成为刚性立管乃至柔性立管动力学中的关键点,以至于它的计算目前仍存在分歧。请读者注意,此处是以 T_{tw} 表示的,意为立管横截面上的壁张力,而其他文献中是以 T_{eq} 表示的,意为立管横截面上的等效张力。这一差别模糊了一个力学概念——应力刚化效应(弯曲构件的面内应力对构件弯曲刚度的影响),对立管而言,就是内外压对立管弯曲刚度的影响。

由应力刚化效应可知,梁或板弯曲时,如果梁轴力为拉力或板的膜应力为拉应力,则梁或板的抗弯刚度增大。由此可以推知,当立管的内压凭借端帽效应使轴向的壁张力增大时,立管的弯曲刚度增大;而外压借助端帽效应使轴向的壁张力减小时,立管的弯曲刚度减小。即有端帽效应时,内压使立管的固有频率提高,而外压使立管的固有频率降低。因此,式(4-2)的壁张力应按下式计算:

$$T_{tw}(z,t) = T_{top}(t) - w_r(L-z) + p_i A_i - p_o A_o \qquad (4-3)$$

式中　$T_{top}(t)$——立管的顶部张力,由浮式平台或浮筒提供;

w_r——单位长度立管的湿重;

L——立管的计算长度;

p_o——立管外流体压力;

p_i——立管内流体压力;

A_i——立管内径面积;

A_o——立管外径面积。

由于立管的顶端位于水面之上,即便是位于水下(如自由站立式立管),其覆

盖的水深也较浅,因此外端帽效应可以忽略。如果管内的流体处于流动状态,则内端帽效应也不复存在,式(4-3)简化为

$$T_{tw}(z,t) = T_{top}(t) - w_r(L-z) \tag{4-4}$$

采用截面等效张力 T_{eq} 计算立管动力学问题则与应力刚化效应的结论完全相反——内压使立管的固有频率降低,外压使立管的固有频率升高,让我们来分析一下这个有悖力学概念的观点是如何产生的。前面曾提到梁的应力刚化效应,即梁的轴力将影响其弯曲刚度。对于实心梁,这并不会引起任何歧义。但对于空心且内部充满其他介质(非连续介质或非固态介质)的梁,如立管和海底管线等输送流体介质的管结构,问题就凸显出来——决定此类结构抗弯刚度的是壁张力还是截面等效力。作者的观点是壁张力决定了抗弯刚度,理由是管内的非连续介质或非固态介质不能满足欧拉梁弯曲的如下关系:

$$\theta = \frac{\mathrm{d}y}{\mathrm{d}x}, \quad \kappa = \frac{\mathrm{d}^2 y}{\mathrm{d}x^2} \tag{4-5}$$

而等效张力观点正是模糊了这个力学概念,才导致了不正确的立管几何刚度计算方法。

等效张力的观点是根据图4-1所示的立管微元段受力分析得到的,图中的第一个隔离体是管体,第二个隔离体是管内流体,第三个隔离体是微元管段排开的水,由三个隔离体组合得出的截面等效张力为

$$T_{eq} = T_{tw} - p_i A_i + p_o A_o \tag{4-6}$$

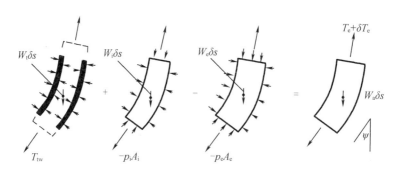

图4-1 立管微元段受力示意图[1]

从受力分析及刚体平衡的角度出发,式(4-6)是正确的,但将其直接应用到运动方程意味着流体微元段满足式(4-5)的变形条件,这显然是不正确的。因此,等效张力的观点建立了一个基于不正确假设条件——流体满足梁弯曲几何

关系——的计算方法。

需要指出的是,式(4-6)的壁张力 T_{tw} 与式(4-3)的壁张力 T_{tw} 是不同的,否则式(4-6)的后两项就没有意义了。式(4-6)中的壁张力仅包含式(4-3)的前两项,即由顶张力、重力和浮力引起的壁张力。

4.2.2 内流的影响

立管内有流体流动时,如果立管发生弯曲振动,即使流体是匀速流动,也将对立管的弯曲振动产生一定的影响,这是流体的动量在弯曲的立管内发生了变化所致。由理论力学的知识可知,流体流经弯曲的管道时,管道的肘部将提供动量改变所需的冲量,如果肘部没有外力作用(包括约束反力),则这部分冲量将由管壁张力提供,即流体的流动引起弯曲管道张力的变化。而由梁的复杂弯曲振动理论可知,张力的变化将引起梁的几何刚度变化,从而影响梁的弯曲振动响应。

基于上述分析,可以推导出考虑内流影响的刚性立管弯曲振动方程。图 4-2(a)所示为立管微元段示意图,图中 $\boldsymbol{p}_1$ 和 $\boldsymbol{p}_2$ 分别为微元段入口和出口的流体动量,其他符号与图 3-9 相同。与图 3-9 比较可知,立管微元段受力与梁的复杂弯曲完全相同(图中未画出外荷载),因此其运动方程与式(4-1)也相同。当然,此处的张力 T 包括流体动量变化引起的轴力。因此,仅需导出流体动量变化产生的轴力即可。

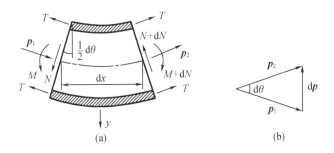

图 4-2 立管微元段及流体动量示意图

假设管内流体做匀速流动,当其流经微元管段时,流速的方向发生了变化,由图 4-2(b)可知,其动量的增量 $|\mathrm{d}\boldsymbol{p}|$ 可表示为

$$\mathrm{d}p = 2\mathrm{d}m_\mathrm{f}v\sin\left(\frac{1}{2}\mathrm{d}\theta\right) \approx \rho_\mathrm{f}A_\mathrm{i}v^2\mathrm{d}t\mathrm{d}\theta \tag{4-7}$$

即

$$\frac{\mathrm{d}p}{\mathrm{d}t} = \rho_{\mathrm{f}} A_{\mathrm{i}} v^2 \mathrm{d}\theta \tag{4-8}$$

式中 ρ_{f}——管内流体密度;

v——管内流体流速。

使微元流体的动量产生增量的力是由微元管段的张力 T 提供的,由 y 方向的平衡条件

$$2T\sin\left(\frac{1}{2}\mathrm{d}\theta\right) = \rho_{\mathrm{f}} A_{\mathrm{i}} v^2 \mathrm{d}\theta \tag{4-9}$$

得

$$T = \rho_{\mathrm{f}} A_{\mathrm{i}} v^2 \tag{4-10}$$

将式(4-10)代入式(4-2)得考虑管内流体流动影响的刚性立管运动微分方程:

$$(m + m_{\mathrm{a}})\frac{\partial^2 y}{\partial t^2} + (c + c_{\mathrm{a}})\frac{\partial y}{\partial t} + EI\frac{\partial^4 y}{\partial z^4} - (T_{\mathrm{tw}} + \rho_{\mathrm{f}} A_{\mathrm{i}} v^2)\frac{\partial^2 y}{\partial z^2} = f_y(z,t) \tag{4-11}$$

如果考虑立管弯曲振动的截面转动速度,则流动的微元流体还将产生科式惯性力:

$$F_{\mathrm{C}} = 2\rho_{\mathrm{f}} A_{\mathrm{i}} v \frac{\partial^2 y}{\partial x \partial t} \mathrm{d}x \tag{4-12}$$

其方向为矢量 $\boldsymbol{p}_2$ 顺时针转 90°,F_{C} 沿微元管段中点外法线方向的分量为

$$F_{\mathrm{C}y} = 2\rho_{\mathrm{f}} A_{\mathrm{i}} v \frac{\partial^2 y}{\partial x \partial t}\cos\left(\frac{1}{2}\mathrm{d}\theta\right)\mathrm{d}x \approx 2\rho_{\mathrm{f}} A_{\mathrm{i}} v \frac{\partial^2 y}{\partial x \partial t}\mathrm{d}x \tag{4-13}$$

将式(4-13)代入式(4-11)可得考虑截面转动速度的立管弯曲振动方程:

$$(m + m_{\mathrm{a}})\frac{\partial^2 y}{\partial t^2} + (c + c_{\mathrm{a}})\frac{\partial y}{\partial t} - 2\rho_{\mathrm{f}} A_{\mathrm{i}} v \frac{\partial^2 y}{\partial z \partial t} + EI\frac{\partial^4 y}{\partial z^4} - (T_{\mathrm{tw}} + \rho_{\mathrm{f}} A_{\mathrm{i}} v^2)\frac{\partial^2 y}{\partial z^2} = f_y(z,t)$$

$$\tag{4-14}$$

分析式(4-14)可知,管内流体的流动一方面提高了系统的几何刚度,另一方面降低了系统的阻尼,负阻尼意味着管道从流动的流体中吸收能量来维持振动。因此,当 $(c + c_{\mathrm{a}})\frac{\partial y}{\partial t} < 2\rho_{\mathrm{f}} A_{\mathrm{i}} v \frac{\partial^2 y}{\partial z \partial t}$ 时,立管将发生自激振动,这也是管内流体的流动可以诱发管道振动的原因。

上述分析表明,随着曲率的增大,内流的影响也将随之增大,即大曲率条件下考虑内流的影响更有意义。因此,将大变形的影响引入式(4-14)就得到了考虑大变形的刚性立管运动方程:

$$(m + m_\mathrm{a}) \frac{\partial^2 y}{\partial t^2} + (c + c_\mathrm{a}) \frac{\partial y}{\partial t} - 2\rho_\mathrm{f} A_i v \frac{\partial^2 y}{\partial s \partial t} + EI \frac{\partial^4 y}{\partial s^4} - (\lambda + \rho_\mathrm{f} A_i v^2) \frac{\partial^2 y}{\partial s^2} = f_y(s, t)$$

$$(4 - 15)$$

式中，$\lambda = T_\mathrm{tw} - EI\kappa^2$，其中，$\kappa$ 为曲率；s 为立管的轴线坐标。

4.3　柔性立管

4.3.1　弯曲振动方程

　　柔性立管的轴线是一条平面曲线，目前有两种模拟方法。一种是采用集中质量的串联多自由度系统，分别用拉压弹簧、弯曲弹簧和扭转弹簧来模拟梁的弹性性能，因此可模拟任何形状的柔性立管，但该方法的单元长度受到集中质量和曲率的限制。另一种方法是采用随动坐标系统，如图 4 – 3 所示，其局部坐标应采用随动坐标系统。图中，e_x、e_y、e_z 表示随动坐标系与整体坐标 x、y、z 对应的单位矢量，n、b、t 表示曲线 s 上一点的主法线、副法线和切线的单位矢量，随动坐标的原点以矢量 $r(s, t)$ 表示。

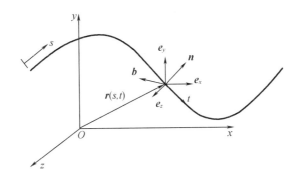

图 4 – 3　曲线坐标系统示意图

　　Love 等 1944 年率先提出了基于随动坐标的大挠度细长梁运动方程，后经多次改进（Nordgren（1974），Garrett（1982），Paulling and Webster（1986），Ma and Webster（1994）等），使得该方程更加完善[2]。

下面来建立基于随动坐标系统的大挠度细长梁运动方程。细长梁意味着不考虑剪切变形的影响,因此梁截面的几何和内力关系采用欧拉梁的假设和结论。对于长为 ds 的微元梁段,由动量定理可得

$$\frac{d}{dt}\{mds\dot{r}(s,t)\} = F(s,t) + q(s,t)ds \tag{4-16}$$

假定梁不可伸长,则式(4-16)可表示为

$$m\ddot{r}(s,t) = q(s,t) + F'(s,t) \tag{4-17}$$

式中 $\dot{r}$、$\ddot{r}$——随动坐标原点的速度和加速度;

　　　　q——沿梁长的分布荷载;

　　　　F——梁截面内力,′表示对坐标 s 的导数,由梁段力矩平衡条件

$$M(s,t) + r(s,t) \times F(s,t) + m(s,t)ds = 0 \tag{4-18}$$

求出。

式(4-18)中,$m(s,t)$ 为沿梁长的分布外力矩;$M(s,t)$ 为截面内力矩,包括截面弯矩和扭矩,可表示为

$$M(s,t) = r'(s,t) \times EIr''(s,t) + M_t r'(s,t) \tag{4-19}$$

式中,EI 为梁截面弯曲刚度;M_t 为梁截面扭矩。

式(4-18)经整理后得

$$M'(s,t) + r'(s,t) \times F(s,t) + mr(s,t) = 0 \tag{4-20}$$

将式(4-19)代入式(4-20)得

$$r'(s,t) \times EIr'''(s,t) + M_t'r'(s,t) + M_t r''(s,t) + r'(s,t) \times F(s,t) + m(s,t) = 0 \tag{4-21}$$

由于扭矩对弯曲振动影响较小,线性条件下可以忽略,且立管上通常不受分布力矩的作用,因此令 $M_t(s,t) = 0$ 和 $m(s,t) = 0$,代入式(4-21)得

$$F(s,t) = \lambda(s,t)r'(s,t) - EIr'''(s,t) \tag{4-22}$$

其中

$$\lambda(s,t) = T(s,t) - EI\kappa^2(s,t)$$

$$T(s,t) = r'(s,t) \cdot F(s,t)$$

$$\kappa^2(s,t) = -r'(s,t) \cdot r'''(s,t)$$

将式(4-22)代入式(4-17)得

$$m\ddot{r}(s,t) + EIr''''(s,t) - \lambda r''(s,t) = q(s,t) \tag{4-23}$$

比较式(4-23)和式(4-2)可知,大挠度细长梁的动力学方程与欧拉梁的复杂弯曲振动方程具有相同的形式,区别仅在于大挠度细长梁考虑了曲率对几何

刚度的影响。当挠度较小时，$\kappa^2(s,t) \approx 0$，式（4-23）退化为欧拉梁的复杂弯曲振动方程。

　　考虑结构阻尼及水的附加质量和阻尼后，系统的方程可表示为

$$(m + m_a)\ddot{\boldsymbol{r}} + (c + c_a)\dot{\boldsymbol{r}} + EI\boldsymbol{r}'''' - \lambda\boldsymbol{r}'' = \boldsymbol{q} \tag{4-24}$$

4.3.2　刚体运动的影响

1. 刚体摆动方程

　　柔性立管的曲线位形导致其悬垂段的出平面运动不仅有弯曲振动模态，还存在绕曲线两端点连线（图4-4）的刚体摆动模态。对于简单悬链式立管，刚体摆动将在触地点产生附加弯矩。而对于缓波/S 或陡波/S 立管，刚体摆动将在上弓段产生扭矩。下面以图4-4所示的简单悬链式立管模型为例来导出柔性立管出平面运动的刚体摆动方程。

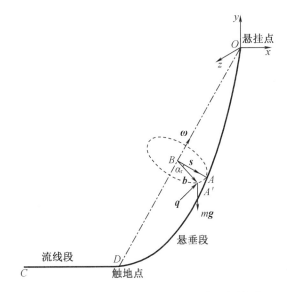

图 4-4　简单悬链式立管刚体摆动分析模型

　　图4-4中，点 O 为简单悬链式立管的悬挂点，点 D 为触地点，$\overset{\frown}{OD}$ 段为悬垂段，$\overline{CD}$ 段为流线段。为了与弯曲振动方程组合，此处采用与图4-3相同的坐标系，悬垂段位于 x - y 平面内，当受到 z 方向荷载作用时，悬垂段的出平面运动不仅有弯曲振动，还将产生绕 O、D 两点连线的刚体摆动。在悬垂段上选取任意

一点 A，过点 A 作一平面垂直于 O、D 两点的连线 $\overline{OD}$，与 $\overline{OD}$ 交于点 B，则 $\overline{OD}$ 为悬垂段的摆动轴。为便于分析，建立以点 B 为坐标原点的平动（沿摆动轴 $\overline{OD}$ 滑动）坐标系。图 4 – 4 中 $\boldsymbol{\omega}$ 为摆动轴 $\overline{OD}$ 的单位矢量，有

$$\boldsymbol{\omega} = c_1 \boldsymbol{i} + c_2 \boldsymbol{j} \tag{4–25}$$

$$c_1 = \frac{x_O - x_D}{d}, \quad c_2 = \frac{y_O - y_D}{d} \tag{4–26}$$

$$d = \sqrt{(x_O - x_D)^2 + (y_O - y_D)^2} \tag{4–27}$$

$\boldsymbol{q}$ 为环境荷载矢量，$\boldsymbol{q} = q_x \boldsymbol{i} + q_y \boldsymbol{j} + q_z \boldsymbol{k}$，$mg$ 为悬垂段单位长度所受的重力，A' 点为 A 点绕 $\overline{OD}$ 轴摆动的位移，α_r 为 A 点在 ABA' 平面内的角位移。

上述各式中，$\boldsymbol{i}$、$\boldsymbol{j}$、$\boldsymbol{k}$ 分别为 x、y、z 坐标的单位矢量；x_O、x_D、y_O、y_D 分别为点 O 和点 D 的坐标。

设点 B 至点 A' 的矢径为 $\boldsymbol{b}$，则

$$\boldsymbol{b} = b_1 \boldsymbol{i} + b_2 \boldsymbol{j} + b_3 \boldsymbol{k} \tag{4–28}$$

式中

$$b_1 = x_A' - x_B, \quad b_2 = y_A' - y_B, \quad b_3 = z_A' - z_B \tag{4–29}$$

式中，x_A'、x_B、y_A'、y_B、z_A'、z_B 分别为点 A' 和点 B 的坐标。由此可得环境荷载对刚体摆动轴的力矩为

$$M_\omega = \boldsymbol{b} \times \boldsymbol{q} \cdot \boldsymbol{\omega} = q_x b_3 c_2 - q_y b_3 c_1 + q_z (b_2 c_1 - b_1 c_2) \tag{4–30}$$

由动量矩定理可得单位长度悬垂段的摆动方程在平面 ABA' 的投影为

$$(m + m_a) b^2 \ddot{\alpha}_r + c_a b^2 \dot{\alpha}_r + mg c_1 b \alpha_r = q_x b_3 c_2 - q_y b_3 c_1 + q_z (b_2 c_1 - b_1 c_2) \tag{4–31}$$

式中，α_r、$\dot{\alpha}_r$ 和 $\ddot{\alpha}_r$ 分别为立管刚体摆动的角位移、角速度和角加速度；m 和 m_a 分别为悬垂段单位长度的质量和附加质量；b 为矢径 $\boldsymbol{b}$ 的模；c_a 为水动力阻尼。

2. 出平面运动方程

考虑刚体摆动影响的简单悬链式立管出平面运动方程可表示为

$$(m + m_a)(\ddot{\boldsymbol{r}}_b + \ddot{\boldsymbol{r}}_r) + c \dot{\boldsymbol{r}}_b + c_a (\dot{\boldsymbol{r}}_b + \dot{\boldsymbol{r}}_r) + EI \boldsymbol{r}_b'''' - \lambda \boldsymbol{r}_b'' = \boldsymbol{q} \tag{4–32}$$

式中，$\boldsymbol{r}_b$、$\dot{\boldsymbol{r}}_b$ 和 $\ddot{\boldsymbol{r}}_b$ 分别为立管的弯曲振动位移、速度和加速度，满足式（4–24）的动力学关系；$\dot{\boldsymbol{r}}_r$ 和 $\ddot{\boldsymbol{r}}_r$ 分别为立管的刚体摆动线速度和线加速度，即

$$\dot{\boldsymbol{r}}_r = \dot{\boldsymbol{\alpha}}_r \times \boldsymbol{s}, \quad \ddot{\boldsymbol{r}}_r = \ddot{\boldsymbol{\alpha}}_r \times \boldsymbol{s} \tag{4–33}$$

式中，$\boldsymbol{s}$ 为垂直于刚体摆动轴与 z 轴组成所在平面的单位矢量，$\boldsymbol{s} = \boldsymbol{\omega} \times \boldsymbol{k}$；$\dot{\boldsymbol{\alpha}}_r$ 和 $\ddot{\boldsymbol{\alpha}}_r$ 分别为刚体摆动的角速度和角加速度矢量，$\dot{\boldsymbol{\alpha}}_r = \dot{\alpha}_r \boldsymbol{\omega}$，$\ddot{\boldsymbol{\alpha}}_r = \ddot{\alpha}_r \boldsymbol{\omega}$，其中，$\dot{\alpha}_r$ 和 $\ddot{\alpha}_r$ 可

由式(4 – 31)求出。

为此,将式(4 – 32)改写为

$$(m + m_a)\ddot{\boldsymbol{r}}_b + (c + c_a)\dot{\boldsymbol{r}}_b + EI\boldsymbol{r}_b'''' - \lambda \boldsymbol{r}_b'' = \boldsymbol{q} - (m + m_a)\ddot{\boldsymbol{r}}_r - c_a\dot{\boldsymbol{r}}_r \quad (4 – 34)$$

从式(4 – 34)可以看出,简单悬链式立管的刚体摆动以惯性力和水动力阻尼的形式成为结构荷载的一部分,从而对结构的弯曲振动产生影响。

如果考虑内部流体流动的影响,只要用 $\lambda = T - EI\kappa^2 + \rho A v^2$ 替代式(4 – 34)中的 λ 即可。

参考文献

[1] SPARKS C P. Fundamentals of marine riser mechanics: basic principles and simplified analyses [M]. Tulsa: Pennwell Corp, 2007.

[2] 白兴兰. 基于惯性耦合的深水钢悬链线立管非线性分析[D]. 青岛:中国海洋大学,2009.

第5章
动力特性分析

5.1 概述

由于深水立管整体结构的几何形状比较简单,因此其动力特性可基于结构动力学的理论采用解析方法进行近似估计,当然,也可以采用数值方法进行更准确的计算。对于刚性立管,由于其轴线为直线,因此利用梁的小变形理论求解其动力特性通常可以得到令人满意的结果。对于柔性立管中的简单悬链式立管,其刚体模态可采用结构动力学中的摆来模拟计算,出平面的弯曲模态可采用等效长度的刚性立管来计算,而平面内的弯曲模态则需采用考虑大变形的曲线梁理论进行近似分析。对于陡波/缓波立管和顺应式立管,其刚体模态可采用与简单悬链式立管相同的方法分析,而弯曲模态则应采用数值方法计算。

5.2 刚性立管

刚性立管主要是指依靠顶部张力直立在水中的钢立管,包括钻井隔水管、顶张式立管和自由站立式组合立管。其中,钻井隔水管为了适应钻井(船)平台大幅运动的特点并满足钻井工艺的需要,其结构配置与其他两种刚性立管有较大差异,除两端的柔性接头外,其间还串接了填充阀和溢流阀等功能构件。简单计算时可以忽略这些功能件的影响,这也是目前的常规做法。但如果做详细分析,则应考虑这些功能构件的影响,对于目前的计算机能力,这样做不会增加太多的计算工作量。

顶张式立管和自由站立式组合立管与钻井隔水管的整体几何形式相同,但结构比钻井隔水管简单,除两端与海底和浮式平台连接的结构外,其他部分为相同的立管段,其间除了管段之间的连接螺纹或法兰外,没有其他功能构件(柔性接头或阀体)。因此,结构上可比拟为均质等截面梁。然而,这两种刚性生产立管的两端约束状态与钻井隔水管不同,钻井隔水管的两端是通过柔性接头与立管底部总成和钻井(船)平台连接,因此两端约束可模拟为铰支边界条件。而刚性生产立管与海底的井口或基盘刚性连接,应采用固定端边界条件来模拟;自由站立式组合立管的顶端由浮筒张紧,通过水下软管与水面设施柔性连接,因此可忽略水面设施的约束作用,采用自由端边界条件来模拟;而顶张式立管的顶端约束状态随水面设施的不同而不同,对于 Spar 平台,由于顶张式立管受筒形壳体的约束,在 Spar 平台平衡条件下形成了固定端边界条件;而对于 TLP 或干树半潜式平台,则张紧器约束可比拟为铰支边界条件。

对于上述两类边界条件的均质等截面梁复杂弯曲,其固有频率只能采用传递矩阵法或矩阵分析法计算,此处不再赘述。

5.2.1　解析法

解析法采用由系统动力学方程的齐次式分析得到的固有频率解析式计算系统的固有频率,对于均值等截面梁的复杂弯曲(考虑轴力影响),只有简支梁的固有频率解析式,而其他边界条件只有简单弯曲(不考虑轴力影响)的固有频率计算公式。因此,解析法只能计算钻井隔水管的固有频率。

钻井隔水管是由单根(标准立管段)、短接、填充阀、伸缩节和分流器等不同功能的构件组成的立管系统,如图 5－1 所示,因此其力学模型是一个非均质等截面梁。当动力特性仅作为设计的参考数据使用时,如估计结构的动力放大系数,则仍可以将其视为均质等截面梁而采用解析的方法来计算。而如果用于设计计算,则可采用更精细的方法,如传递矩阵法或矩阵分析法。

钻井隔水管的具体配置因水深不同而略有不同,主要差异在于顶部和中部柔性接头的配置,而底部柔性接头、单根、短接、填充阀、溢流阀、伸缩节和分流器等是不变的配置。由于底部柔性接头和顶部万向节的存在,其结构的边界条件可用铰支座来模拟。由简支梁的固有频率计算公式可得钻井隔水管的固有频率计算公式:

$$\omega_n = (n\pi)^2 \sqrt{\left(1 + \frac{L^2 T}{n^2 \pi^2 EI}\right) \frac{EI}{\widetilde{m} L^4}} \tag{5－1}$$

式中，$T = T_{tw} + \rho A v^2$；$\widetilde{m} = m + m_a$，其中，m、m_a 分别为单位长度隔水管（包括内部介质）的质量和附连水质量。

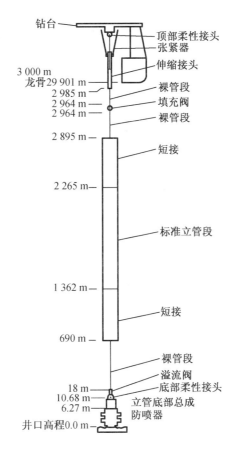

图5-1 钻井隔水管系统配置示意图[1]

由式(4-3)可知，式(5-1)中的 T 是个变量，计算固有频率时，不考虑钻井（船）平台运动的影响，则 T 是一个沿轴向变化的量，计算时只能取隔水管某个位置的确定值来估计固有频率的近似值。也可以分别取最大壁张力和最小壁张力进行计算，从而估算出系统的某一阶频率的范围。当水深较大时，系统的固有频率可能远远低于环境荷载的频率，因此还应该计算空管状态的固有频率。

此外，用解析法计算隔水管固有频率时，也不能考虑伸缩节和填充阀等质量和刚度分布不同于单根"刚性构件"的影响。特别是对于中部配置了柔性接头的超深水隔水管系统，解析法将无法再起到计算固有频率的作用。

用解析法计算钻井隔水管的振型可采用简支梁的振型函数

$$\varphi_n(z) = \sin\frac{n\pi}{l}z \quad (n = 1,2,\cdots,\infty) \tag{5-2}$$

进行近似计算。从式(5-2)可以看出,解析法的振型不仅与张力无关,而且也只能将隔水管作为一个均质等截面的梁来处理。

5.2.2 传递矩阵法

为了更准确地计算刚性立管的固有频率,可以采用分布参数系统的传递矩阵法,该方法不仅可以考虑变化的张力,而且可以考虑质量的非均匀分布及相对集中的质量。对于钻井隔水管,还可以考虑柔性接头和填充阀等刚性相对较大的构件影响,特别是设有中部柔性接头的钻井隔水管,传递矩阵法更显示出它的灵活性和适用性。

由第3章的讨论可知,刚性立管的单元传递矩阵应采用梁复杂弯曲的场矩阵和点矩阵。由于钻井隔水管是由质量和刚度有较大差异的单根、伸缩节和填充阀等构件组成的组合结构,并且配置了柔性接头,因此用均质等截面梁的传递矩阵将引起较大的误差。为此,将梁复杂弯曲的场矩阵和点矩阵表示为

$$[T_f]_i = \begin{bmatrix} 1 & \alpha_i^{-1}\mathrm{sh}\,\alpha_i l_i & \dfrac{\alpha_i^{-2}}{(EI)_i}(\mathrm{ch}\,\alpha_i l_i - 1) & \dfrac{\alpha_i^{-3}}{(EI)_i}(\mathrm{sh}\,\alpha_i l_i - \alpha_i l_i) \\ 0 & \mathrm{ch}\,\alpha_i l_i & \dfrac{\alpha_i^{-1}}{(EI)_i}\mathrm{sh}\,\alpha_i l_i & \dfrac{\alpha_i^{-2}}{(EI)_i}(\mathrm{ch}\,\alpha_i l_i - 1) \\ 0 & \alpha_i(EI)_i\mathrm{sh}\,\alpha_i l_i & \mathrm{ch}\,\alpha_i l_i & \alpha_i^{-1}\mathrm{sh}\,\alpha_i l_i \\ 0 & \alpha_i^2(EI)_i\mathrm{ch}\,\alpha_i l_i & \alpha_i\mathrm{sh}\,\alpha_i l_i & \mathrm{ch}\,\alpha_i l_i \end{bmatrix}$$

$$\tag{5-3}$$

$$[T_p]_i = \begin{bmatrix} 1 & & & \\ & 1 & & \\ & & 1 & \\ \eta_i & & & 1 \end{bmatrix} \tag{5-4}$$

式中,$\alpha_i = \sqrt{T_i/(EI)_i}$,其中,$T_i$ 为第 i 个单元的张力,$(EI)_i$ 为第 i 个单元的截面抗弯刚度;$\eta_i = \overline{m}_i\omega^2$,其中,$\overline{m}_i = (m_i l_i + m_{i+1}l_{i+1})/2$,$m_i$ 和 m_{i+1} 分别为第 i 个和第 $i+1$ 个单元的单位长度质量(包括海水的附加质量),l_i 和 l_{i+1} 分别为相应单元的长度,ω 为钻井隔水管的固有频率。

　　下面建立柔性接头的传递矩阵。由于柔性接头的几何和力学性质与钻井隔水管的其他构件有较大的差异——长度较短、抗弯刚度较小,因此假定柔性接头两端的挠度相等,且忽略其质量和转动惯量,用转角弹簧来模拟。基于上述考虑可写出柔性接头两端的位移、转角、弯矩和剪力的关系,即

$$
\begin{cases}
y^{\mathrm{R}} = y^{\mathrm{L}} \\
\theta^{\mathrm{R}} = \theta^{\mathrm{L}} + M^{\mathrm{L}}/k_{\theta} \\
M^{\mathrm{R}} = M^{\mathrm{L}} \\
N^{\mathrm{R}} = N^{\mathrm{L}}
\end{cases}
\tag{5-5}
$$

式中,y^{L}、θ^{L}、M^{L}、N^{L}、y^{R}、θ^{R}、M^{R}、N^{R} 分别为柔性接头左、右两端的挠度、转角、弯矩和剪力;k_{θ} 为柔性接头的转动刚度。

　　式(5-5)可表示为矩阵的形式:

$$
\begin{Bmatrix}
y^{\mathrm{R}} \\
\theta^{\mathrm{R}} \\
M^{\mathrm{R}} \\
N^{\mathrm{R}}
\end{Bmatrix}
=
\begin{bmatrix}
1 & 0 & 0 & 0 \\
0 & 1 & 1/k_{\theta} & 0 \\
0 & 0 & 1 & 0 \\
0 & 0 & 0 & 1
\end{bmatrix}
\begin{Bmatrix}
y^{\mathrm{L}} \\
\theta^{\mathrm{L}} \\
M^{\mathrm{L}} \\
N^{\mathrm{L}}
\end{Bmatrix}
\tag{5-6}
$$

由此可得柔性接头的传递矩阵为

$$
\begin{bmatrix} T_{\theta} \end{bmatrix}
=
\begin{bmatrix}
1 & 0 & 0 & 0 \\
0 & 1 & 1/k_{\theta} & 0 \\
0 & 0 & 1 & 0 \\
0 & 0 & 0 & 1
\end{bmatrix}
\tag{5-7}
$$

　　由上述假定可知,式(5-7)不能作为独立的单元传递矩阵使用,也不应作为独立的场矩阵使用。

　　对于伸缩节和填充阀等刚度远远大于单根的构件,可以借用有限元法中的刚臂概念来处理,其左、右两端的位移、转角、弯矩和剪力关系可表示为

$$
\begin{cases}
y_{k}^{\mathrm{R}} = y_{k}^{\mathrm{L}} + \theta_{k}^{\mathrm{L}} h_{k} \\
\theta_{k}^{\mathrm{R}} = \theta_{k}^{\mathrm{L}} \\
M_{k}^{\mathrm{R}} = M_{k}^{\mathrm{L}} + \gamma_{k} \theta_{k}^{\mathrm{L}} \\
N_{k}^{\mathrm{R}} = N_{k}^{\mathrm{L}} + \eta_{k} y_{k}^{\mathrm{L}}
\end{cases}
\tag{5-8}
$$

式中,y_{k}^{L}、θ_{k}^{L}、M_{k}^{L}、N_{k}^{L}、y_{k}^{R}、θ_{k}^{R}、M_{k}^{R}、N_{k}^{R} 分别为第 k 个刚性构件(分流器、填充阀和伸缩节等)左、右两端的挠度、转角、弯矩和剪力;h_{k} 为第 k 个刚性构件的长度;$\gamma_{k} = J_{k}\omega^{2}$,其中,$J_{k}$ 为第 k 个刚性构件的转动惯量(包括附加质量);$\eta_{k} = \widetilde{m}_{k}\omega^{2}$,$\widetilde{m}_{k} = $

$m_k + (m_{k-1} + m_{k+1})/2$，其中，$m_k$、$m_{k-1}$、$m_{k+1}$分别为第 k 个刚性构件及其左、右两端的标准立管段质量（包括附加质量）。如果刚性构件左端或/和右端不与标准立管段连接，则 $m_{k-1} = 0$ 或/和 $m_{k+1} = 0$。

将式（5-8）表示为矩阵的形式：

$$\begin{Bmatrix} y_k^R \\ \theta_k^R \\ M_k^R \\ N_k^R \end{Bmatrix} = \begin{bmatrix} 1 & h_k & 0 & 0 \\ 0 & 1 & 0 & 0 \\ 0 & \gamma_k & 1 & 0 \\ \eta_k & 0 & 0 & 1 \end{bmatrix} \begin{Bmatrix} y_k^L \\ \theta_k^L \\ M_k^L \\ N_k^L \end{Bmatrix} \tag{5-9}$$

由此可得第 k 个刚性构件的传递矩阵：

$$[T_r]_k = \begin{bmatrix} 1 & h_k & 0 & 0 \\ 0 & 1 & 0 & 0 \\ 0 & \gamma_k & 1 & 0 \\ \eta_k & 0 & 0 & 1 \end{bmatrix} \tag{5-10}$$

式（5-10）表明，刚性构件的传递矩阵兼有点矩阵和场矩阵的性质，因此刚性构件的传递矩阵是一个单元传递矩阵。当刚性构件单根直接或通过柔性接头连接时，其传递矩阵作为点矩阵使用；当多个刚性构件直接或通过柔性接头连接时，其传递矩阵作为单元传递矩阵（场矩阵与点矩阵的组合）使用。这意味着，式（5-10）和式（5-4）不应以乘积的关系出现在单元或系统传递矩阵中。

由式（5-3）、式（5-4）、式（5-7）和式（5-10）可以组成钻井隔水管的单元传递矩阵，为便于上述矩阵的组合，单元的划分应满足：①在柔性接头或刚性构件的连接处设置结点，柔性接头的结点设置在下端，如果刚性构件不作为独立的单元，则结点设置在上端；②由于单根或/和短接采用了集中质量模型，因此其单元不宜过长。

基于上述的单元划分方法，可得到钻井隔水管的单元传递矩阵。对于由单根或/和短接组成的传递单元，其单元传递矩阵由式（5-3）和式（5-4）表示的场矩阵和点矩阵组成：

$$[T]_i = [T_p]_i [T_f]_i \tag{5-11}$$

对于由单根或/和短接与柔性接头组成的单元，单元传递矩阵由式（5-3）、式（5-4）和式（5-7）表示的场矩阵、点矩阵和柔性接头传递矩阵组成：

$$[T]_i = [T_p]_i [T_f]_i [T_\theta] \tag{5-12}$$

对于由单根或/和短接与刚性构件组成的单元,其单元传递矩阵由式(5-3)和式(5-10)组成:

$$[T]_i = [T_r]_k [T_f]_i \qquad (5-13)$$

对于由单根或/和短接、刚性构件及柔性接头组成的传递单元,其单元传递矩阵由式(5-3)、式(5-7)和式(5-10)组成:

$$[T]_i = [T_r]_k [T_f]_i [T_\theta] \qquad (5-14)$$

对于由刚性构件和柔性接头组成的单元,其传递矩阵由式(5-7)和式(5-10)组成:

$$[T]_i = [T_r]_k [T_\theta] \qquad (5-15)$$

有了式(5-11)至式(5-15)的单元传递矩阵,即可根据钻井隔水管的结构配置及单元划分组成系统传递矩阵:

$$[T] = [T]_n [T]_{n-1} \cdots [T]_1 \qquad (5-16)$$

式中,n 为单元的数量。

将边界条件代入式(5-16)后即可求得系统的前 n 阶固有频率 $\omega_1, \omega_2, \cdots,$ ω_n。需要指出的是,由于式(5-16)将底部隔水管总成的柔性接头计入了传递矩阵,因此底部边界条件为固定端。

求出系统的固有频率之后,即可按照式(5-16)的单元排列顺序,依次计算出各结点的挠度:

$$\begin{Bmatrix} y_i^R \\ \theta_i^R \\ M_i^R \\ N_i^R \end{Bmatrix} = [T]_i \begin{Bmatrix} y_i^L \\ \theta_i^L \\ M_i^L \\ N_i^L \end{Bmatrix} \quad (i = 1, 2, \cdots, n-1) \qquad (5-17)$$

或

$$\begin{Bmatrix} y_i^L \\ \theta_i^L \\ M_i^L \\ N_i^L \end{Bmatrix} = [T]_i^{-1} \begin{Bmatrix} y_i^R \\ \theta_i^R \\ M_i^R \\ N_i^R \end{Bmatrix} \quad (i = n, n-1, \cdots, 1) \qquad (5-18)$$

由于万向节的转动刚度可以忽略,即 $y_n^R = 0$,$M_n^R = 0$,因此利用式(5-18)较为方便。当然,如果忽略底部柔性接头的转动刚度,则同样可以得到 $y_1^L = 0$,$M_1^L = 0$,这样可以避免矩阵的求逆运算。对于未知的边界约束反力,数值计算时可取单位值。

由式(5-17)或式(5-18)可求得系统的振型向量为

$$\begin{bmatrix} y_n^R & y_{n-1}^R & \cdots & y_1^R & y_1^L \end{bmatrix}^T \tag{5-19}$$

对于刚性生产立管,包括顶张式立管和自由站立式组合立管,其单元传递矩阵仅由式(5-3)的场矩阵和式(5-4)的点矩阵组成。

建立了系统的传递矩阵后就可以采用3.5节介绍的方法计算刚性立管的固有频率和振型了,读者也可参考相关的结构动力学书籍。

5.2.3 矩阵分析法

矩阵分析法是一种求解多自由度系统动力特性的数值方法,由于它是通过求解系统的广义特征值问题计算出系统的固有频率和振型,因此可借助于有限元方法来建立系统的刚度矩阵和质量矩阵,从而可以模拟由具有复杂几何形状和不同物理性质的构件组成的结构系统。对于钻井隔水管来说,不仅可以考虑张力沿垂向的变化、刚性构件和柔性接头的影响,而且可以考虑伸缩接头和张紧器对系统动力特性的影响。

对于由单根或/和短接组成的单元,其局部坐标系下的刚度矩阵由均质等截面梁的刚度矩阵

$$[K_b]^e = \begin{bmatrix} \dfrac{EA}{l} & 0 & 0 & -\dfrac{EA}{l} & 0 & 0 \\[2mm] 0 & \dfrac{12EI}{l^3} & \dfrac{6EI}{l^2} & 0 & -\dfrac{12EI}{l^3} & \dfrac{6EI}{l^2} \\[2mm] 0 & \dfrac{6EI}{l^2} & \dfrac{4EI}{l} & 0 & -\dfrac{6EI}{l^2} & \dfrac{2EI}{l} \\[2mm] -\dfrac{EA}{l} & 0 & 0 & \dfrac{EA}{l} & 0 & 0 \\[2mm] 0 & -\dfrac{12EI}{l^3} & -\dfrac{6EI}{l^2} & 0 & \dfrac{12EI}{l^3} & -\dfrac{6EI}{l^2} \\[2mm] 0 & \dfrac{6EI}{l^2} & \dfrac{2EI}{l} & 0 & -\dfrac{6EI}{l^2} & \dfrac{4EI}{l} \end{bmatrix} \tag{5-20}$$

和几何刚度矩阵

$$[K_G]^e = \frac{T}{30l} \begin{bmatrix} 0 & 0 & 0 & 0 & 0 & 0 \\ 0 & 36 & 3l & 0 & -36 & 3l \\ 0 & 3l & 4l^2 & 0 & -3l & -l^2 \\ 0 & 0 & 0 & 0 & 0 & 0 \\ 0 & -36 & -3l & 0 & 36 & -3l \\ 0 & 3l & -l^2 & 0 & -3l & 4l^2 \end{bmatrix} \qquad (5-21)$$

组成,即

$$[K]^e = [K_b]^e + [K_G]^e \qquad (5-22)$$

式中　EA——单元截面拉压刚度;

　　　EI——单元截面弯曲刚度;

　　　l——单元长度;

　　　T——单元张力。

其局部坐标系下的质量矩阵则可以采用集中质量矩阵

$$[M]^e = \frac{\hat{m}l}{2} \begin{bmatrix} 1 & 0 & 0 & 0 & 0 & 0 \\ 0 & 1 & 0 & 0 & 0 & 0 \\ 0 & 0 & 1 & 0 & 0 & 0 \\ 0 & 0 & 0 & 1 & 0 & 0 \\ 0 & 0 & 0 & 0 & 1 & 0 \\ 0 & 0 & 0 & 0 & 0 & 1 \end{bmatrix} \qquad (5-23)$$

或一致质量矩阵

$$[M]^e = \frac{\hat{m}l}{420} \begin{bmatrix} 140 & 0 & 0 & 70 & 0 & 0 \\ 0 & 156 & 22l & 0 & 54 & -13l \\ 0 & 22l & 4l^2 & 0 & 13l & -3l^2 \\ 70 & 0 & 0 & 140 & 0 & 0 \\ 0 & 54 & 13l & 0 & 156 & -22l \\ 0 & -13l & -3l^2 & 0 & -22l & 4l^2 \end{bmatrix} \qquad (5-24)$$

式中,$\hat{m} = m + m_a$。

式(5-20)至式(5-24)的推导可参考相关结构动力学和有限单元法书籍。

由于立管为轴对称结构,因此此处采用了平面问题的单元矩阵。对于由分流器和伸缩节等抗弯刚度较大的构件组成的单元,如果足够长,即作为一个独立的单元来模拟不会引起系统矩阵的病态,则问题变得十分简单,用式(5-22)和式(5-24)来计算它们的刚度矩阵和质量矩阵即可。对于伸缩节,当其达到最大冲程时,应将式(5-20)中的 EA/l 改为张紧器的刚度。

为了避免病态的系统矩阵,当系统中有独立的刚性构件单元时,由单根或/和短接组成的单元长度应取得短一些,以进一步减小与刚性构件单元的抗弯刚度比。如果刚性构件组成的单元长度不满足上述条件,则其质量可按集中质量添加到系统矩阵相应结点的平动自由度,而其刚度可按刚臂来处理,即利用刚性构件两端的位移关系

$$\begin{Bmatrix} y_k^{\mathrm{R}} \\ \theta_k^{\mathrm{R}} \end{Bmatrix} = \begin{bmatrix} 1 & -h_k \\ 0 & 1 \end{bmatrix} \begin{Bmatrix} y_k^{\mathrm{L}} \\ \theta_k^{\mathrm{L}} \end{Bmatrix} \tag{5-25}$$

将其并入上端的单根或/和短接单元。式中, y_k^{R}、θ_k^{R}、y_k^{L}、θ_k^{L} 分别为第 k 个刚性构件上端和下端的挠度及转角;h_k 为第 k 个刚性构件的长度。

由式(5-25)可得第 k 个刚性构件并入单根或/和短接单元的变换矩阵:

$$[T_\mathrm{r}]_k = \begin{bmatrix} 1 & -h_k & 0 & 0 \\ 0 & 1 & 0 & 0 \\ 0 & 0 & 1 & 0 \\ 0 & 0 & 0 & 1 \end{bmatrix} \tag{5-26}$$

由此可得组合刚性构件后的单元刚度矩阵:

$$[K_\mathrm{r}]^e = [T_\mathrm{r}]_k^\mathrm{T} [K]^e [T_\mathrm{r}]_k \tag{5-27}$$

对于柔性接头,仍采用传递矩阵法中的假设条件——不计长度和质量,将其并入一端的单元,其力学模型为一端具有转动弹簧的梁单元。因此,可将 $M_{AB} = k_\theta \theta_A$(梁左端有转动弹簧)或 $M_{BA} = k_\theta \theta_B$(梁右端有转动弹簧)代入梁的转角位移方程

$$\begin{cases} M_{AB} = \dfrac{4EI}{l}\theta_A + \dfrac{2EI}{l}\theta_B + \dfrac{6EI}{l^2}y_A - \dfrac{6EI}{l^2}y_B \\[2mm] M_{BA} = \dfrac{2EI}{l}\theta_A + \dfrac{4EI}{l}\theta_B + \dfrac{6EI}{l^2}y_A - \dfrac{6EI}{l^2}y_B \\[2mm] N_{AB} = \dfrac{6EI}{l^2}\theta_A + \dfrac{6EI}{l^2}\theta_B + \dfrac{12EI}{l^3}y_A - \dfrac{12EI}{l^3}y_B \\[2mm] N_{BA} = -\dfrac{6EI}{l^2}\theta_A - \dfrac{6EI}{l^2}\theta_B - \dfrac{12EI}{l^3}y_A + \dfrac{12EI}{l^3}y_B \end{cases} \tag{5-28}$$

从而求得梁左端有转动弹簧时的转角位移方程

$$\begin{cases} M_{AB} = k_\theta \theta_A \\[2mm] M_{BA} = \dfrac{4EI}{a_1 l}\theta_B + \dfrac{6EI}{a_2 l^2}y_A - \dfrac{6EI}{a_2 l^2}y_B \\[2mm] N_{AB} = \dfrac{6EI}{a_2 l^2}\theta_B + \dfrac{12EI}{a_3 l^3}y_A - \dfrac{12EI}{a_3 l^3}y_B \\[2mm] N_{BA} = -\dfrac{6EI}{a_2 l^2}\theta_B - \dfrac{12EI}{a_3 l^3}y_A + \dfrac{12EI}{a_3 l^3}y_B \end{cases} \tag{5-29}$$

和梁右端有转动弹簧时的转角位移方程

$$\begin{cases} M_{AB} = \dfrac{4EI}{a_1 l}\theta_A + \dfrac{6EI}{a_2 l^2}y_A - \dfrac{6EI}{a_2 l^2}y_B \\[2mm] M_{BA} = k_\theta \theta_B \\[2mm] N_{AB} = \dfrac{6EI}{a_2 l^2}\theta_A + \dfrac{12EI}{a_3 l^3}y_A - \dfrac{12EI}{a_3 l^3}y_B \\[2mm] N_{BA} = -\dfrac{6EI}{a_2 l^2}\theta_A - \dfrac{12EI}{a_3 l^3}y_A + \dfrac{12EI}{a_3 l^3}y_B \end{cases} \tag{5-30}$$

式中,$a_1 = \dfrac{4i - k_\theta}{3i - k_\theta}$, $a_2 = \dfrac{4i - k_\theta}{2i - k_\theta}$, $a_3 = \dfrac{4i - k_\theta}{i - k_\theta}$,其中,$i = EI/l$;$k_\theta$ 为柔性接头的弹性常数。

由式(5-29)和式(5-30)可分别得到梁左端有柔性接头时的刚度矩阵

$$[K_b]_f^e = \frac{EI}{l^3} \begin{bmatrix} \dfrac{12}{a_3} & 0 & -\dfrac{12}{a_3} & \dfrac{6l}{a_2} \\[3mm] 0 & k_\theta & 0 & 0 \\[3mm] -\dfrac{12}{a_3} & 0 & \dfrac{12}{a_3} & -\dfrac{6l}{a_2} \\[3mm] \dfrac{6l}{a_2} & 0 & -\dfrac{6l}{a_2} & \dfrac{4l^2}{a_1} \end{bmatrix} \tag{5-31}$$

和梁右端有柔性接头时的刚度矩阵

$$[K_g]^e = \frac{EI}{l^3} \begin{bmatrix} \dfrac{12}{a_3} & \dfrac{6l}{a_2} & -\dfrac{12}{a_3} & 0 \\[3mm] \dfrac{6l}{a_2} & \dfrac{4l^2}{a_1} & -\dfrac{6l}{a_2} & 0 \\[3mm] -\dfrac{12}{a_3} & -\dfrac{6l}{a_2} & \dfrac{12}{a_3} & 0 \\[3mm] 0 & 0 & 0 & k_\theta \end{bmatrix} \tag{5-32}$$

此时的单元刚度矩阵可表示为

$$[K]^e = [K_b]_f^e + [K_G]^e \qquad (5-33)$$

上述单元刚度矩阵和质量矩阵是建立在单元局部坐标系下的,在集成系统矩阵前应进行坐标变换。由于立管的所有单元局部坐标与整体坐标的关系均相同,因此无须进行坐标变换。关于系统矩阵的形成可参考相关的有限元书籍,此处不再赘述。

对于刚性生产立管,其单元刚度矩阵和质量矩阵仅由式(5-22)和式(5-23)或式(5-24)组成。

建立了系统刚度矩阵和质量矩阵后就可以采用3.3节介绍的方法计算刚性立管的固有频率和振型了,读者也可参考相关的结构动力学书籍。

5.3 简单悬链式立管

5.3.1 解析法

简单悬链式立管的悬垂段是一条矗立于海水中的立管,而其流线段是一条敷设在海床上或管沟中的海底管线。由于管沟是流线段与海床相互作用产生的,管线的小幅运动受到沟内海水泥浆的作用,大幅运动将受到管沟边壁的约束。因此,简单悬链式立管的动力特性计算与刚性立管有一定的区别。

解析法计算简单悬链式立管的固有频率时,不能考虑流线段的影响,只能将触地点简化为一种边界条件作为约束来处理,其约束性质是根据计算的模态来确定的。计算刚体模态时,可将其简化为铰或转动弹簧,而计算弹性模态时,可将其简化为固定端或铰。

1.刚体模态

由第4章的讨论可知,简单悬链式立管的出平面运动包含刚体模态——绕悬挂点和触地点连线的刚体摆动。对于刚体摆动产生的振荡,可将其模拟为单摆来计算。如果将触地点的约束简化为铰,则忽略柔性接头的刚度,从而得到一个铰接均质杆的单摆模型。其运动方程可表示为

$$J\ddot{\alpha}_r + mLgc_1 h\alpha_r = 0 \qquad (5-34)$$

式中，J 为单摆绕铰接点转动的转动惯量，对于简单悬链式立管，$J = mLh^2/3$，其中，L 为悬垂段长度，h 为悬垂段矢高；其他符号的意义同4.3.2 节。

将式(5-34)改写为

$$\ddot{\alpha}_r + 3c_1 \frac{g}{h} \alpha_r = 0 \qquad (5-35)$$

由此可得铰支边界条件的悬垂段固有频率为

$$\omega = \sqrt{\frac{3gc_1}{h}} \qquad (5-36)$$

当考虑流线段的影响时，可将触地点简化为转动弹簧，此时式(5-34)可表示为

$$J\ddot{\alpha}_r + (mLgc_1h + k_\alpha) \alpha_r = 0 \qquad (5-37)$$

由此可得考虑流线段的影响时的悬垂段固有频率为

$$\omega = \sqrt{3 \frac{mLgc_1h + k_\alpha}{mLh^2}} \qquad (5-38)$$

式中，k_α 为触地点的等效转动弹簧刚度。

2. 弹性模态

弹性模态是立管的弯曲振动模态，对于简单悬链式立管，当悬垂段曲率较大时，其平面内的弯曲振动模态应采用考虑大变形的梁复杂弯曲运动方程来计算，而出平面的振动模态则仍可采用梁复杂弯曲的运动方程来计算。由于求解超越方程的困难，且解析法计算简单悬链式立管本身也是一种近似的估计，因此仅讨论悬挂点和触地点均简化为简支边界条件的情况。

由式(3-193)和式(3-182)可得到简单悬链式立管平面内和出平面的弯曲振动固有频率计算公式：

平面内

$$\omega_n = \left(\frac{n\pi}{L} \right)^2 \left[1 + \frac{L^2 (T_{tw} - EI\kappa^2)}{(n\pi)^2 EI} \right]^{1/2} \sqrt{\frac{EI}{\hat{m}}} \qquad (5-39)$$

出平面

$$\omega_n = \left(\frac{n\pi}{L} \right)^2 \sqrt{\left(1 + \frac{L^2 T_{tw}}{n^2 \pi^2 EI} \right) \frac{EI}{\hat{m}}} \qquad (5-40)$$

而由式(3-194)和式(3-181)可知，简单悬链式立管平面内和出平面的振型具有相同的形式：

$$\varphi_n(s) = \sin \frac{n\pi}{l} s \quad (n = 1, 2, \cdots, \infty) \qquad (5-41)$$

5.3.2 传递矩阵法

传递矩阵法计算简单悬链式立管的动力特性不仅可以考虑张力沿轴向变化的影响,而且可以将计算范围延伸至流线段的终端,而不是将流线段的影响简化为触地点的约束条件,但是不能计算出平面运动的刚体模态。下面分别建立悬垂段和流线段的单元传递矩阵。

悬垂段的平面内和出平面单元传递矩阵与式(5-3)和式(5-4)相同,可统一表示为

$$[T_{\mathrm{f}}]_i = \begin{bmatrix} 1 & \alpha_i^{-1}\mathrm{sh}\,\alpha_i l_i & \dfrac{\alpha_i^{-2}}{(EI)_i}(\mathrm{ch}\,\alpha_i l_i - 1) & \dfrac{\alpha_i^{-3}}{(EI)_i}(\mathrm{sh}\,\alpha_i l_i - \alpha_i l_i) \\ 0 & \mathrm{ch}\,\alpha_i l_i & \dfrac{\alpha_i^{-1}}{(EI)_i}\mathrm{sh}\,\alpha_i l_i & \dfrac{\alpha_i^{-2}}{(EI)_i}(\mathrm{ch}\,\alpha_i l_i - 1) \\ 0 & \alpha_i(EI)_i\mathrm{sh}\,\alpha_i l_i & \mathrm{ch}\,\alpha_i l_i & \alpha_i^{-1}\mathrm{sh}\,\alpha_i l_i \\ 0 & \alpha_i^2(EI)_i\mathrm{ch}\,\alpha_i l_i & \alpha_i\mathrm{sh}\,\alpha_i l_i & \mathrm{ch}\,\alpha_i l_i \end{bmatrix}$$

$$(5-42)$$

$$[T_{\mathrm{p}}]_i = \begin{bmatrix} 1 & & & \\ & 1 & & \\ & & 1 & \\ \eta_i & & & 1 \end{bmatrix} \qquad (5-43)$$

对于平面内的单元传递矩阵,式中的 $\alpha_i = [T_i/(EI)_i - \kappa_i^2]^{1/2}$,其中,$\kappa_i$ 为第 i 个传递单元的曲率;其他符号同式(5-3)和式(5-4)。

由此可得悬垂段的单元传递矩阵:

$$[T]_i = [T_{\mathrm{p}}]_i[T_{\mathrm{f}}]_i \qquad (5-44)$$

流线段的单元传递矩阵则采用弹性基础梁的弯曲方程

$$y(x) = y_0 V_0(\alpha x) + \frac{\theta_0}{\sqrt{2}\alpha}V_1(\alpha x) + \frac{M_0}{2\alpha^2 EI}V_2(\alpha x) + \frac{N_0}{2\sqrt{2}\alpha^3 EI}V_3(\alpha x)$$

$$(5-45)$$

来建立,其中的 $V_0(\alpha x)$、$V_1(\alpha x)$、$V_2(\alpha x)$、$V_3(\alpha x)$ 为普日列夫斯基(Пузыревский)函数:

$$\begin{cases} V_0(\alpha x) = \mathrm{ch}\,\alpha x \cos \alpha x \\[2mm] V_1(\alpha x) = \dfrac{1}{\sqrt{2}}(\mathrm{ch}\,\alpha x \sin \alpha x + \mathrm{sh}\,\alpha x \cos \alpha x) \\[2mm] V_2(\alpha x) = \mathrm{sh}\,\alpha x \sin \alpha x \\[2mm] V_3(\alpha x) = \dfrac{1}{\sqrt{2}}(\mathrm{ch}\,\alpha x \sin \alpha x - \mathrm{sh}\,\alpha x \cos \alpha x) \end{cases} \qquad (5-46)$$

式中, $\alpha = \left(\dfrac{k}{4EI}\right)^{1/4}$, 其中, k 为海床土的刚度, 由于管 - 土相互作用, 流线段并不位于海床表面, 而是位于长期相互作用形成的沟槽中, 沟槽中的泥水包覆在管道外, 因此应采用海泥的刚度。

对式 $(5-45)$ 求导三次并利用普日列夫斯基函数的微分关系

$$\begin{cases} V_0'(\alpha x) = -\sqrt{2}\,\alpha V_3(\alpha x) \\[2mm] V_1'(\alpha x) = \sqrt{2}\,\alpha V_0(\alpha x) \\[2mm] V_2'(\alpha x) = \sqrt{2}\,\alpha V_1(\alpha x) \\[2mm] V_3'(\alpha x) = \sqrt{2}\,\alpha V_2(\alpha x) \end{cases} \qquad (5-47)$$

得到

$$\begin{cases} y'(x) = -y_0\sqrt{2}\,\alpha V_3(\alpha x) + \theta_0 V_0(\alpha x) + \dfrac{M_0}{\sqrt{2}\,\alpha EI}V_1(\alpha x) + \dfrac{N_0}{2\alpha^2 EI}V_2(\alpha x) \\[3mm] y''(x) = y_0 2\alpha^2 V_2(\alpha x) - \theta_0\sqrt{2}\,\alpha V_3(\alpha x) + \dfrac{M_0}{EI}V_0(\alpha x) + \dfrac{N_0}{\sqrt{2}\,\alpha EI}V_1(\alpha x) \\[3mm] y'''(x) = y_0 2\sqrt{2}\,\alpha^3 V_1(\alpha x) - \theta_0 2\alpha^2 V_2(\alpha x) - \dfrac{M_0}{EI}\sqrt{2}\,\alpha V_3(\alpha x) + \dfrac{N_0}{EI}V_0(\alpha x) \end{cases} \qquad (5-48)$$

由式 $(5-55)$ 和式 $(5-48)$ 可得流线段的场传递矩阵:

$$[T_{\mathrm{f}}]_i = \begin{bmatrix} V_0(\alpha l_i) & \bar{\alpha}^{-1}V_1(\alpha l_i) & \dfrac{\bar{\alpha}^{-2}}{(EI)_i}V_2(\alpha l_i) & \dfrac{\bar{\alpha}^{-3}}{(EI)_i}V_3(\alpha l_i) \\[3mm] -\bar{\alpha}V_3(\alpha l_i) & V_0(\alpha l_i) & \dfrac{\bar{\alpha}^{-1}}{(EI)_i}V_1(\alpha l_i) & \dfrac{\bar{\alpha}^{-2}}{(EI)_i}V_2(\alpha l_i) \\[3mm] -\bar{\alpha}^2(EI)_iV_2(\alpha l_i) & -\bar{\alpha}(EI)_iV_3(\alpha l_i) & V_0(\alpha l_i) & \bar{\alpha}^{-1}V_1(\alpha l_i) \\[3mm] -\bar{\alpha}^3(EI)_iV_1(\alpha l_i) & -\bar{\alpha}^2(EI)_iV_2(\alpha l_i) & -\bar{\alpha}(EI)_iV_3(\alpha l_i) & V_0(\alpha l_i) \end{bmatrix}$$

$$(5-49)$$

式中, $\bar{\alpha} = \sqrt{2}\,\alpha$。

将式(5-49)代入式(5-44)就得到了流线段的单元传递矩阵,但计算点矩阵的附加质量时,应将海水密度改为海泥的密度。

由于悬垂段的平面内和出平面的场传递矩阵具有不同的参数,因此可分别建立平面内和出平面的系统传递矩阵,分别计算平面内和出平面的固有频率及振型,其计算方法与5.2.2小节介绍的相同,此处不再赘述。

5.3.3 矩阵分析法

与传递矩阵法相同,用矩阵分析法计算简单悬链式立管的动力特性时也不能得出平面运动的刚体模态。因此,矩阵分析法的计算结果仅是简单悬链式立管的弯曲振动模态。与钻井隔水管不同的是,简单悬链式立管是由一根连续钢管组成的结构,因此其单元弯曲刚度矩阵和质量矩阵是完全相同的,均可采用式(5-20)、式(5-21)和式(5-23)或式(5-24)来表达,但平面内和出平面的几何刚度矩阵是不同的。此外,流线段增加了管-土相互作用的约束刚度矩阵。

由于平面内和出平面的几何刚度矩阵不同,因此仍可采用传递矩阵法的做法,将平面内和出平面的动力特性各自按平面问题分别计算。这样不仅表达简单,而且结果清晰,便于分析。整体分析的结果需要根据振型数据来识别平面内模态和出平面模态。

悬垂段的平面内几何刚度矩阵应考虑曲率的影响,此时,式(5-21)中的张力 T 应替换为式(4-23)的 λ,即

$$[K_{\mathrm{G}}]_{\mathrm{in}}^{\mathrm{e}} = \frac{\lambda}{30l}\begin{bmatrix} 0 & 0 & 0 & 0 & 0 & 0 \\ 0 & 36 & 3l & 0 & -36 & 3l \\ 0 & 3l & 4l^2 & 0 & -3l & -l^2 \\ 0 & 0 & 0 & 0 & 0 & 0 \\ 0 & -36 & -3l & 0 & 36 & -3l \\ 0 & 3l & -l^2 & 0 & -3l & 4l^2 \end{bmatrix} \qquad (5-50)$$

对于流线段的约束刚度矩阵,可由式(3-200)的第三项积分得到,即

$$[K_{\mathrm{R}}]^{\mathrm{e}} = k\int_l [N]^{\mathrm{T}}[N]\mathrm{d}x \qquad (5-51)$$

式中,$[N]$ 为单元插值函数矩阵。

将梁单元插值函数代入式(5-51)即可得到流线段的约束刚度矩阵

$$[K_{\mathrm{R}}]^{\mathrm{e}} = \frac{kl}{420} \begin{bmatrix} 156 & 22l & 54 & -13l \\ 22l & 4l^2 & 13l & -3l^2 \\ 54 & 13l & 156 & -22l \\ -13l & -3l^2 & -22l & 4l^2 \end{bmatrix} \qquad (5-52)$$

由式(5-20)和式(5-21)或式(5-50)及式(5-52)可得简单悬链式立管的单元刚度矩阵：

悬垂段平面内

$$[K]^{\mathrm{e}} = [K_{\mathrm{b}}]^{\mathrm{e}} + [K_{\mathrm{G}}]^{\mathrm{e}}_{\mathrm{in}} \qquad (5-53)$$

悬垂段出平面

$$[K]^{\mathrm{e}} = [K_{\mathrm{b}}]^{\mathrm{e}} + [K_{\mathrm{G}}]^{\mathrm{e}} \qquad (5-54)$$

流线段

$$[K]^{\mathrm{e}} = [K_{\mathrm{b}}]^{\mathrm{e}} + [K_{\mathrm{G}}]^{\mathrm{e}} + [K_{\mathrm{R}}]^{\mathrm{e}} \qquad (5-55)$$

当流线段张力较小时,也可以忽略张力影响,令$[K_{\mathrm{G}}]^{\mathrm{e}} = 0$。

关于坐标变换和系统矩阵的集成可参考相关的有限元书籍,此处不再赘述。

矩阵分析法也可以采用三维分析,即同时计算平面内模态和出平面模态,然后再根据振型的计算结果来辨识平面内的动力特性和出平面动力特性。

参考文献

[1]　黄维平,白兴兰. 深水油气开发装备与技术[M]. 上海:上海交通大学出版社,2016.

第6章
浪致振动分析

| 6.1　概述 |

深水立管在服役期长期受到海洋环境荷载的动力作用,其中浪流荷载是直接作用在立管上的水动力荷载,而风荷载则通过浮式平台的运动间接地诱发立管的动力响应,当然,波浪引起的浮式平台运动也同时诱发立管的动力响应。因此,波浪是深水立管的主要环境荷载之一。波浪对深水立管的直接作用诱发立管的弯曲振动,而波浪引起的浮式平台运动不仅诱发立管的弯曲振动,还将诱发刚性立管的轴向振动——参激振动。

波浪荷载包括高频(和频)荷载、波频荷载和低频(差频)荷载,由于深水立管的固有频率较低(水深>300 m时,深水立管的一阶固有频率远低于一阶波浪频率),因此波浪的高频分量对立管动力响应的贡献较小,可以忽略。而低频荷载引起的浮式平台慢漂运动周期较长,一般被处理为准静态工况,因此对深水立管动力响应的贡献也可以忽略。故本章只讨论波频荷载的动力响应分析。

| 6.2　分析荷载 |

6.2.1　波浪

深水立管的分析应采用具体场地的环境数据,环境荷载应基于可能同时发生的风、浪、流组合条件计算。计算时应选择给定重现期的不同方向的风、浪、流组合。一般来说,风、浪、流的最大值不会同时发生。风对立管应力和位移的影响是通过浮式结构的偏移和慢漂运动间接作用的。

对于充分生长的海况,通常采用双参数 P – M 谱来模拟。对于有限风程,波浪能集中在较窄的频带上,应采用 JONSWAP 谱。计算谱矩时,可采用三倍的谱峰频率作为截断频率。使用截断频率的结果与时域跨零频率分析更加吻合。

有效波高为 H_s 和平均跨零周期为 T_z(或峰值周期 T_p)的海况重现的联合概率可以在波浪散斑图中查到。但是,一个有效波高可以在散斑图中查到一组海况。因此,周期 T_z 变化对深水立管动态响应的影响可以用一组波浪谱来描述。

深水立管分析通常基于单向海况的假定,而波向的影响通常作为设计过程的敏感性校核。方向谱可表示为

$$S(\omega, \theta) = S(\omega) G(\theta) = S(\omega) C_n \cos^{2n}(\theta - \theta_0) \qquad (6-1)$$

式中 $S(\omega)$——谱密度函数;

θ_0——主浪向,$|\theta - \theta_0| = \dfrac{\pi}{2}$;

θ——波浪散布角;

$C_n = \dfrac{\Gamma(n+1)}{\sqrt{\pi}\,\Gamma\left(n + \dfrac{1}{2}\right)}, n = 0, 1, \cdots$。

二维随机海况的波面形状可以用现场测量数据来表示或用波浪谱合成,一般方法是用具有随机相位的线性(Airy)波组合来模拟波面形状:

$$\eta(t) = \sum_{n=1}^{N} A_n \cos(k_n x - \omega_n t + \varepsilon_n) \qquad (6-2)$$

式中 A_n——波幅,由波浪谱 $S(\omega)$ 计算;

ω_n——离散频率;

ε_n——$0 \sim 2\pi$ 之间的离散随机相位;

k_n——频率为 ω_n 的波数;

N——离散频率的总数。

作用在深水立管上的波浪荷载一般基于入射波的运动来计算,入射波的运动包括浮式平台引起的绕射和辐射,但非线性波只能通过逐个计算波浪分量的方法来处理。实际应用时,采用线性波理论计算入射波运动(速度和加速度)是可以满足工程需要的。

海面风浪对深水立管产生直接的动力荷载作用,大多数波浪是不规则波——波长和波高随时间变化,且同时从一个或多个方向作用在深水立管上。

由于海浪的随机性,海况通常是用一些波浪的统计参数描述的,如有效波高、谱峰周期等,其他参数可由这些基本参数导出。

作用在深水立管上的波浪荷载通常用 Morrison 公式计算,而浮式结构的一阶和二阶运动则应考虑辐射和绕射作用,计算出的波频响应和慢漂响应可作为立管顶端的运动边界条件来处理,也可以将浮式结构与立管作为一个系统进行整体分析。

深水立管的固有频率位于波浪谱的频带范围内,因此应采用不规则波的频域或时域分析方法进行动力分析。

6.2.2　荷载组成[1]

1. 波浪对固定立管的作用

波浪和浮式结构运动引起的振荡流可以用波浪场中的不稳定流来描述。深水立管周围的流场是三维流场,由于在每个运动循环中,尾流与立管的相对位置颠倒一次,因此固定频率的连续涡旋泄放在理论上是不可能实现的。但实际上,由于深水立管的运动可能发生连续的涡旋泄放,除了可能发生的锁定现象外,通常涡旋泄放引起的振荡升力和阻力可以忽略。

深水立管上的流体力包括:

惯性力

$$F_{\mathrm{I}} = C_{\mathrm{M}} \rho A \frac{\partial u}{\partial t} \qquad (6-3)$$

拖曳力

$$F_{\mathrm{D}} = \frac{1}{2} C_{\mathrm{D}} \rho D \, |u| \, u \qquad (6-4)$$

式中　ρ——海水密度;

A——立管横截面积;

u——波浪水质点速度;

D——立管直径;

C_{D}——拖曳力系数;

C_{M}——惯性力系数。

系数 C_{D} 和 C_{M} 与立管截面的几何形状、KC 数、Re 和表面粗糙度有关,对于光滑圆柱体,C_{M} 取值范围为 $1.5 \sim 2.0$,C_{D} 取值范围为 $0.6 \sim 1.2$。

2. 立管在静水中振荡[1]

在没有波浪运动的条件下,立管的弹性振荡位移引起的流动可看作是二维的。流体的惯性力与立管运动有 180° 的相位差,正比于立管的加速度。比例常数的单位是质量单位,称为流体的附加质量。拖曳力是尾流的动能耗散,因此具有阻尼的性质。附加质量力和拖曳力系数定义为

$$C_a = \frac{F_A}{\rho A \ddot{x}}, \quad C_D = \frac{F_V}{\frac{1}{2}\rho D |\dot{x}| \dot{x}} \quad (6-5)$$

式中 $\dot{x}$、$\ddot{x}$——立管的速度和加速度;

   C_a——附加质量系数;

   C_D——拖曳力系数;

   F_A——附加质量力;

   F_V——黏性阻尼力。

系数 C_a 和 C_d 与 KC 数、Re 和表面粗糙度 k_s/D 有关。对于光滑圆柱体,当运动幅度与直径相比较小时,C_a 约为 1.0。阻尼力的大小取决于流体动量的损失,而动量的损失主要是流动分离和涡旋形成引起的,因此受表面粗糙度的影响很大。当圆柱体的运动幅度较大时,尾流位置的变化将使水动力系数产生波动。

3. 波浪对振荡立管的作用[1]

深水立管在波浪中振荡是由波浪激扰和/或浮式结构运动共同作用的结果,水动力荷载包括波浪的动水压力、立管运动的附加质量力和正比于立管与海流相对速度平方的拖曳力。环境流的速度场通常以整体坐标表示,其加速度可表示为

$$\frac{DV}{Dt} = \frac{\partial V}{\partial t} + (V \cdot \nabla)V \quad (6-6)$$

式中 $\partial V/\partial t$——不稳定流的加速度;

   $(V \cdot \nabla)V$——波浪水质点运动不均匀性引起的对流,产生压力荷载的二次谐波。

为了用局部坐标表示水动力荷载,入射流速及其导数的变换需要立管纵轴的瞬时位置及方向余弦。为此,引入局部坐标系统 (x, y, z) 中的入射流速度分量 (u, v, w),如图 6-1 所示。由立管转动与切向速度分量 w 的相互作用而产生的高阶对流项可表示为

$$(u - \dot{x})\frac{\partial w}{\partial z} - w\frac{\partial \dot{x}}{\partial z} \quad (6-7)$$

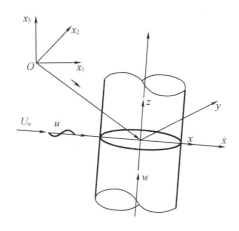

图 6 - 1　局部坐标系统与整体坐标系统

由于它与 $C_a\rho A\ddot{x}$ 的误差同数量级,因此深水立管动力分析时通常被忽略。除非提供高精度的附加质量系数,否则式(6-7)不能改善水动力的计算精度。

通常,深水立管的直径小于波浪水质点的运动幅度,因此基于入射流的加速度计算压力荷载具有足够的精度。但是,当立管直径足够大,以至于沿立管横截面 Du/Dt 不能作为常数处理时,可以在每个时间步取一个平均值。

对于黏性流体,波浪场作用在静止圆柱体上的扰动压力荷载一般不等于静水中振荡圆柱体的附加质量力。除下列两个极限条件外,流动叠加原理不能用于计算流体荷载。

(1)当 KC 数较小时($KC<5$ 或相对位移小于 1),流体运动可用势流理论来描述。经典解表明,静止圆柱体的扰动项等于振荡圆柱体的附加质量。

(2)当 KC 数较大时($KC>90$ 或相对位移大于 15),流动状态达到了超临界稳态。此时,无论是流体运动还是圆柱体运动,流体力是相同的。

对于上述两种极限条件,可令 $C_a = C_M - 1$,惯性力和附加质量力可表示为

$$F_I = \rho A \frac{Du}{Dt}, \quad F_A = (C_M - 1)\rho A\left(\frac{Du}{Dt} - \ddot{x}\right) \qquad (6-8)$$

式中,系数 C_M 可参考静止圆柱体取值。

对于介于上述两种极限条件之间的 KC 数,惯性力和附加质量力可表示为

$$F_I = C_M \rho A \frac{Du}{Dt}, \quad F_A = -C_a \rho A \ddot{x} \qquad (6-9)$$

式中,系数 C_M 和 C_a 的取值取决于:①$\dot{x}$ 和 u 之间的相位角;②运动幅度(A_x/D,A_x 为立管的最大位移);③由垂直于立管轴的最大波浪水质点速度确定的 KC 数;

④Re 与 KC 数之比（Re/KC）。换句话说，流体力取决于流体与立管之间的相对运动。在这样一个庞大的数据库建立之前，系数 C_M、C_a 和 C_D 可取两种极限条件下的系数插值，如表 6-1 所示。值得注意的是，采用插值方法将使 $C_a = C_M - 1$ 对于所有 KC 数均成立。用于插值的 KC 数应基于最大相对速度和 T_p，这样的近似不会导致以拖曳力为主的流体荷载出现显著误差。

表 6-1   两种极限条件下的水动力系数[1]

极限条件	光滑圆柱体			非光滑圆柱体（$e = 0.02$）		
	C_M	C_a	C_D	C_M	C_a	C_D
$KC < 5$	2.0	1.0	0.9	2.0	1.0	1.5
$KC > 90$	1.5	0.5	0.7	1.3	0.3	1.1

在随机海况条件下，由于流场的快速变化，实际的附加质量和拖曳力系数在立管振荡过程中可能是变化的。采用测量数据拟合的时不变系数将导致系数中的时变分量被滤波，作为工程近似，它仅保留了水动力荷载的主要部分。对于随机波，涡激升力与二维正弦流动条件下测量的流体力相比较小，且沿立管轴向不相关，因此立管分析时可以忽略。

4. 非振荡流场

对于非振荡流，尾流的位置始终在立管的一侧，可将流动按性质分为亚临界、临界、超临界和跨临界 Re。关于流场与水动力关系的理论可参考边界层和流动分离理论，可能影响水动力的因素有静荷载、等效静荷载和涡旋泄放引起的振荡荷载。

（1）静荷载

由于立管下游侧形成了低压区，因此立管上游侧产生了拖曳力。图 6-2 是光滑的静止圆柱体在四个不同 Re 范围的拖曳力系数曲线。在亚临界区，拖曳力系数为 1.0~1.2。在超临界区，数据离散度较大，因为流场和压力波动对外部扰动十分敏感，因此可采用 C_D 的上限值来保守地估计拖曳力。在临界区，边界层转换可能仅发生在立管横截面的一侧，这种不对称的流动形式伴有相当大的稳定升力。在临界区以外，稳定升力很小，因此在深水立管分析时通常被忽略。

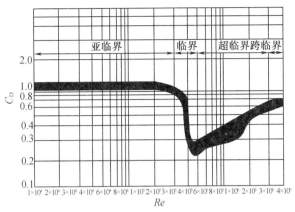

图 6 − 2　光滑圆柱体的拖曳力系数曲线[2]

（2）等效静荷载

浮式结构的慢漂运动可以引起立管的准静态流体荷载,时域模拟时,可将其作为立管的边界条件。然而,频域分析时,浮式结构慢漂运动的影响是通过施加等效流体静荷载来近似的。如果频域分析考虑了背景流,则采用流场的速度矢量与立管平均位置的慢漂运动的叠加来计算组合静荷载。

5. 浪流叠加

深水立管的设计分析工况包括浪和流的共同作用,在极端波浪条件下,流场应采用振荡流（即 $U_m/U > 1$, U_m 为最大流速）,流的作用包括平均阻力和黏滞阻尼增量。入射流运动采用波浪速度、流速和立管运动速度的叠加来模拟。如果入射波的方向与流不共线,则流场及立管的整体响应是三维的。

在某些海域,如墨西哥湾和北美洲的大西洋沿岸或主要河流的入海口,在非极端暴风条件下,往往发生强流场。而在缅甸海和中国南海,在正常海况下会发生内波。因此,在这些海域,设计分析工况应包括强流场与正常海况的叠加。在这样的设计分析条件下,流是深水立管响应的主要环境因素,波浪和浮式结构运动应作为流速的扰动来处理。

6. 多立管干涉

干树生产平台或井口平台通常管理着多口油气井,因此配备了多根顶张式生产立管从事采油或注水作业。从来流或波浪入射方向来看,一些立管位于另一些立管的尾流处。当一根立管位于另一根立管的尾流时,两根立管之间将由于流固耦合而发生相互干涉现象。实测数据表明:如果两立管的间距太小,吸力作用可能对两立管造成不利的影响,从而增加了两立管之间发生接触甚至碰撞的可能性。工程上通常采用干涉系数 C_{D1}、C_{D2}、C_{L1} 和 C_{L2} 来确定两立管的平均间距,下标 1 和 2 分别代表上、下游立管。对于两串列立管,如果两立管的直径相等,则这些系数是两立管间距的函数;而直径不相等时,两立管的直径比也是影响干涉系数的重要参数。一般而言,下游立管的升力和阻力系数对于 Re 的变化不敏感。干涉边界条件是由上游立管的近尾流特征决定的,如果上游立管的直径等于或大于下游立管,则上游立管的表面粗糙度是影响近尾流特征的主要参数。

上游立管的尾流压力波动可能导致水弹性的不稳定性,如引起下游立管驰振。为了恰当地阐述这个问题,必须深入理解尾流的性质。下游立管上的波动荷载取决于下列参数的变化:

(1)无量纲间距(X/D_1);

(2)直径比(D_1/D_2);

(3)上游立管的横向振幅(A_y/D_1,A_y 为立管横流向的最大位移);

(4)上游立管的粗糙度(k_s/D_1,k_s 为粗糙表面的平均高度);

(5)Re(UD_1/ν)。

6.2.3 荷载模型[1]

波浪荷载一般采用 Morrison 公式计算,该公式是基于浅水固定桩导出的。海洋工程已经将其应用于可移动结构,包括深水立管。修正的 Morrison 公式可表示为

$$F = C_M \rho A \frac{\partial u}{\partial t} - C_a \rho A \ddot{x} + \frac{1}{2} C_D \rho D \mid u + U - \dot{x} \mid (u + U - \dot{x}) \qquad (6-10)$$

式(6-10)隐含下列假设:

(1)对于惯性力项,立管直径与立管和流体之间的相对运动幅度相比较小。流体加速度采用立管中心线位置的估计值,且忽略高阶对流项。

(2)惯性力系数、附加质量系数和阻尼力系数是常数,水动力荷载的时变特性由入射流的不稳定性和立管运动来模拟,忽略涡旋泄放引起的波动升力和阻力。

(3)水动力荷载由垂直于立管轴线的加速度和速度分量计算,忽略入射流切向分量引起的三维效应。

(4)立管响应与入射流共面,忽略升力。

用 $\partial u/\partial t + u \partial u/\partial x$ 替换式(6-10)中的 $\partial u/\partial t$ 可得到更精确的惯性力定义。

然而,如果采用随立管运动的坐标系统来表示水动力的惯性力项,则式(6 - 10)中的 $\partial u/\partial t$ 项应由 $\partial u/\partial t + (u - \dot{x})\partial u/\partial x$ 替换。

由于 Morrison 公式具有不同的形式,每种表达形式都与一种特定的流场条件相关,因此为了保持水动力荷载的精确性,计算机模拟采用的 Morrison 公式应与定义水动力系数的 Morrison 公式一致。

频域分析时,为了便于计算,Morrison 公式中的拖曳力项可以采用线性形式。对于波浪、流和立管组成的系统,线性化的拖曳力项以平均平衡位置表示为

$$F_D = C_1(C_2 C_3 + 2U \cdot C_4)(u - \dot{x}) + C_1 G(\sigma, U) \tag{6 - 11}$$

式中,$C_1 = C_D \rho D$;$C_2 = \sqrt{\dfrac{2}{\pi}}\sigma$;$C_3 = \exp[-1/2 (U/\sigma)^2]$;$C_4 = erf(U/\sigma)$,其中

$erf(U/\sigma) = (2\pi)^{-1/2} \int_0^\xi \exp(-1/2\gamma^2)\mathrm{d}\gamma$;$G(\sigma, U) = [\sqrt{1/2\pi}\sigma U \cdot C_3 + C_4(\sigma^2 + U^2)]$。

没有定常流时($U = 0$),式(6 - 11)简化为

$$F_D = \frac{1}{2}C_D \rho D \sqrt{\frac{8}{\pi}}\sigma(u - \dot{x}) \tag{6 - 12}$$

式(6 - 12)中的未知量 $\dot{x}$ 包含在相对速度的标准差 σ 中,谱分析时,立管响应 x 的传递函数采用迭代方法得到。如果激扰力是单个正弦波,则式(6 - 11)的线性阻力项可表示为

$$F_D = \frac{1}{2}C_D \rho D \frac{8}{3\pi}|u_0 - \mathrm{i}\omega x_0 \mathrm{e}^{\mathrm{i}\tau}|(u - \dot{x}) \tag{6 - 13}$$

式中,τ 为 $\dot{x}$ 和 $u(t)$ 之间的相位差;x_0 和 u_0 是 x 和 u 的幅值。

对于非振荡流,应考虑两种情况:计算立管静变形时,式(6 - 10)只有与 U^2 有关的定常拖曳力项,拖曳力系数应根据 Re 确定。当立管轴线倾斜但与来流共面时,立管单位长度上的法向阻力和切向阻力可由下式计算:

$$F_N = \frac{1}{2}C_{DN} \rho D U_\infty^2 \tag{6 - 14}$$

$$F_T = \frac{1}{2}C_{DT} \rho D U_\infty^2 \tag{6 - 15}$$

式中,U_∞ 为自由流场速度;C_{DN} 和 C_{DT} 分别为法向和切向拖曳力系数,可表示为立管倾角 α 的函数:

$$C_{DN} = C_D \sin^2 \alpha \tag{6 - 16}$$

$$C_{DT} = C_D (0.03 + 0.055 \sin \alpha) \cos \alpha \qquad (6-17)$$

如果立管轴线与来流不共面,立管倾角 α 应由单位矢量 z 和 l 的点积计算。此处,l 定义了整体坐标系中的流向,即 $\alpha = \cos^{-1}(z \cdot l)$。法向阻力的方向由局部坐标 $x-y$ 平面的合速度确定。

计算立管锁定区外的水动力荷载时,式(6-10)中的波浪水质点速度 u 消失。然而,与横向振荡有关的系数 C_a 和 C_D 应根据非振荡流理论确定,就小幅度运动而言,可以假定模态的非线性相互作用很弱,相应的模态阻尼可以采用线性化近似。

6.2.4　影响因素[1]

1. 湍流

以强流场为主的设计分析工况应考虑湍流的影响,湍流的出现可能导致低 Re 的边界层提前转变,从而大幅度降低涡旋泄放荷载沿轴向的相关性。当 Re 小于过渡区时,湍流对水动力和斯坦顿频率的影响很小,可以忽略。当 Re 大于过渡区时,升力和阻力的高频分量比均匀流工况大得多,这个高频随机波动的现象叫作颤振。

边界层开始转变的 Re 可由经验公式确定:

$$T_y Re^{1.34} = 1.72 \times 10^5 \qquad (6-18)$$

式中　T_y——泰勒数,$T_y = (\hat{u}/U_\infty)(D/L_y)^{1/5}$。

式(6-18)在区间 $3.4 \times 10^4 < Re < 1.5 \times 10^5$ 是有效的。湍流引起的 Re 减小的数值表示 C_D 与 Re 关系曲线应向左移动的距离。就立管分析而言,可以合理地设定湍流强度 $\hat{u}/U_\infty$ 在 $0.01 \sim 0.03$ 的范围。为了估计湍流的影响,Re 的下限应取 3.4×10^4。

2. 表面粗糙度

由于腐蚀和海生物附着,长期暴露于海洋环境下的深水立管表面的粗糙度将逐渐增大。表面粗糙度由无量纲参数 k_s/D 定义,D 为裸管的直径。对于表面粗糙度较小($k_s/D < 0.02$)的圆柱体,表面粗糙度的影响引起边界层提前转变。转变后的拖曳力系数为 $0.7 \sim 1.0$,具体值依粗糙度而定。临界 Re(当 Re 达到临界值时,C_D 最小)可由下式计算:

$$Re = 6\,000(k_s/D)^{1/2} \qquad (6-19)$$

在临界 Re 以外,边界层分离的角度随表面粗糙度的增大而降低。然而,由于边界层和近尾流的湍流强度增加,波动升力谱的幅值随表面粗糙度的增大而降低。当表面粗糙度超过边界层时,可能发生流动形态的破坏。此时,上游靠近驻点处将转变为湍流边界层,流场表现出后临界现象,C_D曲线几乎是平直的,与Re无关。

3.海生物附着

海洋结构物上常见的附着海生物生活在阳光能够刺透的海洋顶层,其分布与特定海域的流、水温和营养物质等条件有关。就立管分析而言,可以合理地假定海生物附着从浪溅区延伸至水下。估计海生物附着对荷载的影响需要以下参数。

(1)附着海生物的平均厚度和相对密度

值得注意的是,将深水立管表面从光滑变为非常粗糙并不需要很多海生物附着,海生物的厚度取决于深水立管每次清洗的时间间隔。附着海生物的相对密度因附着物的不同而不同,一般为1.0~1.4。

(2)立管的附着质量和有效水动力直径

工程上,这些参数可以由上述条件导出,水动力的惯性力、附加质量力、拖曳力和阻尼力应根据有效直径计算。

(3)由模型试验和现场测试得到的水动力系数

表面粗糙管道的现场测量结果表明,C_D和C_M接近高KC数值时的1.1和1.3倍。

目前的立管分析并不包括由于海生物附着引起的波动升力和阻力的模拟,对于非常粗糙的情况,立管周围的湍流强度很高,在局部尖锐的边缘可能形成二次涡,近尾流处将表现出高度的湍流混合,其谱密度是宽带的。一般而言,附着海生物是有害的,因为它引起水动力荷载的增大和附加质量增大。这将导致较高的立管应力、较短的疲劳寿命和较大的顶张力要求。

4.附属结构物

一些深水立管采用卫星管线的设计方案,如钻井隔水管和组合立管。钻井隔水管将压井和阻流管线、水力管线和泥浆增压管线等附属管线布置在隔水管周围,如图6-3所示。这些卫星管线的存在将引起水动力系数的显著变化,而且这些系数对于来流的方向也十分敏感。在某些方向上,流场是不对称的,因此平均升力将很大。实际上,这些系数是通过足尺模型试验得到的。研究表明,立管上总的拖曳力并不等于各项阻力单独计算之和。为了估计立管上的最大拖曳力,可采用等效管模型,该模型与轻度粗糙的圆柱体有同样的C_D值,等效直径取卫星管中心直径(图6-3)。如果参考直径取其他值,则应调整 C_D,使拖曳力保持不变。

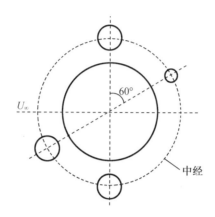

图6-3 卫星管结构

高压钻井隔水管往往只需要一根水力管线来控制底部连接器的功能,如果水力管线不与来流和立管共面,则结构在流场中是不对称的,这个不对称也将导致流动条件不对称。不对称流场引起的稳定升力可表示为

$$F_L = \frac{1}{2} C_L \rho D (u + U - \dot{x})^2 \qquad (6-20)$$

式(6-20)中的升力系数应由试验或流场的数值模拟确定,升力的符号包含在 C_L 中。

5. 不规则形状

由于钻井隔水管是由单根、短节、伸缩节和填充阀及柔性接头等多个不同功能的管段连接而成,其接头多为法兰或卡箍;顶张式立管则是由多个有螺纹接头的管段连接在一起的,因此深水立管是一个非等截面的圆柱体。对于螺纹接头,增大的水动力荷载可以用螺纹接头的直径来计算。然而,对于螺栓接头,局部的附加质量力和附加阻尼力只能通过水动力系数的修正来考虑。这些系数与接头的几何形状有关,因此只能通过模型试验得到。同样,牺牲阳极的流体力计算也必须用同样的方法来解决。一般而言,局部不规则形状的影响不是支配深水立管整体响应的主要因素,因此在可行性研究和概念设计阶段可以忽略其影响。

6. 波浪运动和放大

波浪运动关系到设计海况的水质点速度计算。基于小扰动理论,波浪速度势的定义域限制在无扰动的平均水平面。因此,需采用外推方法将波浪水质点速度从平均水平面外推至波面。应该指出,除浅水应用外,深水立管的动力响应一般对外推方法不敏感。在破碎波附近的波峰运动对于某些配置的深水立管局部弯曲是十分重要的,因此应采用模型试验或非线性有限波幅运动模型来计算其动力响应。

由于 TLP 或半潜式平台的立柱有部分位于水面之上,柱子之间的波浪相互作用可能导致波浪在离散频率点处被明显放大,柱子之间的局部波浪场由行波和驻波组成。为了确定分析海况是否应包括波浪放大的影响,必须事先建立波浪放大传递函数。一般来说,波浪放大传递函数可通过模型试验或数值模拟得到。如果传递函数的峰值周期位于波浪谱峰周期的有效范围,则分析荷载就包括了由于波浪放大产生的波浪力。否则,这部分波浪力可能被忽略。三维波面和波浪水质点速度可根据入射波、绕射波和浮式平台运动产生的辐射波叠加导出。

7. 涡激振动抑制装置

为了减小深水立管的涡激振动响应,很多深水立管都配置了涡激振动抑制装置。目前,工程上应用的涡激振动抑制装置有——整流罩、螺旋侧板、分段浮力块。整流罩有不同的形式,如水翼、导流板和鳍型尾翼。这些整流罩的功能是延迟流动分离,减小涡旋泄放强度,流场改变的结果也减小了平均阻力。整流罩设计的基本要求是,它能够绕立管轴自由转动。如果不能自由转动,则作用在整流罩上的不稳定升力将导致立管的动力不稳定。螺旋侧板的主要功能是改变立管横截面及轴向的流动分离特征,其效果取决于螺旋侧板的螺距和板高。在减小涡旋泄放引起的波动升力和阻力的同时,螺旋侧板也显著增大了平均阻力及黏性阻尼系数 C_D 和附加质量系数 C_a。

对于配置了提供顶张力的浮力块或浮筒的立管,通常采用交替布置配有浮力块或浮筒的立管段和裸立管段的方法来减小涡激振动。由于配有浮力块或浮筒的立管段与裸立管段的流动分离完全不同,锁定现象可能仅发生在其中一种立管段上,因此不发生锁定现象的立管段将产生减小涡激振动的阻尼力。工程上,仅在可能发生强流场的海域采用这样的交替配置。

6.3 分析模型

6.3.1 结构模型

刚性立管的动力响应分析可采用受张力作用的欧拉梁模型来建立分析模型。但刚性立管均由多根不同直径的管柱组成,其组合方式有管中管结构和卫星管结构,如图6-4所示。其中管中管又分为单套管结构(图6-4(a))和双套管结构(图6-4(b)),分别被称为单屏立管和双屏立管,主要用于顶张式生产立管。

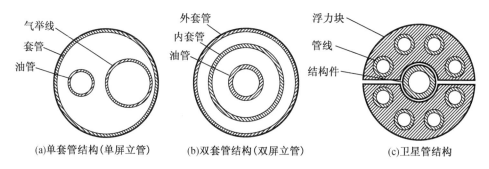

气举线　套管　油管　外套管　内套管　油管　浮力块　管线　结构件

(a)单套管结构(单屏立管)　　(b)双套管结构(双屏立管)　　(c)卫星管结构

图6-4　刚性立管的横截面结构示意图

目前,对于由多个管柱组成的立管系统,整体动力分析通常采用等效管模型来模拟。等效管模型是基于立管的截面性质可以用一个组合截面来计算的假定建立起来的,即等效管的截面性质等于立管各管柱的相应截面性质之和。对于立管的轴向性能,如面积、质量和有效张力,这样的计算是准确的。而对于弯曲性能,除双屏立管外(图6-4(b)),这样的计算忽略了各管柱的轴线与系统整体的轴线之间的距离。此外,等效管模型也隐含了各管柱之间沿轴向处处连续接触和运动参数(位移、速度和加速度)处处相同的假定。但实际上,管中管结构的各管柱之间由于间隙的存在并非沿轴向处处接触,即使可能发生接触的位置也不是连续接触的,这就意味着,各管柱的运动参数不完全相同。为了避免各管柱之间发生管壁的直接接触,套管内侧沿轴向布置了扶正器(径向圆环),用以限制内管的径向相对运动。但扶正器并不与其内管直接接触,且为了立管安装仍需留有一定的间隙,因此扶正器仅仅减小了各管柱之间的间隙。当然,扶正器越多且与内管之间的间隙越小,等效管模型的分析结果与立管响应的误差越小。

由于梁式结构的弯曲性能和拉压性能分别是截面几何尺寸的4次方和2次方函数,因此等效管的弯曲性能和拉压性能不可能同时等效,需根据主要变形形式采用相应的力学性能等效。如横向弯曲变形为主时,应采用截面抗弯刚度 EI 等效,而轴向变形为主(参数振动)时,则应采用截面拉压刚度 EA 等效。

对于管中管结构,等效管的截面抗弯刚度按下式计算:

$$EI_{eq} = EI_{casing} + EI_{tubing} + EI_{otherlines} \qquad (6-21)$$

截面拉压刚度按下式计算:

$$EA_{eq} = EA_{casing} + EA_{tubing} + EA_{otherlines} \qquad (6-22)$$

式中, EI_{eq} 和 EA_{eq} 分别为等效管的截面抗弯刚度和拉压刚度; EI_{casing} 和 EA_{casing} 分别为套管(双屏立管为外套管)的截面抗弯刚度和拉压刚度; EI_{tubing} 和 EA_{tubing} 分别为油管的截面抗弯刚度和拉压刚度; $EI_{otherlines}$ 和 $EA_{otherlines}$ 分别为气举线(或双屏立管的内套管)的截面抗弯刚度和拉压刚度。

对于卫星管结构,式(6-21)和式(6-22)简化为

$$EI_{eq} = EI_{mainline} + \sum EI_{satelliteline} \qquad (6-23)$$

$$EA_{eq} = EA_{mainline} + \sum EA_{satelliteline} \qquad (6-24)$$

式中, $EI_{mainline}$ 和 $EA_{mainline}$ 分别为主管柱的截面抗弯刚度和拉压刚度; $EI_{satelliteline}$ 和 $EA_{satelliteline}$ 分别为卫星管的截面抗弯刚度和拉压刚度。

由于截面抗弯刚度和截面拉压刚度不能同时等效,目前的商用软件只能采用用户直接输入的方法来获得 EI_{eq} 和 EA_{eq} ,而等效管的几何尺寸主要用于计算水动力荷载,因此等效管的外径应根据水动力荷载计算的需要来确定。对于管中管结构,通常取套管(双屏立管为外套管)的外径作为等效管的外径;而对于卫星管结构,由于水动力荷载是根据浮力块的尺寸计算的,因此等效管的外径通常取主管柱的外径。这意味着,等效管的应力与真实的管柱应力会有较大的差异,因此对于结构设计是没有意义的。其唯一可参考的数据只是整体动力特性及其响应,而根据整体动力分析得到的截面弯矩仅是一个参考值。对于管中管结构,由此参考值通过弯矩分配(基于变形等效)得到的各管柱弯矩与真实值又增加了一个误差——变形不等效误差。因为等效管假定各管柱有相同的挠度和曲率,而实际上套管是受分布荷载作用的梁结构,而其他管柱是受集中荷载(扶正器传递

的来自套管的荷载)作用的梁结构,因此两者并非挠度和曲率处处相等。

由于管内外流体压力的端帽效应将影响立管的几何刚度,因此除了刚度等效外,还应考虑压力等效,即

$$(p_i A_i)_{eq} = (p_i A_i)_{casing} + (p_i A_i)_{tubing} + (p_i A_i)_{otherlines} \qquad (6-25)$$

式中,$p_i A_i$ 为相应管柱的内压。

对于双屏顶张式立管,其油管与内套管之间的环形空间是气举线。因此,影响油管几何刚度的不仅有内压(原油压力),而且还有外压(气举压力)。压力等效将二者分别作为油管和内套管的内压来计算,而忽略了气举压力作为外压的作用。而压力等效的唯一目的就是计入其对等效管几何刚度的影响(计算等效管的环向应力没有意义),因此等效管的几何刚度与实际立管的几何刚度并不等效。

比较准确地求解深水立管系统的动力平衡方程还需合理地模拟结构系统的质量分布,一般取单位长度的质量分布在具有相同性质的管柱上,从而求得系统的一致质量矩阵,也可以采用集中质量矩阵。对于立管段、螺纹接头、防腐涂层、辅助管线、牺牲阳极、浮力块、附属结构和内部介质的质量都包括在动力模型中,还应包括水动力附加质量。立管模型的每一个质量都有重力,重力与浮力和压力都作用在立管的轴线方向,构成了轴力的一部分。

对于管中管结构中的同心管结构,除了将多管柱等效为单根管柱的等效管模型外,也可以采用各管柱作为独立的梁结构直接建模的方法。该方法将这些独立的梁结构在端部和扶正器位置合理地连接起来,形成了组合管模型。组合管模型假定各管柱在扶正器处发生点接触,即只传递水平集中荷载,且接触和脱离接触为准静态的,即忽略碰撞作用。与等效管模型相比,组合管模型更符合管中管结构的受力和变形特征。

6.3.2 边界条件

1.顶端运动条件

在进行深水立管非耦合的动力分析时,应将浮式平台的运动参数作为立管顶端的边界条件。浮式平台的运动包括:

(1)波频运动;

(2)以纵荡、横荡固有频率运动的低频运动;

(3)静态漂移。

分析内容包括：

(1)6 个自由度的一阶运动响应；

(2)慢变风的动力响应；

(3)平均波浪漂力和慢变波浪漂力的响应；

(4)包括所有运动响应的最大漂移。

用于非耦合分析的浮式平台一阶运动通常采用频域分析,对一阶波浪力、二阶波浪力、波浪漂力、风和流的运动响应及静态漂移分别进行分析,浮式平台的最大漂移和运动响应通过组合上述荷载响应进行计算。

浮式平台对风的动力响应是稳定分量和时变分量的组合,稳态分量的计算是通过组合水面上各构件的阻力和力矩得到的。除了稳定风荷载外,脉动风荷载将引起浮式平台的低频运动响应。总的风荷载可以分为定常风荷载或稳定分量与时变分量的组合,时变分量也叫作低频风荷载,低频风荷载将引起低频的简谐纵荡、横荡和艏摇运动。浮式平台的 6 个自由度一阶波浪响应通常采用三维绕射理论计算,其特征参数为 RAO 和相位角。

立管响应分析一般要分析由于稳定环境荷载(风、浪、流)造成的浮式平台漂移至平衡位置,并与浮式平台的最大低频响应组合。浮式平台的低频波浪响应是二阶波浪漂力和力矩及脉动风荷载引起的,尽管这些荷载的幅值与一阶波浪力相比较小,但振荡漂力的频率可能非常接近浮式平台的固有频率。因此,浮式平台的水平运动可能非常大。低频响应强烈地依赖系泊系统的刚度和系统阻尼,慢漂振荡和波频运动都是计算上述平均漂移位置的。计算浮式平台的低频纵荡和横荡可以采用简单的单自由度(纵荡)模拟方法,只要已知浮式平台的质量、系泊系统刚度和纵荡阻尼,就可以计算低频纵荡运动。

浮式平台的最大漂移是平均漂移和最大动态漂移之和。分析时,立管系统的准静态平衡位置是由浮式平台的准静态漂移确定的。浮式平台的准静态漂移是平均漂移和低频运动的叠加。立管系统的波频运动响应是以准静态平衡位置为基准点计算的。

2. 张紧器

顶张式生产立管通过张紧器实现与浮式平台的结构连接,因此张紧器的模拟对于精确地计算立管的整体响应是十分重要的。立管张紧器的荷载－位移曲线通常具有下列特征：

(1)平直线,即张力为常数。

(2)斜直线,即线性关系,可采用线性弹簧模拟。

（3）曲线，即非线性关系，可采用非线性梁或杆模拟。如果顶张力随张紧器位移增大而显著增大，则立管的弯曲刚度将由于几何刚度的改变而改变。此时，不应忽略轴向振动与弯曲振动的耦合振动。

3. 两端约束条件

（1）柔性接头

钻井隔水管的顶部和底部分别采用柔性接头与伸缩接头和下立管总成连接，以减小由于钻井平台、钻井船大幅度运动引起的固定端弯矩对立管的作用，柔性接头可采用梁单元或具有转动刚度的线性弹簧模拟。柔性接头的性质对于疲劳分析是十分重要的，应确保运动分析时，转动角度不超过柔性接头的设计极限值。

（2）应力接头和龙骨接头

应力接头和龙骨接头是刚性生产立管（顶张式立管或组合立管）底部或顶端的特殊接头，设置应力接头和龙骨接头的目的是抵抗立管与刚性支撑结构连接处的较大弯矩，避免结构刚度突变引起的弯曲变形和应力集中。应力接头一端连接立管，另一端连接井口，因此通常是一个变壁厚的锥形管段；而龙骨接头两端均与钢管（立管）连接，因此采用双向锥形设计。分析时，可以采用若干不同壁厚的等截面梁段来模拟，也可以采用变截面梁来模拟。

6.3.3 系统模型

尽管上述模型加边界条件可以完成深水立管的动力响应分析，但以浮式平台的位移作为立管顶部的边界条件来考虑浮式平台运动的影响是一种静力耦合的方法——弹性力耦合，而忽略了浮式平台与立管之间的运动耦合（阻尼力耦合）和动力耦合（惯性力耦合），从而降低了流体动力——拖曳力和惯性力的模拟精度。为此，可以采用浮式平台与立管的系统整体模型。

系统整体模型借助有限元方法中的刚臂概念将浮式平台6个自由度的运动传递到立管顶端，从而实现浮式平台与立管的动力耦合。该模型的立管顶端坐标由立管与浮式平台的连接点变换为浮式平台的稳心，并将浮式平台的环境荷载直接作用在等效的浮式平台稳心。这意味着，立管的模型长度增加了从浮式平台稳心至立管悬挂点的距离。因此，必须将实际立管顶点的等效结点荷载转换到浮式平台的稳心。

设浮式平台纵稳心和横稳心至立管悬挂点的距离为分别为 L 和 l，则立管悬

挂点的位移与浮式平台稳心 6 个自由度位移之间的关系可表示为

$$\begin{cases} u = U - \varphi_y L_{zx} \cos \theta_{L_{zx},z} - \varphi_z l_{xy} \cos \theta_{l_{xy},y} \\ v = V + \varphi_x l_{yz} \cos \theta_{l_{yz},z} + \varphi_z l_{xy} \sin \theta_{l_{xy},y} \\ w = W - \varphi_y L_{zx} \sin \theta_{L_{zx},z} + \varphi_x l_{yz} \sin \theta_{l_{yz},z} \\ \alpha_y = \varphi_y \\ \alpha_x = \varphi_x \\ \alpha_z = \varphi_z \end{cases} \quad (6-26)$$

式中　$u \text{、} v \text{、} w \text{、} \alpha_y \text{、} \alpha_x \text{、} \alpha_z$——立管悬挂点的纵荡、横荡、垂荡线位移和纵摇、横摇、
艏摇角位移；

$U \text{、} V \text{、} W \text{、} \varphi_y \text{、} \varphi_x \text{、} \varphi_z$——浮式平台稳心位置的相应线位移和角位移，角位移
的正负同角速度矢量；

$l_{xy} \text{、} l_{yz}$——l 在 $x-y$ 平面（水平面）和 $y-z$ 平面的投影长度；

L_{zx}——L 在 $z-x$ 平面的投影长度；

$\theta_{l_{xy},y} \text{、} \theta_{l_{yz},z}$——$l_{xy}$ 和 l_{yz} 与 y 轴和 z 轴的夹角；

$\theta_{L_{zx},z}$——L_{zx} 与 z 轴的夹角。

上述夹角以绕相应坐标轴逆时针转动为正。

式（6-26）可表示为矩阵形式，即

$$\{u\} = [T_U]\{U\} \quad (6-27)$$

式中　$\{u\}$——立管悬挂点的位移向量，$\{u\} = \begin{bmatrix} u & v & w & \alpha_y & \alpha_x & \alpha_z \end{bmatrix}^{\mathrm{T}}$；

$\{U\}$——浮式平台稳心的位移向量，$\{U\} = \begin{bmatrix} U & V & W & \varphi_y & \varphi_x & \varphi_z \end{bmatrix}^{\mathrm{T}}$；

$[T_U]$——变换矩阵。

$$[T_U] = \begin{bmatrix} 1 & 0 & 0 & -L_{zx}\cos\theta_{L_{zx},z} & 0 & -l_{xy}\cos\theta_{l_{xy},y} \\ 0 & 1 & 0 & 0 & l_{yz}\cos\theta_{l_{yz},z} & l_{xy}\sin\theta_{l_{xy},y} \\ 0 & 0 & 1 & -L_{zx}\sin\theta_{L_{zx},z} & l_{yz}\sin\theta_{l_{yz},z} & 0 \\ 0 & 0 & 0 & 1 & 0 & 0 \\ 0 & 0 & 0 & 0 & 1 & 0 \\ 0 & 0 & 0 & 0 & 0 & 1 \end{bmatrix} \quad (6-28)$$

上述变换关系是建立在整体坐标系内的，其 $x-y$ 坐标面位于海平面，x 轴和
y 轴分别为浮式平台的纵轴和横轴，z 轴以向上为正，浮式平台的稳心位于 z
轴上。

立管悬挂点的速度和加速度与浮式平台稳心 6 个自由度运动速度和加速度

的关系可由刚体运动学得出,其中的速度变换关系与位移变换关系相同,可表示为

$$\{\dot u\} = [T_U]\{\dot U\} \tag{6-29}$$

式中 $\{\dot u\}$——立管顶点的速度向量,$\{\dot u\} = \begin{bmatrix} \dot u & \dot v & \dot w & \dot \alpha_y & \dot \alpha_x & \dot \alpha_z \end{bmatrix}^T$;

$\{\dot U\}$——浮式平台稳心的速度向量,$\{\dot U\} = \begin{bmatrix} \dot U & \dot V & \dot W & \dot \varphi_y & \dot \varphi_x & \dot \varphi_z \end{bmatrix}^T$。

立管悬挂点与浮式平台稳心的加速度关系可表示为

$$\begin{cases} \ddot u = \ddot U - \ddot \varphi_y L_{zx} \cos \theta_{L_{zx},z} - \ddot \varphi_z l_{xy} \cos \theta_{l_{xy},y} - \dot \varphi_y^2 L_{zx} \sin \theta_{L_{zx},z} - \dot \varphi_z^2 l_{xy} \sin \theta_{l_{xy},y} \\ \ddot v = \ddot V + \ddot \varphi_x l_{yz} \cos \theta_{l_{yz},z} + \ddot \varphi_z l_{xy} \sin \theta_{l_{xy},y} - \dot \varphi_x^2 l_{yz} \sin \theta_{l_{yz},z} - \dot \varphi_z^2 l_{xy} \cos \theta_{l_{xy},y} \\ \ddot w = \ddot W - \ddot \varphi_y L_{zx} \sin \theta_{L_{zx},z} + \ddot \varphi_x l_{yz} \sin \theta_{l_{yz},z} + \dot \varphi_y^2 L_{zx} \cos \theta_{L_{zx},z} + \dot \varphi_x^2 l_{yz} \cos \theta_{l_{yz},z} \\ \ddot \alpha_y = \ddot \varphi_y \\ \ddot \alpha_x = \ddot \varphi_x \\ \ddot \alpha_z = \ddot \varphi_z \end{cases} \tag{6-30}$$

式(6-30)可表示为矩阵的形式,即

$$\{\ddot u\} = [T_U]\{\ddot U\} + [T_\varphi]\{\dot U\} \tag{6-31}$$

式中

$$[T_\varphi] = \begin{bmatrix} 0 & 0 & 0 & -\dot \varphi_y L_{zx} \sin \theta_{L_{zx},z} & 0 & -\dot \varphi_z l_{xy} \sin \theta_{l_{xy},y} \\ 0 & 0 & 0 & 0 & -\dot \varphi_x l_{yz} \sin \theta_{l_{yz},z} & -\dot \varphi_z l_{xy} \cos \theta_{l_{xy},y} \\ 0 & 0 & 0 & \dot \varphi_y L_{zx} \cos \theta_{L_{zx},z} & \dot \varphi_x l_{yz} \cos \theta_{l_{yz},z} & 0 \\ 0 & 0 & 0 & 0 & 0 & 0 \\ 0 & 0 & 0 & 0 & 0 & 0 \\ 0 & 0 & 0 & 0 & 0 & 0 \end{bmatrix} \tag{6-32}$$

式中 $\{\ddot u\}$——立管悬挂点加速度向量,$\{\ddot u\} = \begin{bmatrix} \ddot u & \ddot v & \ddot w & \ddot \alpha_y & \ddot \alpha_x & \ddot \alpha_z \end{bmatrix}^T$;

$\{\ddot U\}$——浮式平台稳心的加速度向量,$\{\ddot U\} = \begin{bmatrix} \ddot U & \ddot V & \ddot W & \ddot \varphi_y & \ddot \varphi_x & \ddot \varphi_z \end{bmatrix}^T$。

立管悬挂点等效结点荷载的变换可基于刚体静力学原理直接得到:

$$\begin{cases} F_X = f_x \\ F_Y = f_y \\ F_Z = f_z \\ M_Y = m_y - f_x L_{zx} \cos\theta_{L_{zx},z} - f_z L_{zx} \sin\theta_{L_{zx},z} \\ M_X = m_x + f_y l_{yz} \cos\theta_{l_{yz},z} + f_z l_{yz} \sin\theta_{l_{yz},z} \\ M_Z = m_z - f_x l_{xy} \cos\theta_{l_{xy},y} + f_y l_{xy} \sin\theta_{l_{xy},y} \end{cases} \tag{6-33}$$

式(6-33)可表示为矩阵形式,即

$$\{F\} = [T_F]\{f\} \tag{6-34}$$

式中

$$[T_F] = \begin{bmatrix} 1 & 0 & 0 & 0 & 0 & 0 \\ 0 & 1 & 0 & 0 & 0 & 0 \\ 0 & 0 & 1 & 0 & 0 & 0 \\ -L_{zx}\cos\theta_{L_{zx},z} & 0 & -L_{zx}\sin\theta_{L_{zx},z} & 1 & 0 & 0 \\ 0 & l_{yz}\cos\theta_{l_{yz},z} & l_{yz}\sin\theta_{l_{yz},z} & 0 & 1 & 0 \\ -l_{xy}\cos\theta_{l_{xy},y} & l_{xy}\sin\theta_{l_{xy},y} & 0 & 0 & 0 & 1 \end{bmatrix} = [T_U]^T$$

则式(6-34)又可表示为

$$\{F\} = [T_U]^T\{f\} \tag{6-35}$$

式中　$\{F\}$——作用于浮式平台稳心的立管悬挂点等效结点荷载向量,$\{F\} = \begin{bmatrix} F_X & F_Y & F_Z & M_Y & M_X & M_Z \end{bmatrix}^T$;

$\{f\}$——整体坐标系下的立管悬挂点等效结点荷载向量,$\{f\} = \begin{bmatrix} f_x & f_y & f_z & m_y & m_x & m_z \end{bmatrix}^T$。

利用式(6-27)、式(6-29)、式(6-31)和式(6-34)即可将浮式平台的运动方程与立管的运动方程组合成系统的整体运动方程。

设立管顶点的结点编号为1,为便于推导,将立管悬挂点单元的整体坐标系方程表示为分块矩阵的形式:

$$\begin{bmatrix} [M]_{11} & [M]_{12} \\ [M]_{21} & [M]_{22} \end{bmatrix}^e \begin{Bmatrix} \{\ddot{u}\}_1 \\ \{\ddot{u}\}_2 \end{Bmatrix} + \begin{bmatrix} [C]_{11} & [C]_{12} \\ [C]_{21} & [C]_{22} \end{bmatrix}^e \begin{Bmatrix} \{\dot{u}\}_1 \\ \{\dot{u}\}_2 \end{Bmatrix} + \\ \begin{bmatrix} [K]_{11} & [K]_{12} \\ [K]_{21} & [K]_{22} \end{bmatrix}^e \begin{Bmatrix} \{u\}_1 \\ \{u\}_2 \end{Bmatrix} = \begin{Bmatrix} \{f\}_1 \\ \{f\}_2 \end{Bmatrix} \tag{6-36}$$

展开得

$$
\begin{cases}
[M]_{11}\{\ddot{u}\}_1 + [M]_{12}\{\ddot{u}\}_2 + [C]_{11}\{\dot{u}\}_1 + [C]_{12}\{\dot{u}\}_2 + \\
[K]_{11}\{u\}_1 + [K]_{12}\{u\}_2 = \{f\}_1 \\
[M]_{21}\{\ddot{u}\}_1 + [M]_{22}\{\ddot{u}\}_2 + [C]_{21}\{\dot{u}\}_1 + [C]_{22}\{\dot{u}\}_2 + \\
[K]_{21}\{u\}_1 + [K]_{22}\{u\}_2 = \{f\}_2
\end{cases} \tag{6-37}
$$

将式(6-27)、式(6-29)、式(6-31)和式(6-34)代入式(6-37)并整理得

$$
\begin{cases}
[\overline{M}]_{11}\{\ddot{U}\} + [\overline{M}]_{12}\{\ddot{u}\}_2 + [\overline{C}]_{11}\{\dot{U}\} + [\overline{C}]_{12}\{\dot{u}\}_2 + \\
[\overline{K}]_{11}\{U\} + [\overline{K}]_{12}\{u\}_2 = \{F\} \\
[\overline{M}]_{21}\{\ddot{U}\} + [M]_{22}\{\ddot{u}\}_2 + [\overline{C}]_{21}\{\dot{U}\} + [C]_{22}\{\dot{u}\}_2 + \\
[\overline{K}]_{21}\{U\} + [K]_{22}\{u\}_2 = \{f\}_2
\end{cases} \tag{6-38}
$$

式中

$$
\begin{cases}
[\overline{M}]_{11} = [T_U]^{\mathrm{T}}[M]_{11}[T_U] \\
[\overline{M}]_{12} = [T_U]^{\mathrm{T}}[M]_{12} \\
[\overline{C}]_{11} = [T_U]^{\mathrm{T}}[C]_{11}[T_U] + [T_U]^{\mathrm{T}}[M]_{11}[T_\varphi] \\
[\overline{C}]_{12} = [T_U]^{\mathrm{T}}[C]_{12} \\
[\overline{K}]_{11} = [T_U]^{\mathrm{T}}[K]_{11}[T_U] \\
[\overline{K}]_{12} = [T_U]^{\mathrm{T}}[K]_{12} \\
[\overline{M}]_{21} = [M]_{11}[T_U] \\
[\overline{C}]_{21} = [C]_{21}[T_U] + [M]_{21}[T_\varphi] \\
[\overline{K}]_{21} = [K]_{21}[T_U]
\end{cases} \tag{6-39}
$$

将浮式平台的运动方程

$$
[M_B]\{\ddot{U}\} + [C_B]\{\dot{U}\} + [K_B]\{U\} = \{F_B\} \tag{6-40}
$$

与式(6-38)的第一式相加得

$$
\begin{aligned}
&[\widetilde{M}]_{11}\{\ddot{U}\} + [\overline{M}]_{12}\{\ddot{u}\}_2 + [\widetilde{C}]_{11}\{\dot{U}\} + [\overline{C}]_{12}\{\dot{u}\}_2 + \\
&[\widetilde{K}]_{11}\{U\} + [\overline{K}]_{12}\{u\}_2 = \{\widetilde{F}\}
\end{aligned} \tag{6-41}
$$

式中

$$
\begin{cases}
\left[\widetilde{M}\right]_{11} = \left[\overline{M}\right]_{11} + \left[M_B\right] \\[2mm]
\left[\widetilde{C}\right]_{11} = \left[\overline{C}\right]_{11} + \left[C_B\right] \\[2mm]
\left[\widetilde{K}\right]_{11} = \left[\overline{K}\right]_{11} + \left[K_B\right] \\[2mm]
\left\{\widetilde{F}\right\} = \left\{F_B\right\} + \left\{F\right\}
\end{cases}
\tag{6-42}
$$

式(6-41)和式(6-38)的第二式组合即为系统整体分析的立管悬挂点单元运动方程

$$
\begin{bmatrix} \left[\widetilde{M}\right]_{11} & \left[\overline{M}\right]_{12} \\ \left[\overline{M}\right]_{21} & \left[M\right]_{22} \end{bmatrix}^e \begin{Bmatrix} \{\ddot{U}\} \\ \{\ddot{u}\}_2 \end{Bmatrix} + \begin{bmatrix} \left[\widetilde{C}\right]_{11} & \left[\overline{C}\right]_{12} \\ \left[\overline{C}\right]_{21} & \left[C\right]_{22} \end{bmatrix}^e \begin{Bmatrix} \{\dot{U}\} \\ \{\dot{u}\}_2 \end{Bmatrix} +
$$

$$
\begin{bmatrix} \left[\widetilde{K}\right]_{11} & \left[\overline{K}\right]_{12} \\ \left[\overline{K}\right]_{21} & \left[K\right]_{22} \end{bmatrix}^e \begin{Bmatrix} \{U\} \\ \{u\}_2 \end{Bmatrix} = \begin{Bmatrix} \{\widetilde{F}\} \\ \{f\}_2 \end{Bmatrix}
\tag{6-43}
$$

采用上述模型可以同时分析多根立管,它们的顶端通过刚臂在浮式平台稳心处刚性连接,另一端则分别以铰接或刚接的方式固定在海床上。此时,只需将各立管悬挂点的单元矩阵相应元素分别相加后再与浮式平台的运动方程组合即可,即

$$
\begin{cases}
\left[\widetilde{M}\right]_{11} = \sum_{k=1}^{n} \left[\overline{M}\right]_{11}^{k} + \left[M_B\right] \\[3mm]
\left[\widetilde{C}\right]_{11} = \sum_{k=1}^{n} \left[\overline{C}\right]_{11}^{k} + \left[C_B\right] \\[3mm]
\left[\widetilde{K}\right]_{11} = \sum_{k=1}^{n} \left[\overline{K}\right]_{11}^{k} \\[3mm]
\left[\overline{M}\right]_{ij} = \sum_{k=1}^{n} \left[\overline{M}\right]_{ij}^{k} \\[3mm]
\left[\overline{C}\right]_{ij} = \sum_{k=1}^{n} \left[\overline{C}\right]_{ij}^{k} \\[3mm]
\left[\overline{K}\right]_{ij} = \sum_{k=1}^{n} \left[\overline{K}\right]_{ij}^{k} \quad (i,j = 1,2; i \neq j)
\end{cases}
\tag{6-44}
$$

式中,n 为立管的数量。

对于钻井隔水管和钢悬链式立管,它们与浮式平台之间的连接采用柔性接头来减小由于平台运动引起的弯矩作用,因此整体分析模型应考虑柔性接头的影响,否则将过高地估计立管的顶端弯矩。柔性接头的影响可采用下述方法来

处理,将柔性接头两端的位移关系表示为

$$u_{i,\mathrm{d}} = u_{i,\mathrm{u}}, \quad \alpha_{i,\mathrm{d}} = \gamma_i \alpha_{i,\mathrm{u}} \quad (i = 1,2,3) \tag{6-45}$$

式中,$u_{i,\mathrm{u}}$ 和 $u_{i,\mathrm{d}}$ 分别为柔性接头上端和下端的线位移;$\alpha_{i,\mathrm{u}}$ 和 $\alpha_{i,\mathrm{d}}$ 分别为柔性接头上端和下端的角位移;γ_i 为角位移传递系数,即

$$\gamma_i = \frac{\alpha_{i,\mathrm{d}}}{\alpha_{i,\mathrm{u}}} \tag{6-46}$$

柔性接头上端的角位移 $\alpha_{i,\mathrm{u}}$ 就是平台的纵摇、横摇和艏摇角位移,而下端的角位移 $\alpha_{i,\mathrm{d}}$ 就是立管顶端的角位移 u_{i1}($i = 3,4,5$)。由此可得柔性接头两端的位移传递关系为

$$\{u\}_{\mathrm{d}} = [T_{\alpha}]\{u\}_{\mathrm{u}} \tag{6-47}$$

式中

$$[T_{\alpha}] = \begin{bmatrix} 1 & 0 & 0 & 0 & 0 & 0 \\ 0 & 1 & 0 & 0 & 0 & 0 \\ 0 & 0 & 1 & 0 & 0 & 0 \\ 0 & 0 & 0 & \gamma_y & 0 & 0 \\ 0 & 0 & 0 & 0 & \gamma_x & 0 \\ 0 & 0 & 0 & 0 & 0 & \gamma_z \end{bmatrix} \tag{6-48}$$

由于柔性接头的长度相对于立管来说可以忽略,且其转动惯量很小,因此可以认为两端的角速度和角加速度传递也符合式(6-46)的形式,其角速度和角加速度的传递系数分别定义为

$$\dot{\gamma}_i = \frac{\dot{\alpha}_{i,\mathrm{d}}}{\dot{\alpha}_{i,\mathrm{u}}}, \quad \ddot{\gamma}_i = \frac{\ddot{\alpha}_{i,\mathrm{d}}}{\ddot{\alpha}_{i,\mathrm{u}}} \tag{6-49}$$

由此可得柔性接头两端的速度和加速度传递关系:

$$\{\dot{u}\}_{\mathrm{d}} = [T_{\dot{\alpha}}]\{\dot{u}\}_{\mathrm{u}}$$
$$\{\ddot{u}\}_{\mathrm{d}} = [T_{\ddot{\alpha}}]\{\ddot{u}\}_{\mathrm{u}} \tag{6-50}$$

式中

$$[T_{\dot{\alpha}}] = \begin{bmatrix} 1 & 0 & 0 & 0 & 0 & 0 \\ 0 & 1 & 0 & 0 & 0 & 0 \\ 0 & 0 & 1 & 0 & 0 & 0 \\ 0 & 0 & 0 & \dot{\gamma}_y & 0 & 0 \\ 0 & 0 & 0 & 0 & \dot{\gamma}_x & 0 \\ 0 & 0 & 0 & 0 & 0 & \dot{\gamma}_z \end{bmatrix} \tag{6-51}$$

$$\left[\,T_{\ddot{\alpha}}\,\right] = \begin{bmatrix} 1 & 0 & 0 & 0 & 0 & 0 \\ 0 & 1 & 0 & 0 & 0 & 0 \\ 0 & 0 & 1 & 0 & 0 & 0 \\ 0 & 0 & 0 & \ddot{\gamma}_y & 0 & 0 \\ 0 & 0 & 0 & 0 & \ddot{\gamma}_x & 0 \\ 0 & 0 & 0 & 0 & 0 & \ddot{\gamma}_z \end{bmatrix} \tag{6-52}$$

读者可能注意到,式(6-46)和式(6-49)中的传递系数是分别由平台和立管的角位移计算的,而它们都是方程的未知量。因此,需要采用迭代法进行计算,计算开始时可设置一个初始值,然后利用计算得到的相应参数计算传递系数,并重新计算,如此反复迭代即可得到预设准确度的结果。

6.4　钢悬链式立管浪致振动分析

6.4.1　数学模型[3]

1.荷载条件

钢悬链式立管的荷载包括重力、管内流体和环境水动力荷载,其中结构重力荷载可表示为

$$q_t(s,t) = -\rho_t g A_t \boldsymbol{e}_y \tag{6-53}$$

式中,ρ_t 为钢悬链式立管的材料密度;g 为重力加速度;A_t 为钢悬链式立管的横截面积;$\boldsymbol{e}_y$ 为系统随动坐标 y 轴的单位矢量(图4-3)。

作用在钢悬链式立管上的水动力荷载包括惯性力、拖曳力和 Froude-Krylov 力,根据 Morrison 方程求解作用在倾斜杆件上的波浪力公式(2-44),可得惯性力和拖曳力的表达式

$$q_f^I(s,t) = \rho_f A_f C_{M,N} \boldsymbol{N}(\dot{\boldsymbol{u}} - \ddot{\boldsymbol{r}}) + \rho_f A_f C_{M,T} \boldsymbol{T}(\dot{\boldsymbol{u}} - \ddot{\boldsymbol{r}}) \tag{6-54}$$

$$q_f^D(s,t) = \frac{1}{2}\rho_f D_f C_{D,N} \boldsymbol{N}(\boldsymbol{u} - \dot{\boldsymbol{r}}) \,|\, \boldsymbol{N}(\boldsymbol{u} - \dot{\boldsymbol{r}}) \,| +$$

$$\frac{1}{2}\rho_f D_f C_{D,T} \boldsymbol{T}(\boldsymbol{u} - \dot{\boldsymbol{r}}) \,|\, \boldsymbol{T}(\boldsymbol{u} - \dot{\boldsymbol{r}}) \,| \tag{6-55}$$

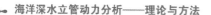

式中,$C_{M,N}$、$C_{M,T}$、$C_{D,N}$、$C_{D,T}$ 分别为法向和切向的惯性力系数和拖曳力系数;ρ_f 为海水密度;D_f 为钢悬链式立管的水动力直径;A_f 为由水动力直径计算的钢悬链式立管横截面积;$\boldsymbol{u}$ 和 $\dot{\boldsymbol{u}}$ 分别为海水的速度和加速度;$\boldsymbol{T}$ 和 $\boldsymbol{N}$ 为变换矩阵,有

$$\boldsymbol{T} = \boldsymbol{r'}^{\mathrm{T}} \boldsymbol{r'}$$

$$\boldsymbol{N} = \boldsymbol{I} - \boldsymbol{T}$$

式中,$\boldsymbol{I}$ 是单位矩阵。

海水的 Froude-Krylov 力可表示为

$$\boldsymbol{q}_f^{\mathrm{F-K}}(s,t) = \rho_f(g\boldsymbol{e}_y + \dot{\boldsymbol{u}})A_f + (P_f A_f \boldsymbol{r'})' \tag{6-56}$$

式中,P_f 为海水压力。

管内介质的 Froude-Krylov 力为

$$\boldsymbol{q}_i^{\mathrm{F-K}}(s,t) = -\rho_i g A_i \boldsymbol{e}_y - (P_i A_i \boldsymbol{r'})' \tag{6-57}$$

式中,P_i 为管内介质压力;ρ_i 为管内介质密度;A_i 为钢悬链式立管内径面积。

2. 运动方程

将式(6-53)至式(6-57)代入钢悬链式立管的动力学方程

$$m\ddot{\boldsymbol{r}}(s,t) + EI\boldsymbol{r}''''(s,t) - \lambda \boldsymbol{r}''(s,t) = \boldsymbol{q}(s,t) \tag{6-58}$$

即可得到钢悬链式立管浪致振动分析的运动方程,即

$$\boldsymbol{M}\ddot{\boldsymbol{r}} + EI\boldsymbol{r}'''' - \lambda \boldsymbol{r}'' = (\rho_f A_f - \rho_i A_i - \rho_t A_t)g\boldsymbol{e}_y + \rho_f A_f(\boldsymbol{I} + C_{M,N}\boldsymbol{N} + C_{M,T}\boldsymbol{T})\dot{\boldsymbol{u}} +$$
$$\frac{1}{2}\rho_f D_f C_{D,N}\boldsymbol{N}(\boldsymbol{u} - \dot{\boldsymbol{r}})|\boldsymbol{N}(\boldsymbol{u} - \dot{\boldsymbol{r}})| +$$
$$\frac{1}{2}\rho_f D_f C_{D,T}\boldsymbol{T}(\boldsymbol{u} - \dot{\boldsymbol{r}})|\boldsymbol{T}(\boldsymbol{u} - \dot{\boldsymbol{r}})| \tag{6-59}$$

式中

$$\boldsymbol{M} = (\rho_t A_t + \rho_i A_i)\boldsymbol{I} + \rho_f A_f C_{M,N}\boldsymbol{N} + \rho_f A_f C_{M,T}\boldsymbol{T} \tag{6-60}$$

$$\lambda = T + P_f A_f - P_i A_i - EI\kappa^2 \tag{6-61}$$

式(6-60)的第一项为式(6-58)中的 m,第二项和第三项分别为附加质量的法向分量和切向分量,即式(4-24)中的 m_a。而式(4-24)中的结构阻尼项尚未出现在运动方程中,附加阻尼则包含在式(6-59)右端项的拖曳力中,考虑结构阻尼时,式(6-59)可表示为

$$\boldsymbol{M}\ddot{\boldsymbol{r}} + c\dot{\boldsymbol{r}} + EI\boldsymbol{r}'''' - \lambda \boldsymbol{r}'' = (\rho_f A_f - \rho_i A_i - \rho_t A_t)g\boldsymbol{e}_y + \rho_f A_f(\boldsymbol{I} + C_{M,N}\boldsymbol{N} + C_{M,T}\boldsymbol{T})\dot{\boldsymbol{u}} +$$
$$\frac{1}{2}\rho_f D_f C_{D,N}\boldsymbol{N}(\boldsymbol{u} - \dot{\boldsymbol{r}})|\boldsymbol{N}(\boldsymbol{u} - \dot{\boldsymbol{r}})| +$$
$$\frac{1}{2}\rho_f D_f C_{D,T}\boldsymbol{T}(\boldsymbol{u} - \dot{\boldsymbol{r}})|\boldsymbol{T}(\boldsymbol{u} - \dot{\boldsymbol{r}})| \tag{6-62}$$

或

$$M\ddot{r} + C\dot{r} + EIr'''' - \lambda r'' = (\rho_f A_f - \rho_i A_i - \rho_t A_t)g e_y + \rho_f A_f (I + C_{M,N} N + C_{M,T} T)\dot{u} +$$

$$\frac{1}{2}\rho_f D_f C_{D,N} N u \mid N(u - \dot{r}) \mid + \frac{1}{2}\rho_f D_f C_{D,T} T u \mid T(u - \dot{r}) \mid$$

$$(6-63)$$

式中

$$C = cI + \frac{1}{2}\rho_f D_f C_{D,N} \mid N(u - \dot{r}) \mid + \frac{1}{2}\rho_f D_f C_{D,T} \mid T(u - \dot{r}) \mid \qquad (6-64)$$

式(6-64)中的后两项即为系统的附加阻尼,即式(4-24)中的c_a。

式(6-59)与梁的复杂弯曲运动方程具有相同的形式,但几何刚度的拉格朗日乘子除了有效张力$T_e = T + P_f A_f - P_i A_i$外,还包括挠度的影响$EI\kappa^2$,因此方程(6-59)可用于大挠度细长梁模拟钢悬链式立管的控制方程。

当波浪荷载的入射方向不与钢悬链式立管所在平面平行时,还应考虑钢悬链式立管出平面运动的刚体模态,详见4.3.2节。

6.4.2 有限元模型[3]

钢悬链式立管的控制方程和变形条件可分别表示为

$$M\ddot{r} + EIr'''' - \lambda r'' = q \qquad (6-65)$$

$$r' \cdot r' = \left(1 + \frac{\lambda - P_f A_f + P_i A_i + EI\kappa^2}{EA}\right)^2 \qquad (6-66)$$

上述方程可采用有限单元法求解,通过单元离散将偏微分方程式(6-65)转换为时域内的一组线性代数方程。此处采用三次和二次 Hermite 插值函数来构造单元形函数,分别用于模拟钢悬链式立管的结构和λ、EI、q、M等参数。

三次 Hermite 插值函数构造的单元形函数可表示为

$$\begin{cases} a_1(\xi) = 1 - 3\xi^2 + 2\xi^3 \\ a_2(\xi) = \xi - 2\xi^2 + \xi^3 \\ a_3(\xi) = 3\xi^2 - 2\xi^3 \\ a_4(\xi) = -\xi^2 + \xi^3 \end{cases} \qquad (6-67)$$

二次 Hermite 插值函数构造的单元形函数可表示为

$$\begin{cases} p_1(\xi) = 1 - 3\xi + 2\xi^2 \\ p_2(\xi) = 4\xi(1 - \xi) \\ p_3(\xi) = \xi(2\xi - 1) \end{cases} \qquad (6-68)$$

式中,ξ 是无量纲曲线坐标,$\xi = s/L$,其中,L 是单元变形前的长度。因此,式 (6-65) 中的变量和参数可表示为单元插值函数的形式:

$$\begin{cases} \boldsymbol{r}(s,t) = u_{in}(t) a_i(s) \boldsymbol{e}_n \\ \lambda(s,t) = \lambda_m(t) p_m(s) \\ EI(s) = EI_m p_m(s) \qquad (i=1,2,3,4; m,n=1,2,3) \\ \boldsymbol{q}(s,t) = q_{mn}(t) p_m(s) \boldsymbol{e}_n \\ \boldsymbol{M}(s,t) = \boldsymbol{M}_m(t) p_m(s) \end{cases} \qquad (6-69)$$

式中用形函数描述的参数为

$$\begin{cases} u_{1n}(t) = \boldsymbol{r}_n(0,t) \\ u_{2n}(t) = L\boldsymbol{r}_n'(0,t) \\ u_{3n}(t) = \boldsymbol{r}_n(L,t) \\ u_{4n}(t) = L\boldsymbol{r}_n'(L,t) \end{cases} \qquad (6-70)$$

$$\begin{cases} \lambda_1(t) = \lambda(0,t) \\ \lambda_2(t) = \lambda(L/2,t) \\ \lambda_3(t) = \lambda(L,t) \end{cases} \qquad (6-71)$$

$$\begin{cases} EI_1 = EI(0) \\ EI_2 = EI(L/2) \\ EI_3 = EI(L) \end{cases} \qquad (6-72)$$

$$\begin{cases} q_{1n}(t) = \boldsymbol{q}(0,t) \\ q_{2n}(t) = \boldsymbol{q}(L/2,t) \\ q_{3n}(t) = \boldsymbol{q}(L,t) \end{cases} \qquad (6-73)$$

$$\begin{cases} \boldsymbol{M}_1(t) = \boldsymbol{M}(0,t) \\ \boldsymbol{M}_2(t) = \boldsymbol{M}(L/2,t) \\ \boldsymbol{M}_3(t) = \boldsymbol{M}(L,t) \end{cases} \qquad (6-74)$$

式中

$$\boldsymbol{M}_m = \begin{Bmatrix} M_{11} & M_{12} & M_{13} \\ M_{21} & M_{22} & M_{23} \\ M_{31} & M_{32} & M_{33} \end{Bmatrix}_m \qquad (m=1,2,3) \qquad (6-75)$$

为了离散钢悬链式立管的运动方程,将式(6-65)表示为

$$\boldsymbol{M}\ddot{\boldsymbol{r}} + EI\boldsymbol{r}'''' - \lambda\boldsymbol{r}'' - \boldsymbol{q} = 0 \qquad (6-76)$$

式(6-76)两端乘以单元形函数 $a_i(s)$ 并积分得

$$\int_0^L \left[\boldsymbol{M\ddot{r}} + EI\boldsymbol{r}'''' - \lambda\boldsymbol{r}'' - \boldsymbol{q} \right] a_i(s)\,\mathrm{d}s = 0 \qquad (6-77)$$

对式(6-77)进行分部积分可得

$$\int_0^L \left[\boldsymbol{M\ddot{r}}a_i(s) + EI\boldsymbol{r}''a''_i(s) + \lambda\boldsymbol{r}'a'_i(s) - \boldsymbol{q}a_i(s) \right]\mathrm{d}s$$

$$= EI\boldsymbol{r}''a'_i(s)\big|_0^L + \left[\lambda\boldsymbol{r}' - (EI\boldsymbol{r}'')' \right]a_i(s)\big|_0^L \qquad (6-78)$$

式(6-78)右端的第一项是单元端部弯矩,第二项是单元端部轴力和剪力。由此可得广义力 $\boldsymbol{f}_i$ 的表达式:

$$\boldsymbol{f}_i = EI\boldsymbol{r}''a'_i\big|_0^L + \left\{ \lambda\boldsymbol{r}' - (EI\boldsymbol{r}'')' \right\}a_i\big|_0^L \quad (i=1,2,3,4) \qquad (6-79)$$

$$\boldsymbol{f}_1 = -\left[\lambda\boldsymbol{r}'(0) - (EI\boldsymbol{r}''(0))' \right] = -\boldsymbol{F}(0) \qquad (6-80)$$

$$\boldsymbol{f}_2 = -\frac{1}{L}EI\boldsymbol{r}''(0) = \frac{1}{L}\boldsymbol{r}'(0) \times \widetilde{\boldsymbol{M}}(0) \qquad (6-81)$$

$$\boldsymbol{f}_3 = \lambda\boldsymbol{r}'(L) - (EI\boldsymbol{r}''(L))' = \boldsymbol{F}(L) \qquad (6-82)$$

$$\boldsymbol{f}_4 = \frac{1}{L}EI\boldsymbol{r}''(0) = -\frac{1}{L}\boldsymbol{r}'(L) \times \widetilde{\boldsymbol{M}}(L) \qquad (6-83)$$

将式(6-67)和式(6-68)代入式(6-69)再代入式(6-78),可得大挠度细长梁的单元微分方程

$$\gamma_{ikm}M_{njm}\ddot{u}_{kj} + \alpha_{ikm}EI_m u_{kn} + \beta_{ikm}\lambda_m u_{kn} = \mu_{im}q_{mn} + f_{in}$$
$$(i,k=1,2,3,4;j,l,m,n=1,2,3) \qquad (6-84)$$

同理,可得变形协调条件式(6-66)的单元表达式,即

$$\frac{1}{2}\beta_{ikm}u_{in}u_{kn} = \frac{1}{2}\left\{ \tau_m + 2\eta_{lm}\varepsilon_l + \widetilde{\gamma}_{jlm}\varepsilon_j\varepsilon_l \right\}$$
$$(i,k=1,2,3,4;j,l,m,n=1,2,3) \qquad (6-85)$$

式(6-84)、式(6-85)中

$$\alpha_{ikm} = \frac{1}{L^3}\int_0^1 a''_i(\xi)a''_k(\xi)p_m(\xi)\,\mathrm{d}\xi$$

$$\beta_{ikm} = \frac{1}{L}\int_0^1 a'_i(\xi)a'_k(\xi)p_m(\xi)\,\mathrm{d}\xi$$

$$\gamma_{ikm} = L\int_0^1 a_i(\xi)a_k(\xi)p_m(\xi)\,\mathrm{d}\xi$$

$$\mu_{im} = L\int_0^1 a_i(\xi)p_m(\xi)\,\mathrm{d}\xi$$

$$\tau_m = L\int_0^1 p_m(\xi)\,\mathrm{d}\xi$$

$$\eta_{lm} = L\int_0^1 p_l(\xi)p_m(\xi)\,\mathrm{d}\xi$$

$$\widetilde{\gamma}_{jkm} = L \int_0^1 p_j(\xi) p_l(\xi) p_m(\xi) \, \mathrm{d}\xi \tag{6-86}$$

式(6-84)中的 f_{in} 是单元两端的广义内力,由于结构的连续性,相邻单元的边界条件可表示为

$$\begin{cases} u_{3n}^{(n)} = u_{1n}^{(n+1)} \\ \dfrac{u_{4n}^{(n)}}{L^{(n)}} = \dfrac{u_{2n}^{(n+1)}}{L^{(n+1)}} \\ \lambda_3^{(n)} = \lambda_1^{(n+1)} \end{cases} \tag{6-87}$$

式中, $L^{(n)}$ 和 $L^{(n+1)}$ 分别是单元 n 和单元 $n+1$ 的长度。如果单元节点上没有集中质量、力和力矩,则相邻两单元之间的广义内力抵消,则有

$$f_3^{(n)} + f_1^{(n+1)} = 0$$
$$f_4^{(n)} L^{(n)} + f_2^{(n+1)} L^{(n+1)} = 0 \tag{6-88}$$

对于第一个和最后一个单元,应施加结构的边界条件,对于钢悬链式立管来说,底端连接海底终端或海底管线,因此应根据分析需要和设定的端部约束类型取相应长度的流线段,而顶端通过柔性接头悬挂在浮式平台上,其边界条件为浮式平台的运动(位移),并设置转角弹簧模拟柔性接头。一个简单的方法是利用已知的柔性接头刚度系数 k_θ 将平台运动的角位移 $\boldsymbol{\Phi}(t)$ 转换为立管顶端的力矩 $\widetilde{\boldsymbol{M}}_{\text{top}}(t)$,即

$$\widetilde{\boldsymbol{M}}_{\text{top}}(t) = k_\theta \left[\boldsymbol{\Phi}(t) - \boldsymbol{r}'(0, t) \right] \tag{6-89}$$

将式(6-89)右端的第一项 $k_\theta \boldsymbol{\Phi}(t)$ 代入钢悬链式立管顶端的等效结点荷载,而第二项则与相应的位移矢量合并,即将 k_θ 与刚度矩阵的相应元素合并。

6.4.3 管-土相互作用问题

1.流线段与海床土相互作用

钢悬链式立管的流线段放置在海床上或埋置在海床土中,由于浮式平台运动和浪流荷载的强迫振动,流线段与海床土产生相互作用,即便是放置在海床上的流线段,海床也会因为管-土相互作用而形成沟槽,长期的管-土相互作用使沟槽和流线段之间充盈着液化了的海床土,如图6-5所示。由于液化土的存在,流线段在做拔出海底的上升运动中,液化的海床土将阻碍流线段的拔出而呈现吸力作用,如图6-6所示。

在流线段与海床土相互作用的往复加载和卸载过程中,海床土的抗力随流

线段的上下往复运动而呈现非线性的加卸载过程,如图 6 - 7 所示。流线段与海床土的相互作用过程可划分为:

(1)流线段悬浮在未扰动的海床土上,管土之间不发生相互作用。

(2)浮式平台向近端运动(靠近触地点)或浪流荷载作用使流线段嵌入海床土中,由此产生了土抗力,抗力与嵌入深度呈非线性关系并与包络曲线重合。

(3)浮式平台向远端运动(远离触地点)或浪流荷载作用使流线段向上作拔出运动,海床土弹性变形恢复,抗力降低,土抗力曲线呈非线性弹性卸载状态而偏离包络线,终止于流线段由向上运动转换为向下运动的位置。

图 6 - 5 位于沟槽内的流线段[4]

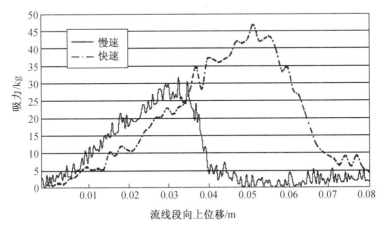

图 6 - 6 海床土吸力与流线段拔出速度和位移的关系[5]

(4)流线段再次嵌入海床土中,土抗力随着海床土弹性变形的不断增大而呈非线性弹性增长,与此前的卸载曲线构成了滞回环。

（5）在（4）的基础上流线段嵌入深度持续增加，土抗力达到了此前偏离包络线时的值，海床土发生塑性变形，土抗力再次沿着包络线变化。

图6-7仅仅给出了流线段与海床土相互作用时土抗力的压力加卸载过程，即流线段的拔出运动还不足以引起其周围充盈的液化土产生吸力。当浮式平台的远端慢漂运动幅度足够大时，流线段的拔出运动幅度将远远大于上述的运动幅度，甚至越出沟槽而高于海床，在这样大幅度的往复运动中，沟槽内的液化海床土对流线段的拔出运动将产生吸力，从而对流线段的运动形成阻力，如图6-8所示。基于土抗力的性质，可将图中相互作用过程按流线段的运动划分为以下几个阶段。

（1）嵌入土中——流线段向下运动并嵌入土中一定深度，直至海床土发生较大的压缩塑性变形而土抗力增长缓慢（此时的土抗力等于穿透力），此时土抗力与嵌入深度的关系曲线与包络线重合。

（2）拔出（卸载）——流线段向上做拔出运动，海床土压缩弹性变形开始恢复，土抗力逐渐减小，呈非线性弹性卸载直至土抗力为零。

（3）拔出（吸力）——流线段继续向上作拔出运动，其周围的液化海床土因与管壁的黏合作用而发生拉伸弹性变形，从而形成了拉力，对流线段的拔出运动产生了阻力（吸力）。随着拔出运动幅度的增加，土吸力呈非线性弹性增长，直至流线段完成由拔出运动向嵌入运动的转换，海床土的拉伸弹性变形开始恢复，土吸力迅速降低至零，呈弹性卸载的趋势。

（4）重新嵌入土中——海床土的拉伸弹性变形完全恢复后，流线段继续向下运动而嵌入液化的海床土中，由于液化海床土的抗力较小，这一过程的土抗力增长缓慢，直至流线段再次与原状海床土接触时，土抗力才开始逐渐增大至与包络线重合，在此过程中，沟槽逐渐加深，沟槽的宽度可达管径的2~3倍，而深度则为管径的0.5~1.0倍[7]。

2. 海床土的吸力模型

海床土的吸力模型（图6-9）是由 Christopher 等根据 STRIDE 和 CARISIMA 的试验数据进行有限元数值模拟得到的。海床土的吸力与流线段的直径和拔出速度、相互作用次数及土的重塑时间有关。图6-9的吸力模型可用三段直线来模拟：

（1）吸力产生——当流线段开始离开沟槽底部作拔出运动时，吸力从零增加到最大。

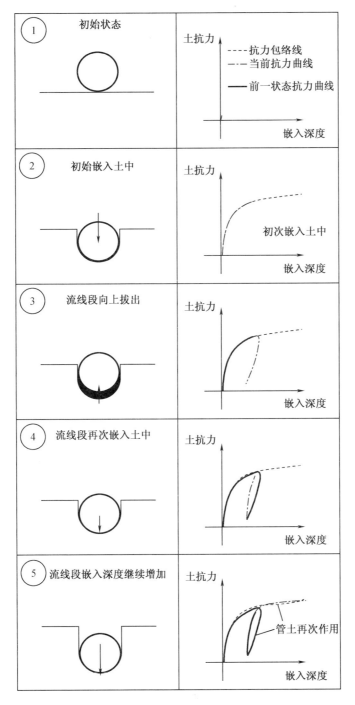

图 6-7 流线段与海床土相互作用示意图[6]

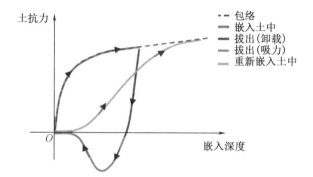

图6-8 流线段与海床土相互作用曲线[7]

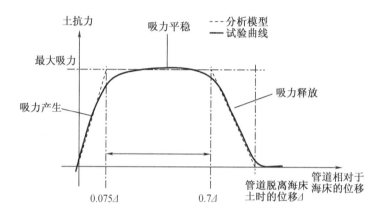

图6-9 海床土的吸力模型[6]

(2)吸力平稳——当流线段离开沟槽底部一定距离后,吸力不随拔出幅度的变化而变化,保持一个常值。

(3)吸力释放——当流线段的拔出运动使其与海床土脱离时,吸力由最大减小至零。

2001年在Watchet港口STRIDE第Ⅲ阶段对钢悬链式立管与海床相互作用进行了大尺度二维模型试验,采用的海床土与墨西哥湾深海海床土的特性相似,并在此基础上得到土吸力随钢悬链式立管相对于海床竖向位移的关系曲线,如图6-10所示。

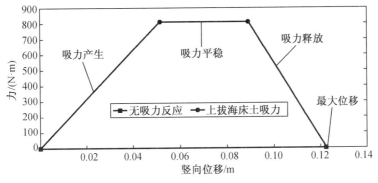

图 6 - 10　二维土吸力模型[8]

6.4.4　管 - 土相互作用模型

1. 弹簧约束模型[9]

海底的边界条件包括钢悬链式立管端部边界条件——固定端和流线段与海床土相互作用的约束条件,其中流线段与海床土相互作用包括海床的法向弹塑性支撑作用和吸力作用,以及切向的摩擦作用和沟槽的阻力作用。

分析时,海床土法向约束作用采用弹簧系统模拟。动态分析时,采用弹簧 - 阻尼器系统模拟。其中,弹簧的分布约束力模型为

$$q^{\text{Spring}} = \begin{cases} \dfrac{S}{D}\{D - (\boldsymbol{r} \cdot \boldsymbol{e}_y - D_{\text{btm}})\} & D - (\boldsymbol{r} \cdot \boldsymbol{e}_y - D_{\text{btm}}) > 0 \\ 0 & D - (\boldsymbol{r} \cdot \boldsymbol{e}_y - D_{\text{btm}}) \leqslant 0 \end{cases} \quad (6-90)$$

式中,D 是钢悬链式立管的轴线距最外层直径的距离;D_{btm} 是海底的 y 轴坐标;S 是钢悬链式立管单位长度的湿重,分为有管内流体和无管内流体两种情况:

$$S = \rho_t g A_t + \rho_i g A_i - \rho_f g A_f \quad (6-91)$$

$$S = \rho_t g A_t - \rho_f g A_f \quad (6-92)$$

海床土的弹性约束力作为一个附加项并入钢悬链式立管的运动方程中,式(6 - 90)两端乘以形函数 $a(s)$,对海床上的单元在 $[0, L]$ 上积分得

$$\int_0^L q^{\text{Spring}} a_i(s)\,\mathrm{d}s = \mu_{im}\left\{\frac{S}{D}(D + D_{\text{btm}})\right\}\bigg|_m - \gamma_{ikm}\frac{S}{D}\bigg|_m u_{k2} \quad (6-93)$$

分布的阻尼力模型可表示为[10]

$$q^{\text{Damp}} = \begin{cases} -C_c \dot{\boldsymbol{r}} \cdot \boldsymbol{e}_y & D - (\boldsymbol{r} \cdot \boldsymbol{e}_y - D_{\text{btm}}) > 0 \\ 0 & D - (\boldsymbol{r} \cdot \boldsymbol{e}_y - D_{\text{btm}}) \leqslant 0 \end{cases} \quad (6-94)$$

式中,C_c 是临界阻尼系数,$C_c = 2\sqrt{\rho S/D}$。

同理可得

$$\int_0^L q^{\text{Damp}} a_i(s)\,\mathrm{d}s = -\gamma_{ikm} C_c \big|_m \dot{u}_{k2} \qquad (6-95)$$

动力分析时,海底的摩擦力模型可表示为[11]

$$q^{\text{Frict}} = \begin{cases} C_f \cdot f \cdot S \dfrac{r'}{(1+\varepsilon)} & D - (\boldsymbol{r} \cdot \boldsymbol{e}_y - D_{\text{btm}}) > 0 \\ 0 & D - (\boldsymbol{r} \cdot \boldsymbol{e}_y - D_{\text{btm}}) \leqslant 0 \end{cases} \qquad (6-96)$$

式中

$$C_f = \begin{cases} -1 & v_t > C_v \\ -\dfrac{v_t}{C_v} & |v_t| \leqslant C_v \\ 1 & v_t < C_v \end{cases} \qquad (6-97)$$

$$\int_0^L q^{\text{Frict}} a_i(s)\,\mathrm{d}s = C_f f\left\{ S\dfrac{r'}{(1+\varepsilon)} \right\}\bigg|_m \mu_{im} \qquad (6-98)$$

式中,f 为摩擦系数;v_t 为切向速度;C_v 为切向速度限值。

海床土的吸力与弹性支撑力是性质相同的土抗力,因此由式(6-90)可得到海床土的吸力表达式,即

$$q^{\text{suction}} = \begin{cases} 0 & D - (r \cdot e_y - D_{\text{btm}}) > 0 \\ K_s\{D - (r \cdot e_y - D_{\text{btm}})\} & D - (r \cdot e_y - D_{\text{btm}}) \leqslant 0 \end{cases} \qquad (6-99)$$

式中,海床土的吸力刚度 K_s 可由图 6-9 或图 6-10 的吸力曲线得到。

需要指出的是,系数 γ 和 μ 在触地点处不是常数,因此海床土的约束力仅对与海床接触的单元进行积分求解。

2. 弹性基础梁模型[12]

弹性基础梁又称弹性地基梁,是指放置在弹性地基或者弹性基础之上的梁。深海的油气田多是软黏性土,具有一定弹性,土抗力随着竖向位移增加而增加。海床和钢悬链式立管的流线段连续接触,海床的约束力是连续的分布力,因此适用弹性基础梁模型。下面以二维问题为例来说明基于弹性基础梁理论的流线段与海床土相互作用分析方法。

由前文可知,流线段的运动方程可表示为

$$m\frac{\partial^2 y}{\partial t^2} + EI\frac{\partial^4 y}{\partial x^4} + ky = q \qquad (6-100)$$

式中 m——流线段单位长度的质量;

174

EI——流线段截面抗弯刚度；

k——海床土的弹性系数；

q——环境荷载；

y——沿水深方向的坐标；

x——与水面平行的坐标。

因此，钢悬链式立管位于 $x-y$ 平面内。

由式（6-100）可以看出，采用有限单元法求解流线段的运动方程时，流线段的单元刚度矩阵是由弯曲刚度（式（6-100）的第二项）矩阵和海床土的弹性刚度（式（6-100）的第三项）矩阵组合而成的。对于弯曲刚度矩阵，读者已经很熟悉了，此处不再赘述，仅讨论海床土的弹性刚度矩阵。

由 Galerkin 法可得海床土弹性力的等效积分项

$$F_{se} = \int_S \delta y(ky)\,\mathrm{d}x \qquad (6-101)$$

对流线段进行单元离散后，将插值函数表示的单元位移函数

$$y = [N]\{a\} \qquad (6-102)$$

代入式（6-101），并假定海床土的弹性系数 k 沿单元长度保持不变，则流线段单元的海床土刚度矩阵可表示为

$$[K]_{se}^e = k\int_L [N]^{\mathrm{T}}[N]\,\mathrm{d}x \qquad (6-103)$$

式中，L 为单元长度。

将欧拉梁单元的插值函数

$$\begin{cases} N_1 = 1 - 3\dfrac{x^2}{L^2} + 2\dfrac{x^3}{L^3} \\[2mm] N_2 = x - 2\dfrac{x^2}{L} + \dfrac{x^3}{L^2} \\[2mm] N_3 = 3\dfrac{x^2}{L^2} - 2\dfrac{x^3}{L^3} \\[2mm] N_4 = -\dfrac{x^2}{L^2} + \dfrac{x^3}{L^3} \end{cases} \qquad (6-104)$$

代入式（6-103）即可得到流线段单元的海床土刚度矩阵

$$[K]_{se}^e = \frac{kL}{420}\begin{bmatrix} 156 & 22L & 54 & -13L \\ 22L & 4L^2 & 13L & -3L^2 \\ 54 & 13L & 156 & -22L \\ -13L & -3L^2 & -22L & 4L^2 \end{bmatrix} \qquad (6-105)$$

由于钢悬链式立管在运动过程中触地点是变化的,因此位于触地区的单元与海床土的接触长度是随钢悬链式立管的运动而不断变化的。这意味着,触地点单元的海床土刚度矩阵不能直接采用式(6-105)计算。

对于触地区内的单元,其位移满足下列条件:

$$y = [N]\{a\} \leqslant y_0 \qquad (6-106)$$

式中,y_0 为海底坐标。

将单元插值函数式(6-104)代入式(6-106)可得

$$ax^3 + bx^2 + cx + d \leqslant 0 \qquad (6-107)$$

式中

$$\begin{cases} a = \dfrac{2y_1}{L^3} + \dfrac{\theta_1}{L^2} - \dfrac{2y_2}{L^3} + \dfrac{\theta_2}{L^2} \\[2mm] b = -\dfrac{3y_1}{L^2} - \dfrac{2\theta_1}{L} + \dfrac{3y_2}{L^2} - \dfrac{\theta_2}{L} \\[2mm] c = \theta_1 \\[2mm] d = y_1 - y_0 \end{cases} \qquad (6-108)$$

式中,y_1、y_2、θ_1、θ_2 分别为单元的节点位移和转角。

式(6-107)的解中满足 $0 \leqslant x_m < x_n \leqslant L$ 的一组解 $[x_m, x_n]$ 即为触地点单元与海床接触的部分。由此可得触地点单元的海床土刚度矩阵表达式为

$$[K_T]_{se}^e = k\int_{x_m}^{x_n} [N]^{\mathrm{T}}[N]\,\mathrm{d}x \qquad (6-109)$$

与式(6-103)比较可知,触地点单元的海床土刚度矩阵只需将式(6-105)中的单元长度 L 替换为由式(6-107)求出的与海床接触长度 l 即可:

$$[K_T]_{se}^e = \dfrac{kl}{420}\begin{bmatrix} 156 & 22l & 54 & -13l \\ 22l & 4l^2 & 13l & -3l^2 \\ 54 & 13l & 156 & -22l \\ -13l & -3l^2 & -22l & 4l^2 \end{bmatrix} \qquad (6-110)$$

6.4.5 管-土相互作用分析的 $P-y$ 曲线法[13]

$P-y$ 曲线法是进行桩-土相互作用分析的一种常用方法,其分析的准确度依赖于 $P-y$ 曲线的准确性,因此应用 $P-y$ 曲线法于流线段与海床土相互作用分析的关键,是建立一个合理准确的 $P-y$ 曲线。由于钢悬链式立管与海床相互

作用的参考资料较少,此处采用了图 6-8 所示的土抗力曲线,将其分为骨干曲线、管-土完全接触的弹性回弹阶段、管-土部分分离阶段、管-土完全分离阶段及再接触阶段,以及在边界圈上及边界圈内部的管-土相互作用曲线,如图 6-11 所示。

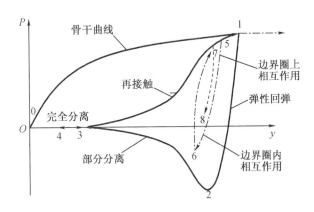

图 6-11　管-土相互作用的 $P-y$ 曲线

1. 骨干曲线模型

流线段向下运动至未扰动海床土的某一深度使得海床土的约束力等于贯入力这一过程即为流线段的贯入。这个阶段包括由于流线段自重的初始贯入,以及当流线段向下运动达到之前的沟槽深度后再次的贯入。在这个阶段,海床土发生塑性变形,其土抗力与流线段嵌入深度的关系如图 6-11 中 0-1 段所示,用"骨干曲线"来表示。骨干曲线定义了海床土的最大压缩抗力与流线段嵌入深度的荷载-位移关系,它是由承载力理论确定的。

由承载力理论可知,作用在单位长度流线段上的土抗力可按下式计算:

$$P = qd \tag{6-111}$$

$$q = N_{\mathrm{p}} S_{\mathrm{u}} \tag{6-112}$$

式中　q——单位面积的极限承载力;

　　　d——流线段管道直径;

　　　N_{p}——无量纲承载力系数;

　　　S_{u}——土壤未排水的剪切强度。

对于非均匀的土壤剖面,其剪切强度可按下式计算:

$$S_{\mathrm{u}} = S_{\mathrm{u0}} + S_{\mathrm{g}} z \tag{6-113}$$

177

式中 S_{u0}——泥面处的剪切强度；

S_g——流线段嵌入深度 z 处的剪切强度梯度。

Aubeny 等[14]的研究发现：无量纲承载系数 N_p 对于海底沟槽的几何形状非常敏感，包括沟槽的深度和宽度、管-土接触面的粗糙度。由于缺少试验数据，研究人员采用数值模拟方法得到了无量纲承载力系数的经验公式，即

$$N_p = a\left(\frac{y}{d}\right)^b \tag{6-114}$$

式中，系数 a 和 b 的大小与沟槽的宽度 w 和深度 h 及管道表面状态有关，如表 6-2 所示；y 是管道贯入海底土的位移。基于 Aubeny 等[15]的有限元分析结果，表 6-2 给出了不同工况下 a 和 b 的值。由式(6-111)至式(6-114)可得骨干曲线的经验公式

$$P = a\left(\frac{y}{d}\right)^b (S_{u0} + S_g y) d \tag{6-115}$$

表 6-2　无量纲承载力系数经验公式中的系数 a 和 b

	$w/d=1$		$1<w/d<2$		$w/d>2$	
光滑	$h/d<0.5$	$h/d>0.5$	$h/d<0.5$	$h/d>0.5$	$h/d<0.5$	$h/d>0.5$
	$a=4.97$	$a=4.88$	$a=4.97$	$a=4.88-0.48(w/d-1)$	$a=4.97$	$a=4.40$
	$b=0.23$	$b=0.21$	$b=0.23$	$b=0.21-0.21(w/d-1)$	$b=0.23$	$b=0$
粗糙	$w/d=1$	$1<w/d<2$	$w/d>2$	$w/d=1$	$1<w/d<2$	$w/d>2$
	$h/d<0.5$	$h/d>0.5$	$h/d<0.5$	$h/d<0.5$	$h/d>0.5$	$h/d<0.5$
	$a=6.73$	$a=6.15$	$a=6.73$	$a=6.15-0.31(w/d-1)$	$a=6.73$	$a=5.60$
	$b=0.29$	$b=0.15$	$b=0.29$	$b=0.15-0.086(w/d-1)$	$b=0.29$	$b=0$

显然，此骨干曲线既考虑了管道的几何参数 d 和表面状态，也考虑了海床土的性质 S_u，以及管-土相互作用形成的沟槽几何参数 w 和 h。例如，当泥面处的海床土木排水剪切强度 $S_{u0}=1\ 200$ Pa、强度梯度 $S_g=0$ Pa/m、管道直径 $d=0.356$ m 且表面粗糙、沟槽宽度与管道直径之比 $w/d=1$ 时，其骨干曲线如图 6-12所示。

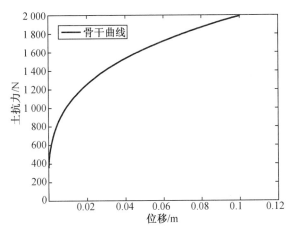

图 6 - 12　骨干曲线示意图

2. 边界圈公式

当流线段向上作拔出运动的位移较大时,由于管道和液化的海床土之间存在黏合力,随着海床土弹性变形的完全恢复,部分液化的海床土将随管道继续向上运动而受到拉伸的作用,海床土发生拉伸变形,从而在海床土中产生了张力,即土抗力中的吸力。随着流线段拔出运动位移的不断增大,吸力将逐渐增大到最大值。当管道与液化的海床土开始脱离时,吸力也将逐渐减小直至管道与海床土完全脱离,则吸力降至零。在管道与海床土完全分离后,如果管道仍继续向上运动,管 - 土将不再发生相互作用。因此,在大位移条件下,管道的位移是描述管 - 土作用很重要的参数,在 $P - y$ 曲线中应对其进行较准确的描述。可采用 Aubeny 提出的模型来定义边界圈,其几何特征由三个关键点确定。点 $1(y_1, P_1)$ 为循环荷载的起点,点 $2(y_2, P_2)$ 为最大吸力点,点 $3(y_3, P_3)$ 为管道和海床土的完全分离点。

作为管道作贯入运动的最大土抗力点,点 $1(y_1, P_1)$ 是最大塑性贯入位移 y_1 时的海床土抗力

$$P_1 = a\left(\frac{y_1}{d}\right)^b (S_{u0} + S_g y_1) d \qquad (6-116)$$

拔出运动的最大吸力与最大压力之间的关系可表示为

$$P_2 = -\varphi P_1 \qquad (6-117)$$

式中,φ 为吸力极限系数,该系数是根据实验室和现场试验数据确定的。完全分离点 (y_3, P_3) 由完全接触阶段的位移与分离阶段的位移之间的关系来确定,即

$$(y_2 - y_3) = \psi(y_1 - y_2) \qquad (6-118)$$

$$P_3 = 0 \qquad (6-119)$$

式中,ψ 为海床土与管道的分离参数,这个参数用来确定当完全分离发生时的管道位移,其值是根据模型试验得到的。点 1 和点 2 之间的弹性回弹曲线是管道与海床土完全接触时的曲线,用双曲线表示为

$$P = P_1 + \frac{y - y_1}{\dfrac{1}{k_0} - \dfrac{y - y_1}{(1 + \omega) P_1}} \qquad (6-120)$$

式中的参数 ω 是控制双曲线的渐近线参数,与系数 φ 共同控制开始发生分离时的位移 y_2

$$y_2 = y_1 - \frac{(1 + \omega) P_1}{k_0} \frac{1 + \varphi}{\omega - \varphi} \qquad (6-121)$$

式中,k_0 是双曲线的初始斜率,该参数和海床土的未排水弹性模量 E_u 的关系可近似表示为 $k_0 \approx 2.5 E_u$。

在点 2 和点 3 之间的部分分离段曲线采用三次曲线模拟,即

$$P = \frac{P_2}{2} + \frac{P_2}{4} \left[3 \left(\frac{y - y_0}{y_m} \right) - \left(\frac{y - y_0}{y_m} \right)^3 \right] \qquad (6-122)$$

$$y_0 = (y_2 + y_3)/2 \qquad (6-123)$$

$$y_m = (y_2 - y_3)/2 \qquad (6-124)$$

当流线段与海床土完全分离后将再次向下运动,因此管道会再次与土壤接触,土壤的压力会逐渐增大直至流线段最终回到初始自重贯入深度,即从点 3 回到点 1。这个再接触再加载阶段定义为上边界曲线,有

$$P = \frac{P_1}{2} + \frac{P_1}{4} \left[3 \left(\frac{y - y_0}{y_m} \right) - \left(\frac{y - y_0}{y_m} \right)^3 \right] \qquad (6-125)$$

$$y_0 = (y_1 + y_3)/2 \qquad (6-126)$$

$$y_m = (y_1 - y_3)/2 \qquad (6-127)$$

图 6-13 给出了与图 6-12 具有相同管道、沟槽和海床土参数的卸载并完全分离后重新加载的 $P-y$ 曲线。从图中可以看出,由上述公式计算得到的边界圈是比较狭长的。

3. 边界圈内逆向曲线模型

在边界圈内任意一点都可能发生逆向路径,由于加载路径非常复杂,因此需要采用不同的模型来描述不同的加卸载曲线。

在边界圈上任意一点 (y_{rB}, P_{rB}),无论是从弹性回弹阶段即从点 1 到点 2 之间发生逆转(即再加载),还是从点 3 到点 1 再加载阶段发生逆转(即卸载),都遵循从逆转点开始的双曲型路径:

$$P = P_{rB} + \frac{y - y_{rB}}{\dfrac{1}{k_0} + \chi \dfrac{y - y_{rB}}{(1 + \omega) P_1}} \qquad (6-128)$$

式中, χ 是位移加卸载系数, $\chi = 1$ 表示加载, $\chi = -1$ 表示卸载。

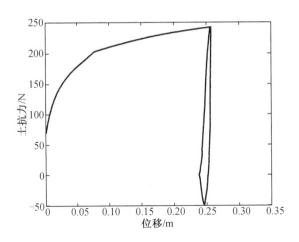

图 6 - 13　边界圈曲线示意图

当逆转点发生在边界圈外的任意一点 (y_r, P_r) 时,逆转曲线可表示为

$$P = P_r + \frac{y - y_r}{\dfrac{1}{k_0} + \chi \dfrac{y - y_r}{(1 + \omega) P_1}} \qquad (6-129)$$

对于发生在边界圈上部分分离区域(点 2 至点 3)的逆转曲线,应该遵循下面的三次曲线形式:

$$P = \frac{P_1 + P_{rB}}{2} + \frac{P_1 + P_{rB}}{4} \Big[3\Big(\frac{y - y_0}{y_m}\Big) - \Big(\frac{y - y_0}{y_m}\Big)^3 \Big] \qquad (6-130)$$

$$y_0 = (y_1 + y_{rB})/2 \qquad (6-131)$$

$$y_m = (y_1 - y_{rB})/2 \qquad (6-132)$$

上述分析过程表明,该 $P - y$ 曲线充分考虑了流线段与海床土相互作用的各个阶段及不同工况,同时也考虑了不同海床土的条件,能够比较真实地模拟管 - 土相互作用。

4. 数值计算步骤

$P - y$ 曲线的经验公式建立起了海床土的抗力 P 与管道位移 y 的关系,因此可以利用这些经验公式得到海床土各个阶段的刚度 k,为此将海床土的法向约束力表示为

$$P = P_i + k(y - y_i) \qquad (6-133)$$

以骨干曲线为例,在某一时刻真实的法向约束力 P 即为前一时刻的法向约束力 P_i 与海床土刚度 k 乘以该时刻的位移增量之和,如图 6 - 14 所示。

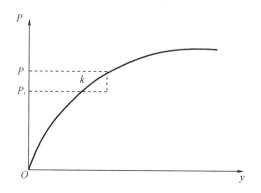

图 6 – 14　海床土抗力计算示意图

对于与海床土接触的流线段单元,将海床土的法向约束力作为一个附加项加入钢悬链式立管的运动方程式(6 – 65)中。数值计算时,只需将式(6 – 133)两端乘以形函数 $a(s)$,并在管道单元 $[0, L]$ 上积分

$$\int_0^L Pa_i(s)\mathrm{d}s = \mu_{im}P_i\big|_m - \gamma_{ikm}k_m\delta u_{k2} \qquad (6 – 134)$$

然后代入增量形式的运动方程进行求解。

在程序实现过程中,需要考虑静态和动态两种不同计算工况。其中,动态工况采用 Newmark – β 法进行时域内求解。

首先将式(6 – 134)表示为式(6 – 133)的形式:

$$P_t = P_t^{(k)} + k_t^{(k)}\delta y \qquad (6 – 135)$$

式中,P_t 为 t 时刻的土抗力;$P_t^{(k)}$ 和 $k_t^{(k)}$ 是由 $k – 1$ 步迭代结果计算得到的海床土 t 时刻抗力和刚度(k 是迭代次数)。$\delta y = y_t - y_t^{(k)}$ 是第 k 次迭代的管道贯入深度差值。

在静态问题中,t 恒等于 0。计算时,首先假设约束力 $P_0^{(0)}$ 为管道的湿重,再根据骨干曲线的经验公式计算得到海床土刚度 $k_0^{(0)}$,然后代入式(6 – 135)中,并与式(6 – 65)组合得到刚度矩阵和荷载向量,即可计算出下一步的贯入深度 $y_0^{(1)}$,从而由骨干曲线得到新的支撑力 $P_0^{(1)}$ 及土壤刚度 $k_0^{(1)}$,并重新计算贯入深度 $y_0^{(2)}$。如此反复迭代直至 $|y_0^{(k+1)} - y_0^{(k)}| \leqslant \varepsilon$,其中 ε 为预设的迭代精度。

由上述的静态计算过程可知,动态分析时,计算量将成倍增加。需要判断时间步 t 与迭代次数 k 的大小,即:

(1)$t = 1$ 和 $k = 1$ 时,管道的贯入深度 $y_0^{(1)}$ 由静态分析的结果给出,支撑力

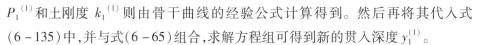

$P_1^{(1)}$ 和土刚度 $k_1^{(1)}$ 则由骨干曲线的经验公式计算得到。然后再将其代入式 (6 – 135) 中,并与式 (6 – 65) 组合,求解方程组可得到新的贯入深度 $y_1^{(1)}$。

(2) $t > 1$ 和 $k = 1$ 时,即 t 时刻的第一次迭代。首先由 Newmark – β 方法预测贯入深度。然后根据预测的贯入深度与上一个时间步计算得到的贯入深度之间的关系,判断流线段的运动状态,据此将贯入深度代入相应的 $P - y$ 曲线经验公式,求得支撑力 $P_t^{(1)}$ 和土壤刚度 $k_t^{(1)}$。最后再将其代入式 (6 – 135) 中,并与式 (6 – 65) 组合,求解方程组可得到新的贯入深度 $y_t^{(1)}$。

(3) $t \geqslant 1$ 和 $k > 1$ 时,通过比较前一时间步的贯入深度 $y_{t-1}^{(n)}$ 和当前时间步的贯入深度 $y_t^{(k-1)}$,判断管道的运动状态。据此将贯入深度 $y_t^{(k-1)}$ 代入相应的经验公式,计算支撑力 $P_t^{(k)}$ 和海床土刚度 $k_t^{(k)}$,从而求得贯入深度 $y_t^{(k+1)}$,如此反复迭代直至 $\left| y_t^{(k+1)} - y_t^{(k)} \right| \leqslant \varepsilon$。

在上述动态问题的求解过程中,确定流线段的运动状态是非常重要且比较复杂的。本书中采用的 $P - y$ 曲线包括骨干曲线、管 – 土完全接触的弹性回弹曲线、管 – 土部分分离曲线、完全分离曲线和再接触曲线,以及在边界圈上和边界圈内的管 – 土作用曲线。这些不同的曲线段是用不同的经验公式定义的,因此正确判断管道的运动状态才能够正确获取相应的海床土抗力和刚度,从而使计算得以顺利进行。

但是从图 6 – 15 可以看出,从点 3 到点 1 有多条路径,所以需要正确判断系统是卸载还是加载才能确定当前的海床土抗力路径。此外,还需要确定土抗力发生卸载或加载的转折点。只有同时确定了这两个条件才能够正确判断出管 – 土相互作用处于哪个区域及哪个阶段,才能进一步采用正确的经验公式计算出海床土的抗力和刚度。

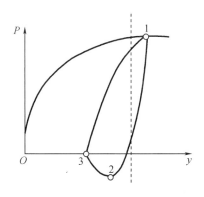

图 6 – 15　$P - y$ 曲线示意图

例如,管道单元 n 在时间步 t 已迭代 k 次,则确定作用于该单元的海床土刚度步骤如下:

(1)首先,确定该单元在 t 时刻的位置。如果是该时刻的第一次迭代,则单元位置取该时刻的时程分析结果;否则取上一次迭代的计算结果。然后,再根据该单元的位置判断其是否与海床接触。如果接触则顺序进行下一步计算;否则跳过下一步进行后续计算。

(2)对于 $t=1$ 和 $k=1$ 的情况,可以认为管道运动状态为初始贯入。此时的海床土抗力和刚度均采用骨干曲线的经验公式(6-115)进行计算。

(3)除上述两种工况外,均需要判断系统处于加载还是卸载状态,并确定加、卸载的转折点。为此,定义变量 u_0 和 u_1,并设 $u_0 = u_1 = 1$ 时表示系统处于加载状态,$u_0 = u_1 = -1$ 时表示系统处于卸载状态。例如,可以首先令 $u_0 = 1$,然后判断流线段单元当前时刻的位置 y_{new} 与前一时刻的位置 y_{old}(如果 $t=1$,则与静态计算结果进行比较)之间的关系,方法是按下式计算 u_1:

$$u_1 = \frac{y_{new} - y_{old}}{\left| y_{new} - y_{old} \right|} \qquad (6-136)$$

如果 $u_1 = u_0$,说明当前时刻与前一时刻经历相同的加载或者卸载过程;否则说明系统在当前时刻经历了与前一时刻相反的加载或卸载过程。因此,应该确定转折点的位置。为此,令 $u_0 = u_1$。

(4)最后一个关键步骤就是根据 u_1 的值判断系统处于加载还是卸载状态,即 $u_1 = 1$ 为加载,$u_1 = -1$ 为卸载。

如果系统处于卸载状态,则需要通过(1)中确定的管道单元位置来判断具体的卸载位置。从图 6-16 可以看出,卸载曲线分为两段:点1至点2段和点2至点3段。如果位移位于点1和点2之间,则卸载曲线的经验公式为式(6-129)。需要指出的是,这个卸载曲线的土抗力值不能低于图 6-16 中"边界1"曲线对应的土抗力值,即点1至点2段,其表达式为式(6-122)。如果位移位于点2和点3之间,卸载曲线的经验公式也为式(6-129),但边界曲线为图中"边界2"曲线,即点2至点3段,其表达式为式(6-122)。确定了卸载曲线的经验公式后,即可计算得到该单元的土抗力和刚度。

如果系统处于加载状态,同样需要先判断(1)中得到的位置与点1、点2和点3之间的关系。从图 6-17 可以看出,加载状态又可以分为以下几种工况。当位移 y_{new} 位于点1的右侧时,管道贯入到一个新的深度,此时应采用骨干曲线的经验公式(6-116)来确定海床土抗力和刚度。当 y_{new} 位于点1和点2之间时,则加载曲线的经验公式为式(6-129)。但是,加载曲线不能越过图 6-17 中的"边界 3"曲线,即点 3 至点 1 段,该曲线的经验公式为(6-125)式。当 y_{new} 位于点 2 和点 3 之间时,仍然可以选用式(6-129)作为加载曲线,但不能超过图 6-17 中的"边界 3"曲线。如果逆转点在图 6-17 中的"边界 2"曲线,即图中点 2 和点 3 段,则加载曲线的经验公式为式(6-130),并控制该加载曲线不超越"边界 3"曲线。确定了加载曲线的经验公式后,即可计算得到该单元的海床土抗力和刚度。

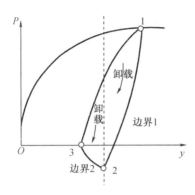

图 6-16　卸载曲线示意图

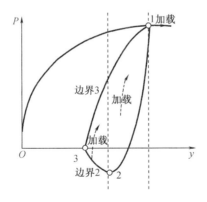

图 6-17　加载曲线示意图

当确定所有管道单元的海床土抗力和刚度后,将它们代入式(6-133),同时将法向约束力代入钢悬链式立管的运动方程,即可通过求解矩阵方程计算出钢悬链式立管的响应。

上述计算步骤的流程如图 6-18 所示,整个迭代过程充分考虑了管-土相互作用的强非线性特征。

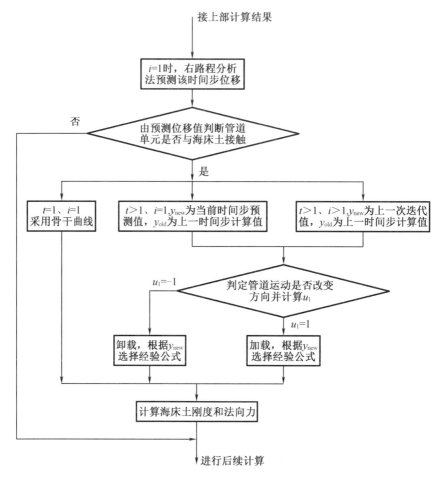

图 6-18　$P-y$ 曲线法计算管-土相互作用流程图

6.5　顶张式立管浪致振动分析

　　干树开发模式的采油立管多采用管中管结构的顶张式立管,典型的管中管结构为油管＋气举线＋套管或油管＋内套管＋外套管的单层或双层套管结构,分别称为单屏和双屏立管。此处讨论的为双套管结构,为了确保管与管之间的间隙、避免管与管之间的碰撞乃至摩擦而引起结构损伤,在油管与内套管和内套管与外套管之间均设有扶正器。扶正器沿管长等间距布置,而扶正器的具体位置和间距则需根据立管服役期间油管和套管可能产生的振动模态来确定。扶正器设计的一个基本原则是避免设置在各功能管的振型节点处,理想状态下,扶正器应设置在各功能管模态振型的波峰/波谷位置。然而,由于各功能管的模态不同,工程上只能兼顾上述要求,以各功能管之间不产生管壁之间的直接接触为扶正器的设置目标。

由此可知,顶张式立管在弯曲振动过程中,各功能管并不处处具有完全相同的位移和曲率,因此不能与静力分析相提并论。尽管静力分析采用等效管(弯曲刚度等效)模型可以更快速地完成初步估算,也是目前常用的方法,但采用等效管模型进行动力分析,其计算结果的准确性将大大降低。目前,等效管模型仍是立管设计中动力分析采用的主要分析模型,且新方法成熟之前它仍将是规范推荐的方法,但一些新的探索已经出现,包括利用有限元方法中的接触单元来模拟双层管结构。由于接触单元只能计算两个单元的接触问题,而无法模拟扶正器之间的两管柱横向相对运动,因此对于双屏立管的更精确模拟,包括扶正器间隙运动的模拟需要另辟蹊径,这就是下面介绍的多层管中管结构全耦合分析方法。

6.5.1　双屏立管运动方程

双屏立管由三根独立的管柱组成。油管通过跨接管与采油树连接,下端通过井口装置与井管连接;内套管的上端与气举装置的进气口连通,下端通过井口装置与油井套管连通;外套管上端直接与张紧器连接,下端通过应力接头固定在井口装置上。为了使连接于外套管的张紧器同时能够张紧内套管和油管,各功能管在张紧器处刚性连接。扶正器安装在油管和内套管外侧,并与内套管和外套管之间留有一定的间隙,以便于管柱的安装拆卸。

在建立各管柱的运动方程前,需要对扶正器与相邻管柱的接触性质做出假定,以简化分析过程。由于扶正器与相邻管柱的间隙较小,故对它们之间的接触做出如下假定:①接触为正碰撞,即接触力沿接触点的法线方向;②接触为完全塑性碰撞,即接触后两管柱有相同的运动速度;③接触为准静态的,即忽略碰撞冲量及碰撞中的能量损失。

基于双屏立管的结构特点,可建立如图 6 – 19 所示的双屏立管全耦合分析模型,图中仅显示了 x – z 平面中的一侧。基于图中的结构模型,分别建立三个管柱的横向弯曲振动方程。对于直接承受海洋环境荷载的外套管,运动过程中可能受到的外力还包括内套管扶正器的弹性约束力。该弹性约束力不仅仅来自内

套管或内套管＋油管的弯曲刚度,还来自其惯性力和阻尼力,因此其运动方程可表示为

$$m_1 \frac{\partial^2 x_1}{\partial t^2} + c_1 \frac{\partial x_1}{\partial t} + (EI)_1 \frac{\partial^4 x_1}{\partial z^4} - T_1 \frac{\partial^2 x_1}{\partial z^2} = q - p_2 \qquad (6-137)$$

式中,下标 1 表示外套管,2 表示内套管;q 为波浪荷载;p_2 为内套管扶正器的弹性约束力,当外套管与内套管扶正器不发生接触时,$p_2 = 0$,其他符号的意义同第 4 章。

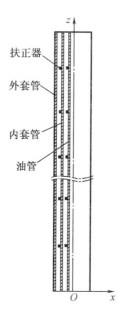

图 6 - 19   双屏立管全耦合分析模型示意图

对于内套管,当外套管在海洋环境荷载作用下作强迫振动而与其扶正器发生接触时,扶正器对外套管的约束力将反作用于内套管,从而使内套管在若干集中荷载作用下作强迫振动。当然,内套管的运动也将受到油管扶正器的弹性约束作用。该弹性约束力不仅仅来自油管的弯曲刚度,还来自其惯性力和阻尼力,因此内套管的运动方程可表示为

$$m_2 \frac{\partial^2 x_2}{\partial t^2} + c_2 \frac{\partial x_2}{\partial t} + (EI)_2 \frac{\partial^4 x_2}{\partial z^4} - T_2 \frac{\partial^2 x_2}{\partial z^2} = p_2 - p_3 \qquad (6-138)$$

式中,下标 3 表示油管,p_3 为油管扶正器的弹性约束力,当内套管与油管扶正器不发生接触时,$p_3 = 0$;其他符号表示内套管的相应参数,其意义同式(6 - 137)。

对于油管,当内套管在扶正器约束力反作用下作强迫振动并与油管扶正器

188

发生接触时,油管扶正器的弹性约束力将反作用于油管,使油管在若干集中力作用下产生强迫振动。因此,该弹性约束力不仅包括油管的弯曲刚度效应,还包括油管的惯性力和阻尼力效应。由此可得油管的运动方程为

$$m_3 \frac{\partial^2 x_3}{\partial t^2} + c_3 \frac{\partial x_3}{\partial t} + (EI)_3 \frac{\partial^4 x_3}{\partial z^4} - T_3 \frac{\partial^2 x_3}{\partial z^2} = p_3 \qquad (6-139)$$

式(6-137)至式(6-139)中的 $m_i (i=1,2,3)$ 包括管柱质量和流体附加质量(外套管),其中,管柱质量应根据管内流体的性质和分析工况确定是否包括管内流体质量,如产气井、气举线和非生产工况,则可以不计管内流体质量;$c_i (i=1,2,3)$ 包括管柱的结构阻尼和流体附加阻尼(外套管)。

如果考虑油管和内套管(气举线)管内流体流速的影响,则式(6-138)和式(6-139)又可表示为

$$m_2 \frac{\partial^2 x_2}{\partial t^2} + c_2 \frac{\partial x_2}{\partial t} + (EI)_2 \frac{\partial^4 x_2}{\partial z^4} - T_2 \frac{\partial^2 x_2}{\partial z^2} - 2\rho_g A_2 v_g \frac{\partial^2 x_2}{\partial z \partial t} - \rho_g A_2 v_g^2 \frac{\partial^2 x_2}{\partial z^2} = p_2 - p_3$$

$$(6-140)$$

$$m_3 \frac{\partial^2 x_3}{\partial t^2} + c_3 \frac{\partial x_3}{\partial t} + EI \frac{\partial^4 x_3}{\partial z^4} - T_3 \frac{\partial^2 x_3}{\partial z^2} - 2\rho_f A_3 v_f \frac{\partial^2 x_3}{\partial z \partial t} - \rho_f A_3 v_f^2 \frac{\partial^2 x_3}{\partial z^2} = p_3$$

$$(6-141)$$

式中,A_2、ρ_g 和 v_g 分别为内套管与油管之间的环形空间截面积、流体密度和流速;A_3、ρ_f 和 v_f 分别为油管的内径截面积、流体密度和流速。

考虑大挠度时,只需用 $T_i - (EI\kappa)_i (i=1,2,3)$ 替换上述各式中的 $T_i (i=1,2,3)$ 即可。

式(6-140)和式(6-141)为考虑管内流体流动条件的顶张式立管内套管和油管运动方程的理论表达式,工程计算时,它们常常被忽略,主要是因为原油的流速较低(原油经济流速小于 3 m/s)和气体的密度较小。

6.5.2　边界条件

1.顶端边界条件

顶张式立管是干树采油立管,其水面设施有 Spar 平台、TLP 和干树半潜式平台。由于中央井尺寸的限制,目前已建成投产的 Spar 平台均采用浮筒提供立管的顶张力。而 TLP 和干树半潜式平台则采用张紧器来实现立管与平台的柔性连接,以减小浮式平台运动引起的张力波动,控制立管的张力在合理的范围内。浮

筒提供的张力主要受吃水变化的影响,平台运动对其产生的影响较小(浮筒与导向环的摩擦可能引起立管张力的变化),而张紧器提供的张力则主要受平台运动的影响,特别是垂荡运动的影响。此外,上述平台的结构形式也影响边界条件的模拟。Spar 平台体态较长(约 150 m),中央井内的立管段受到导向环的约束而不能自由变形,从而在龙骨处易形成局部的弯曲变形,为了避免局部的大曲率变形引起结构损伤,此处设有龙骨接头来避免变形集中;而 TLP 或干树半潜式平台的浮箱围成的面积很大,平台壳体结构对立管的运动不会产生任何约束。因此,对于不同的生产平台,顶张式立管的顶端边界条件应采用不同形式的约束模型来模拟。

(1)Spar 平台

对于 Spar 平台的顶张式立管,由于龙骨上部的立管段受到导向环的约束不能自由变形,因此顶端边界条件可以设置在龙骨处或龙骨接头的下端。如果设置在龙骨处,则需模拟龙骨接头。

龙骨接头由三段组成,中段的外径是圆柱形结构,其上、下两段的外径为圆锥形结构,内径则为等截面结构,如图 6 - 20 所示。中间的圆柱形结构穿过 Spar 平台的龙骨,两个圆锥形结构则作为限弯器抵抗"固定端"弯矩。因此,在模拟龙骨接头的边界条件中,立管的上边界为龙骨接头的中点,其边界条件为 Spar 平台龙骨高度处的位移。在输入位移边界条件时,需要确定作为边界条件的 Spar 平台位移是否是龙骨高度处的位移,如果不是,则首先应对平台的位移数据进行位置变换。由 6.3.3 小节的讨论可知,立管顶端的位移与浮式平台稳心的位移转换关系为

$$
\begin{cases}
u = U - \varphi_y L_{zx} \cos \theta_{L_{zx},z} - \varphi_z l_{xy} \cos \theta_{l_{xy},y} \\
v = V + \varphi_x l_{yz} \cos \theta_{l_{yz},z} + \varphi_z l_{xy} \sin \theta_{l_{xy},y} \\
w = W - \varphi_y L_{zx} \sin \theta_{L_{zx},z} + \varphi_x l_{yz} \sin \theta_{l_{yz},z} \\
\alpha_y = \varphi_y \\
\alpha_x = \varphi_x \\
\alpha_z = \varphi_z
\end{cases}
\tag{6 - 142}
$$

式中,u、v、w、α_y、α_x 和 α_z 分别为立管顶端的线位移和角位移;U、V、W、φ_y、φ_x 和 φ_z 分别为浮式平台的纵荡、横荡、垂荡、纵摇、横摇和艏摇;l_{xy} 和 l_{yz} 分别为 l(浮式平台横稳心距立管顶端的距离)在 $x - y$ 和 $y - z$ 平面的投影;L_{zx} 为 L(浮式平台纵稳心距立管顶端的距离)在 $z - x$ 平面的投影;$\theta_{l_{xy},y}$ 和 $\theta_{l_{yz},z}$ 分别为 l_{xy} 和 l_{yz} 与 y 轴和 z

轴的夹角;$\theta_{L_{zx},z}$ 为 L_{zx} 与 z 轴的夹角。

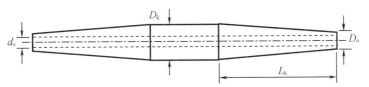

d_o—龙骨接头内径;D_o—龙骨接头外径;D_k—龙骨接头最大直径;L_k—龙骨接头锥体长度。

图 6 - 20　龙骨接头示意图

由于 Spar 平台的轴对称性质,其纵、横稳心相同,即 $L = l$。且式(6 - 137)至式(6 - 139)为 $x - z$ 平面内 x 方向的弯曲运动方程(z 方向的运动为参激振动,此外,立管与 Spar 平台没有直接的刚性或弹性连接,其垂荡运动对立管的影响可以忽略),因此式(6 - 142)可简化为

$$\begin{cases} u = U - \varphi_y l_{zx} \cos \theta_{L_{zx},z} - \varphi_z l_{xy} \cos \theta_{l_{xy},y} \\ \alpha_y = \varphi_y \end{cases} \quad (6 - 143)$$

式(6 - 143)可表示为矩阵形式,即

$$\{u\} = [T_U]\{U\} \quad (6 - 144)$$

式中　$\{u\}$——Spar 平台龙骨处的位移向量,$\{u\} = \begin{bmatrix} u & \alpha_y \end{bmatrix}^T$;

　　　$\{U\}$——Spar 平台稳心的位移向量,$\{U\} = \begin{bmatrix} U & \varphi_y & \varphi_z \end{bmatrix}^T$;

　　　$[T_U]$——变换矩阵,有

$$[T_U] = \begin{bmatrix} 1 & -l_{zx} \cos \theta_{L_{zx},z} & -l_{xy} \cos \theta_{l_{xy},y} \\ 0 & 1 & 0 \end{bmatrix} \quad (6 - 145)$$

由于 Spar 平台的稳心距龙骨的距离远远大于顶张式立管距稳心轴的水平距离,即 $l_{zx} \approx l \gg l_{xy}$ 和 $\cos \theta_{L_{zx},z} \approx 1$,因此式(6 - 143)还可以进一步简化为

$$\begin{cases} u = U - \varphi_y l \\ \alpha_y = \varphi_y \end{cases} \quad (6 - 146)$$

则 $\{U\}$ 简化为 $\begin{bmatrix} U & \varphi_y \end{bmatrix}^T$,式(6 - 145)简化为

$$[T_U] = \begin{bmatrix} 1 & -l \\ 0 & 1 \end{bmatrix} \quad (6 - 147)$$

上述变换关系是建立在整体坐标系内的,其 $x - y$ 坐标面位于海平面,x 轴和 y 轴分别为 Spar 平台横截面的纵轴和横轴,z 轴以向上为正,稳心位于 z 轴上。

利用式(6 - 143)式(6 - 146)即可得到龙骨位置的 Spar 平台位移数据,即

顶张式立管的顶端边界条件。

采用上述边界条件式,龙骨接头成为立管的一部分,由于龙骨接头是锥形结构,如果采用等截面梁来模拟,则意味着将龙骨接头视为阶梯形变截面梁,即将龙骨接头划分为多个不同截面的等截面梁单元。而采用变截面梁模拟,则可以只用一个单元直接模拟,模拟结果也可以直接用于龙骨接头的设计校核。

对于连续变截面梁,其运动方程可表示为

$$m(z)\frac{\partial^2 x}{\partial t^2} + c\frac{\partial x}{\partial t} + \frac{\partial^2}{\partial z^2}\Big[EI(z)\frac{\partial^2 x}{\partial z^2}\Big] - T\frac{\partial^2 x}{\partial z^2} = f(z,t) \qquad (6-148)$$

式中的符号意义同式(4-1)。

式(6-148)中,只有惯性力项和弯曲刚度项与变截面性质有关,即分布质量 $m(z)$ 和截面惯性矩 $I(z)$ 不再是常数,下面仅就这两项做一说明。

对于惯性力项,式(6-148)无须做任何变换,只需在单元质量矩阵的计算过程中考虑分布质量沿积分坐标的变化,即

$$[M]_k = \int_{L_k} m(z)[N]^{\mathrm{T}}[N]\mathrm{d}z \qquad (6-149)$$

式中,$[N]$ 为单元形函数矩阵。

但对于弯曲刚度项,则需要对式(6-148)中第三项做微分运算,即

$$\frac{\partial^2}{\partial z^2}\Big[EI(z)\frac{\partial^2 x}{\partial z^2}\Big] = EI''(z)\frac{\partial^2 x}{\partial z^2} + 2EI'(z)\frac{\partial^3 x}{\partial z^3} + EI(z)\frac{\partial^4 x}{\partial z^4} \qquad (6-150)$$

由式(6-150)可以看出,对于变截面梁,其弯曲刚度比等截面梁多出了两项,分别为挠曲线的二次导数和三次导数。这意味着,变截面梁的弯曲刚度矩阵是一个非对称的矩阵,从而增加了有限元方程的存储空间。但对于现代的计算机能力而言,这已是微不足道的"麻烦",相当于几何非线性问题的矩阵存储空间。

将式(6-150)代入式(6-148),得龙骨接头的运动方程为

$$m\frac{\partial^2 x}{\partial t^2} + c\frac{\partial x}{\partial t} + EI\frac{\partial^4 x}{\partial z^4} + 2(EI)'\frac{\partial^3 x}{\partial z^3} + (EI)''\frac{\partial^2 x}{\partial z^2} - T\frac{\partial^2 x}{\partial z^2} = f(z,t) \quad (6-151)$$

由式(6-149)和式(6-151)可知,解龙骨接头运动方程唯一需要解决的问题是 $m(z)$ 和 $I(z)$ 计算中任意截面外径的计算式

$$D_z = \Big(1 - \frac{z}{L_k}\Big)D_k + \frac{z}{L_k}D_o \qquad (6-152)$$

式中符号的意义同图6-20。

由式(6-152)可知,龙骨接头任意截面的外径等于两端外径的线性插值,式

中两端外径的系数即为杆单元插值函数

$$N_1^k = 1 - \frac{z}{L_k}, \quad N_2^k = \frac{z}{L_k} \tag{6-153}$$

因此,式(6-152)可表示为

$$D_z = N_1^k D_k + N_2^k D_o \tag{6-154}$$

由此可得

$$\begin{cases} m(z) = \rho \frac{\pi}{4} \left[(N_1^k D_k + N_2^k D_o)^2 - d_o^2 \right] \\ I(z) = \frac{\pi}{64} \left[(N_1^k D_k + N_2^k D_o)^4 - d_o^4 \right] \end{cases} \tag{6-155}$$

将式(6-155)的第一式代入式(6-149)即可求得龙骨接头的质量矩阵,而对于弯曲刚度矩阵则可以采用伽辽金法通过式(6-150)的分部积分得到,即

$$[K_b]_k = \int_{L_k} \left\{ EI[N'']^{\mathrm{T}}[N''] + 2(EI)'[N']^{\mathrm{T}}[N''] + (EI)''[N]^{\mathrm{T}}[N''] \right\} \mathrm{d}z \tag{6-156}$$

由于 Spar 平台由浮筒提供顶张力,其运动对立管顶张力的影响仅仅来自导向环与浮筒之间的摩擦力。因此,Spar 平台的顶张式立管边界条件可以忽略平台运动引起的顶张力波动问题。

(2)TLP/干树半潜式平台

TLP 和干树半潜式平台的立管顶张力是由安装在平台上的张紧器提供的,因此这两类平台的顶张式立管边界条件包括张紧器的模拟。目前,张紧器的形式主要有弹簧式和液压式两大类,均采用弹簧+阻尼器来模拟,其表现形式是顶张力的波动。实际上,这并不符合张紧器设置的初衷,因为张紧器是为减小由于平台的运动而引起的顶张力波动和立管顶端的轴向位移而设置的缓冲结构。当然,由于张紧器系统的动作会出现滞后的反应,顶张力的波动就来自张紧器的这一滞后反应。而采用弹簧模拟张紧器则将平台的运动全部转换为顶张力的波动,这与实际工况有较大的出入。理想状态下,张紧器的作用和浮筒是相同的——保持顶张力不变,从这个意义上来说,TLP、干树半潜式平台的顶张式立管也无须考虑平台垂荡运动的影响,即顶端边界条件除龙骨接头外与 Spar 平台的顶张式立管完全相同,但是 TLP 和干树半潜式平台使用的张紧器平面尺寸较大,从而立管束的平面尺寸较大,且稳心至龙骨的尺寸也远小于 Spar 平台,TLP、干树半潜式平台仅满足 $L = l$ 并不满足 $l_{zx} \approx l \gg l_{xy}$ 的条件,因此需采用式(6-143)来计算立管顶端的运动边界条件。

如果考虑张紧器的滞后效应,则平台的垂荡运动将导致立管顶张力波动,而顶张力波动不仅引起立管的轴向振动(参激振动),也对横向弯曲振动产生影响。因此,顶端边界条件需考虑平台的垂荡运动。考虑垂荡运动的 TLP 和干树半潜式平台与张紧器连接处的位移转换条件为

$$\begin{cases} u = U - \varphi_y l_{zx} \cos \theta_{L_{zx},z} - \varphi_z l_{xy} \cos \theta_{l_{xy},y} \\ w = W - \varphi_y l_{zx} \sin \theta_{L_{zx},z} + \varphi_x l_{yz} \sin \theta_{l_{yz},z} \\ \alpha_y = \varphi_y \end{cases} \tag{6-157}$$

关于平台垂荡运动对立管横向弯曲振动的影响,可参考作者的《结构动力学》一书。不过,梁的轴向位移对横向弯曲的影响必须考虑剪切变形才有意义,而深水立管的大长细比导致其剪切变形对弯曲问题的影响微乎其微,且波动的顶张力引起的立管顶端位移较小,从而立管的轴向应变较小,因此可以忽略平台垂荡运动对立管横向弯曲振动的影响。

2. 底端边界条件

顶张式立管的底端与海底井口固接,因此约束类型为固定端。为了减小固定端弯矩引起的结构应力,立管与井口之间串接了一个采用高强钢制造的应力接头,该接头也是一个外径呈锥形的管接头。因此,可以采用龙骨接头的模拟方法直接模拟应力接头,也可以采用阶梯形变截面梁来模拟,即将应力接头划分为不同直径的等截面梁单元。

3. 张力计算

第 4 章对立管运动方程中张力 T 的计算问题进行了充分的分析论证,得出了采用管壁张力代替有效张力计算几何刚度的结论。但是,并没有针对顶张式立管及其张力提供方法对管壁张力计算的影响进行具体分析。下面针对上述浮式平台的顶张力提供方法及顶张式立管的特点来分析几何刚度中的管壁张力计算方法。

由 4.2.1 节的分析可知,顶张式立管的管壁张力可采用下式计算:

$$T_{tw}(z,t) = T_{top}(t) - w_r(L-z) \tag{6-158}$$

式中各符号的意义见式(4-4)。

对于不同类型的顶张力提供方式,$T_{top}(t)$ 的取值是不同的。由浮筒提供张力的 Spar 平台顶张式立管,由于浮筒的浮力不因平台的运动而变化(不考虑由于导向环短暂的与浮筒接触而引起的浮力波动),而水位的变化相对于动力响应是缓慢的,因此 $T_{top}(t)$ 可以取定值。而由张紧器提供顶张力的 Spar 平台(正在发展之中)、TLP 和干树半潜式平台,平台的运动将引起张紧器张力的变化,因此 $T_{top}(t)$ 应取张紧器的张力值。

6.5.3　耦合分析方法

采用式(6-137)至式(6-139)或式(6-137)、式(6-140)和式(6-141)计算顶张式立管浪致振动时,由于扶正器与相邻管柱之间间隙的存在,导致各管柱受到的约束或荷载作用是不连续的,且存在非弹性碰撞问题,使得管中管模型的动态响应分析必将是一个耦合迭代的求解过程。因此,时域方法是唯一的选择。

1. 有限元方程

首先,将外套管、内套管和油管沿管柱轴向从底端($z=0$)到顶端($z=L$)划分为 n_e 个单元,在扶正器位置应设置节点,便于计算扶正器的位移,从而判断各管柱之间在扶正器处是否发生接触,同时避免计算节点等效荷载。

然后,由有限元方法建立式(6-137)至式(6-139)的有限元方程

$$[M_1]\{\ddot{a}_1\} + [C_1]\{\dot{a}_1\} + [K_1]\{a_1\} = \{q\} - \{p_2\} \quad (6-159)$$

$$[M_2]\{\ddot{a}_2\} + [C_2]\{\dot{a}_2\} + [K_2]\{a_2\} = \{p_2\} - \{p_3\} \quad (6-160)$$

$$[M_3]\{\ddot{a}_3\} + [C_3]\{\dot{a}_3\} + [K_3]\{a_3\} = \{p_3\} \quad (6-161)$$

式中,$[M_i]$、$[C_i]$ 和 $[K_i]$ 分别为外套管($i=1$)、内套管($i=2$)和油管($i=3$)的质量矩阵、阻尼矩阵和刚度矩阵;$\{a_i\} = [x_{i,l}, \theta_{i,l}, \cdots, x_{i,l}, \theta_{i,l}, \cdots, x_{i,N_d}, \theta_{i,N_d}]^T$,为外套管($i=1$)、内套管($i=2$)和油管($i=3$)的节点位移向量,其中,$x_{i,l}$ 和 $\theta_{i,l}$ 分别为第 l 个节点的挠度和转角,N_d 为节点总数);$\{p_i\} = [\cdots, p_{i,1}, 0, p_{i,2}, 0, \cdots, p_{i,m_i}, 0, \cdots]^T$,为内套管($i=2$)和油管($i=3$)扶正器的约束力,其中,$m_i$ 为发生接触的扶正器数量;$\{q\}$ 为节点波浪荷载。

2. 耦合迭代分析

由于耦合迭代分析的特点,式(6-159)至式(6-161)的求解需采用时程分析法中的增量法计算。为此,将式(6-159)至式(6-161)表示为增量形式

$$[M_1]\{\Delta\ddot{a}_1\}_{t+\Delta t} + [C_1]_{t+\Delta t}\{\Delta\dot{a}_1\}_{t+\Delta t} + [K_1]_{t+\Delta t}\{\Delta a_1\}_{t+\Delta t}$$
$$= \{\Delta q\}_{t+\Delta t} - \{\Delta p_2\}_{t+\Delta t} \quad (6-162)$$

$$[M_2]\{\Delta\ddot{a}_2\}_{t+\Delta t} + [C_2]_{t+\Delta t}\{\Delta\dot{a}_2\}_{t+\Delta t} + [K_2]_{t+\Delta t}\{\Delta a_2\}_{t+\Delta t}$$
$$= \{\Delta p_2\}_{t+\Delta t} - \{\Delta p_3\}_{t+\Delta t} \quad (6-163)$$

$$[M_3]\{\Delta\ddot{a}_3\}_{t+\Delta t} + [C_3]_{t+\Delta t}\{\Delta\dot{a}_3\}_{t+\Delta t} + [K_3]_{t+\Delta t}\{\Delta a_3\}_{t+\Delta t}$$
$$= \{\Delta p_3\}_{t+\Delta t} \quad (6-164)$$

上述方程中考虑了结构的几何非线性及张力变化引起的几何刚度变化,因此刚度矩阵随时间变化,而阻尼矩阵则是因瑞利阻尼使然也随时间变化。

求解式(6-162)至式(6-164)的关键在于扶正器约束反力$\{\Delta p_2\}_{t+\Delta t}$和$\{\Delta p_3\}_{t+\Delta t}$的计算,而$\{\Delta p_2\}_{t+\Delta t}$和$\{\Delta p_3\}_{t+\Delta t}$的计算取决于扶正器接触状态的判断和接触性质的假定。在完全不接触的状态下,$\{\Delta p_2\}_{t+\Delta t}=\{0\}$和$\{\Delta p_3\}_{t+\Delta t}=\{0\}$,各管柱将以各自的受力或运动状态做独立的运动,即运动开始时,各管柱尚未发生接触,外套管在波浪荷载作用下开始做单跨梁的强迫振动,内套管和油管则仍处于静止状态;而当运动转换方向时,在扶正器全部脱离的条件下,外套管仍为单跨梁的强迫振动,但内套管和油管将做单跨梁的自由振动。当相邻管柱发生接触时(此处仅考虑扶正器的接触,在扶正器设置不合理的条件下,也可能发生相邻管柱之间的管壁接触,而合理地设置扶正器也正是提出该算法的目的之一),各管柱在接触处发生相互作用,外套管将在波浪荷载和扶正器的约束反力作用下发生弹性支座的多跨梁强迫振动,而内套管将在扶正器集中力和油管扶正器的约束反力作用下发生弹性支座的多跨梁强迫振动,油管则受扶正器集中力的作用发生单跨梁的强迫振动。由于各管柱是在运动过程中发生接触的,因此接触过程存在着碰撞问题,这将使问题变得十分复杂。幸运的是,扶正器与相邻管柱之间的间隙较小,且深水立管的柔性较大、固有频率较低及波浪的周期较长,因此立管的运动频率较低,为了便于分析计算,假定接触过程是准静态的。这样就可以根据发生接触时的外套管运动状态来确定内套管乃至油管的运动状态,从而计算出$\{\Delta p_2\}_{t+\Delta t}$和$\{\Delta p_3\}_{t+\Delta t}$。

由于$\{\Delta p_2\}_{t+\Delta t}$和$\{\Delta p_3\}_{t+\Delta t}$分别或同时出现在式(6-162)至式(6-164)的右端,因此在内套管的第r_m个扶正器和/或油管的第s_m(r_m和s_m为枚举数)个扶正器发生接触的时间步,计算开始时刻,$(\Delta p_{2,r_m})_{t+\Delta t}=0$($m=1,2,\cdots,m_2$)($m_2$为内套管扶正器与外套管发生接触的数量)和$(\Delta p_{3,s_m})_{t+\Delta t}=0$($m=1,2,\cdots,m_3$)($m_3$为油管扶正器与内套管发生接触的数量),计算结束时刻,$(\Delta p_{2,r_m})_{t+\Delta t}\neq 0$和$(\Delta p_{3,s_m})_{t+\Delta t}\neq 0$,且随着管柱变形的增大而增大。因此,当相邻管柱的扶正器发生接触时,只能采用耦合迭代的方法求解式(6-162)至式(6-164)。因此,需将它们表示成迭代格式:

$$[M_1]\{\Delta\ddot{a}_1\}_{t+\Delta t}^k+[C_1]_{t+\Delta t}\{\Delta\dot{a}_1\}_{t+\Delta t}^k+[K_1]_{t+\Delta t}\{\Delta a_1\}_{t+\Delta t}^k$$
$$=\{\Delta q\}_{t+\Delta t}-\{\Delta p_2\}_{t+\Delta t}^k \tag{6-165}$$

$$[M_2]\{\Delta\ddot{a}_2\}_{t+\Delta t}^k+[C_2]_{t+\Delta t}\{\Delta\dot{a}_2\}_{t+\Delta t}^k+[K_2]_{t+\Delta t}\{\Delta a_2\}_{t+\Delta t}^k$$
$$=\{\Delta p_2\}_{t+\Delta t}^k-\{\Delta p_3\}_{t+\Delta t}^k \tag{6-166}$$

$$[M_3]\{\Delta\ddot{a}_3\}_{t+\Delta t}^k+[C_3]_{t+\Delta t}\{\Delta\dot{a}_3\}_{t+\Delta t}^k+[K_3]_{t+\Delta t}\{\Delta a_3\}_{t+\Delta t}^k$$
$$=\{\Delta p_3\}_{t+\Delta t}^k \tag{6-167}$$

由于各管柱在扶正器处的相互作用,式(6-165)至式(6-167)形成了一个闭环系统,即外套管的运动依次引起其与内套管及内套管与油管之间相互作用的形成或消失,而形成相互作用的结果一方面迫使内套管或油管产生了运动,另一方面部分抑制了外套管或内套管的运动。这部分被抑制的运动造成了方程的不平衡,这个不平衡问题只能通过耦合迭代来解决,最后达到数值意义上的平衡。因此,式(6-165)至式(6-167)的迭代指标 k 是相同的。

上述迭代过程是从式(6-165)开始的,在时刻 $t+\Delta t$,首先计算外套管的响应,此时 $k=0$,取 $\{\Delta p_2\}_{t+\Delta t}^0 = \{\Delta p_2\}_t^n$,其中,$n$ 为 t 时刻的迭代次数。然后判断扶正器的接触状态,如果只有内套管扶正器与外套管有新的接触,则由式(6-165)的计算结果求出 $\{\Delta a_2\}_{t+\Delta t}^0$、$\{\Delta \dot a_2\}_{t+\Delta t}^0$ 和 $\{\Delta \ddot a_2\}_{t+\Delta t}^0$,从而由式(6-166)求出新的 $\{\Delta p_2\}_{t+\Delta t}^0 (\neq \{\Delta p_2\}_t^n)$,再将新的 $\{\Delta p_2\}_{t+\Delta t}^0$ 代入式(6-165)进行迭代,此时 $k=1$,重复上述过程($k=k+1$)直至满足收敛条件。如果内套管和油管都有新的扶正器分别与外套管和内套管发生接触,则应由式(6-165)的计算结果分别求出 $\{\Delta a_2\}_{t+\Delta t}^0$、$\{\Delta \dot a_2\}_{t+\Delta t}^0$、$\{\Delta \ddot a_2\}_{t+\Delta t}^0$ 和 $\{\Delta a_3\}_{t+\Delta t}^0$、$\{\Delta \dot a_3\}_{t+\Delta t}^0$、$\{\Delta \ddot a_3\}_{t+\Delta t}^0$,然后,依次由式(6-167)和式(6-166)求出 $\{\Delta p_3\}_{t+\Delta t}^0$ 和新的 $\{\Delta p_2\}_{t+\Delta t}^0$,再将新的 $\{\Delta p_2\}_{t+\Delta t}^0$ 代入式(6-165)进行迭代,此时 $k=1$,重复上述过程($k=k+1$)直至满足收敛条件。至于收敛条件,可以采用式(6-165)的残差或前后两次迭代的外套管位移增量差满足相应的准确度要求,即

$$\max_{j=1,2,\cdots,N_{\mathrm{d}}} \left| (R_j)_{t+\Delta t}^k \right| < \varepsilon_{\mathrm{R}}$$

或

$$\max_{j=1,2,\cdots,N_{\mathrm{d}}} \left| (\Delta a_{1,j})_{t+\Delta t}^{k+1} - (\Delta a_{1,j})_{t+\Delta t}^k \right| < \varepsilon_{\Delta a}$$

式中,N_{d} 为单根管柱的节点总数;$(R_j)_{t+\Delta t}^k$ 为式(6-165)的残差

$$\{R\}_{t+\Delta t}^k = [M_1]\{\Delta \ddot a_1\}_{t+\Delta t}^k + [C_1]_{t+\Delta t}\{\Delta \dot a_1\}_{t+\Delta t}^k +$$
$$[K_1]_{t+\Delta t}\{\Delta a_1\}_{t+\Delta t}^k - \{\Delta q\}_{t+\Delta t} + \{\Delta p_2\}_{t+\Delta t}^k$$

的第 j 个元素;ε_{R} 为残差的预设准确度要求;$\varepsilon_{\Delta a}$ 为位移增量的预设迭代准确度要求。

基于准静态接触的假定,上述方程组之间接触过程的耦合条件是位移。因此,必须保证三根管柱的接触点位移始终是协调的,而速度和加速度则可以采用时程分析法的公式由位移计算得到。

需要指出的是,当全部扶正器接触之后,立管进入稳定运动状态。但是,由于各管柱的动力特性和约束条件及荷载均不相同(外套管为受均布荷载作用的弹性支座多跨梁,内套管为受集中荷载作用的弹性支座多跨梁,油管为受集中荷

载作用的单跨梁),因此除扶正器位置的挠度外,各管柱其他节点的运动状态并不完全相同。这意味着,即使在扶正器完全接触的状态下,仍需采用上述的耦合迭代方法计算各管柱的响应,此时,各管柱之间的耦合条件包括接触点的速度和加速度。

当运动改变方向时,内套管和油管扶正器将依次脱离接触。如果只有部分扶正器脱离接触,则在发生脱离接触的时间步内,脱离接触点的位移耦合条件不复存在,需根据接触点的位移耦合条件和脱离接触点约束反力为零的条件求出脱离接触点的位移,从而求出 $\{\Delta p_2\}$ 和/或 $\{\Delta p_3\}$ 并进行迭代。在完全脱离接触的状态下,内套管和油管将以脱离接触时刻的位移和速度作为初始条件进入自由振动状态,直至扶正器发生反向接触。

下面以 Newmark $-\beta$ 法为例来说明式(6-165)至式(6-167)的具体求解过程。

第一步:计算外套管当前时刻的响应。

由式(6-165)的 Newmark $-\beta$ 法公式

$$\left[\overline{K}_1\right]_{t+\Delta t}\{\Delta a_1\}_{t+\Delta t}^k = \{\Delta \overline{F}_1\}_{t+\Delta t}^k$$

计算当前时刻的外套管位移响应增量 $\{\Delta a_1\}_{t+\Delta t}^k$,新增时间步第一次计算时,$k=0$。

式中

$$\left[\overline{K}_1\right]_{t+\Delta t} = \left[K_1\right]_{t+\Delta t} + \left[M_1\right]\frac{1}{\beta\Delta t^2} + \left[C_1\right]_{t+\Delta t}\frac{\gamma}{\beta\Delta t}$$

$$\{\Delta \overline{F}_1\}_{t+\Delta t}^k = \{\Delta F_1\}_{t+\Delta t}^k + \left(\left[M_1\right]\frac{1}{\beta\Delta t} + \left[C_1\right]_{t+\Delta t}\frac{\gamma}{\beta}\right)\{\dot{a}_1\}_t^k +$$

$$\left(\left[M_1\right]\frac{1}{2\beta} + \left[C_1\right]_{t+\Delta t}\left(\frac{\gamma}{2\beta}-1\right)\Delta t\right)\{\ddot{a}_1\}_t^k$$

其中,$\{\Delta F_1\}_{t+\Delta t}^k = \{\Delta q\}_{t+\Delta t} - \{\Delta p_2\}_{t+\Delta t}^k$,$\{\Delta p_2\}_{t+\Delta t}^0 = \{\Delta p_2\}_t^n$,$n$ 为式(6-165)与式(6-166)的耦合迭代次数。

然后,由下式计算速度增量 $\{\Delta \dot{a}_1\}_{t+\Delta t}^k$ 和加速度增量 $\{\Delta \ddot{a}_1\}_{t+\Delta t}^k$:

$$\{\Delta \dot{a}_1\}_{t+\Delta t}^k = \frac{\gamma}{\beta\Delta t}\{\Delta a_1\}_{t+\Delta t}^k - \frac{\gamma}{\beta}\{\dot{a}_1\}_t^k + \left[\left(1-\frac{\gamma}{2\beta}\right)\Delta t\right]\{\ddot{a}_1\}_t^k$$

$$\{\Delta \ddot{a}_1\}_{t+\Delta t}^k = \frac{1}{\beta\Delta t^2}\{\Delta a_1\}_{t+\Delta t}^k - \frac{1}{\beta\Delta t}\{\dot{a}_1\}_t^k - \frac{1}{2\beta}\{\ddot{a}_1\}_t^k$$

如果 $k=0$,计算当前时刻的位移 $\{a_1\}_{t+\Delta t}^k$、速度 $\{\dot{a}_1\}_{t+\Delta t}^k$ 和加速度 $\{\ddot{a}_1\}_{t+\Delta t}^k$,即

$$\{a_1\}_{t+\Delta t}^k = \{a_1\}_t^k + \{\Delta a_1\}_{t+\Delta t}^k$$

$$\{\dot{a}_1\}_{t+\Delta t}^k = \{\dot{a}_1\}_t^k + \{\Delta \dot{a}_1\}_{t+\Delta t}^k$$

$$\{\ddot{a}_1\}_{t+\Delta t}^k = \{\ddot{a}_1\}_t^k + \{\Delta\ddot{a}_1\}_{t+\Delta t}^k$$

然后转至第二步。

如果 $k \neq 0$，则由收敛条件

$$\max_{j=1,2,\cdots,N_d} |(R_j)_{t+\Delta t}^{k+1}| < \varepsilon_R$$

或

$$\max_{j=1,2,\cdots,N_d} |(\Delta a_{1,j})_{t+\Delta t}^{k+1} - (\Delta a_{1,j})_{t+\Delta t}^k| < \varepsilon_{\Delta a}$$

判断迭代是否满足收敛条件,不满足收敛条件则转至第二步的相应接触状态进行计算,否则,进行下一个时间步的计算或结束计算。

第二步:计算内套管和油管当前时刻的响应。

内套管和油管的响应取决于扶正器的接触状态——内套管与外套管及油管与内套管均没有扶正器发生接触($\{\Delta p_2\}_{t+\Delta t}^0 = \{0\}$,$\{\Delta p_3\}_{t+\Delta t}^0 = \{0\}$)、仅内套管与外套管有扶正器发生接触($\{\Delta p_2\}_{t+\Delta t}^0 \neq \{0\}$,$\{\Delta p_3\}_{t+\Delta t}^0 = \{0\}$)、仅油管与内套管有扶正器发生接触($\{\Delta p_2\}_{t+\Delta t}^0 = \{0\}$,$\{\Delta p_3\}_{t+\Delta t}^0 \neq \{0\}$)和内套管与外套管及油管与内套管均有扶正器发生接触($\{\Delta p_2\}_{t+\Delta t}^0 \neq \{0\}$,$\{\Delta p_3\}_{t+\Delta t}^0 \neq \{0\}$)。

(1)$\{\Delta p_2\}_{t+\Delta t}^0 = \{0\}$ 和 $\{\Delta p_3\}_{t+\Delta t}^0 = \{0\}$,即时刻 t 内套管和油管均没有扶正器与外套管或内套管接触,则由下式分别计算内套管和油管的位移响应增量 $\{\Delta a_2\}_{t+\Delta t}^k$ 和 $\{\Delta a_3\}_{t+\Delta t}^k$:

$$[\overline{K}_i]_{t+\Delta t} \{\Delta a_i\}_{t+\Delta t}^k = \{\Delta\overline{F}_i\}_{t+\Delta t}^k \quad (i=2,3) \tag{6-168}$$

式中

$$[\overline{K}_i]_{t+\Delta t} = [K_i]_{t+\Delta t} + [M_i]\frac{1}{\beta\Delta t^2} + [C_i]_{t+\Delta t}\frac{\gamma}{\beta\Delta t}$$

$$\{\Delta\overline{F}_i\}_{t+\Delta t}^k = \{\Delta F_i\}_{t+\Delta t}^k + \left([M_i]\frac{1}{\beta\Delta t} + [C_i]_{t+\Delta t}\frac{\gamma}{\beta}\right)\{\dot{a}_i\}_t^k +$$

$$\left([M_i]\frac{1}{2\beta} + [C_i]_{t+\Delta t}\left(\frac{\gamma}{2\beta}-1\right)\Delta t\right)\{\ddot{a}_i\}_t^k$$

式中,$\{\Delta F_2\}_{t+\Delta t}^k = \{\Delta p_2\}_{t+\Delta t}^k - \{\Delta p_3\}_{t+\Delta t}^k$;$\{\Delta F_3\}_{t+\Delta t}^k = \{\Delta p_3\}_{t+\Delta t}^k$,$\{\Delta p_3\}_{t+\Delta t}^0 = \{\Delta p_3\}_t^l$;$l$ 为式(6-166)与式(6-167)的耦合迭代次数。

然后,由下式分别计算内套管和油管的速度及加速度响应增量 $\{\Delta\dot{a}_2\}_{t+\Delta t}^k$、$\{\Delta\ddot{a}_2\}_{t+\Delta t}^k$ 和 $\{\Delta\dot{a}_3\}_{t+\Delta t}^k$、$\{\Delta\ddot{a}_3\}_{t+\Delta t}^k$:

$$\begin{cases} \{\Delta\dot{a}_i\}_{t+\Delta t}^k = \dfrac{\gamma}{\beta\Delta t}\{\Delta a_i\}_{t+\Delta t}^k - \dfrac{\gamma}{\beta}\{\dot{a}_i\}_t^k + \left[\left(1-\dfrac{\gamma}{2\beta}\right)\Delta t\right]\{\ddot{a}_i\}_t^k \\ \{\Delta\ddot{a}_i\}_{t+\Delta t}^k = \dfrac{1}{\beta\Delta t^2}\{\Delta a_i\}_{t+\Delta t}^k - \dfrac{1}{\beta\Delta t}\{\dot{a}_i\}_t^k - \dfrac{1}{2\beta}\{\ddot{a}_i\}_t^k \quad (i=2,3) \end{cases} \tag{6-169}$$

及当前时刻的位移、速度和加速度：

$$\begin{cases} \{a_i\}^k_{t+\Delta t} = \{a_i\}^k_t + \{\Delta a_i\}^k_{t+\Delta t} \\ \{\dot{a}_i\}^k_{t+\Delta t} = \{\dot{a}_i\}^k_t + \{\Delta \dot{a}_i\}^k_{t+\Delta t} \quad (i=2,3) \\ \{\ddot{a}_i\}^k_{t+\Delta t} = \{\ddot{a}_i\}^k_t + \{\Delta \ddot{a}_i\}^k_{t+\Delta t} \end{cases} \quad (6-170)$$

然后转至第三步判断当前时刻的接触状态。

（2）$\{\Delta p_2\}^0_{t+\Delta t} \neq \{0\}$ 和 $\{\Delta p_3\}^0_{t+\Delta t} = \{0\}$，即时刻 t 仅内套管有扶正器与外套管发生接触，则可由外套管的位移响应增量求出内套管与之接触的扶正器处的位移响应增量：

$(\Delta p_{2,j})^0_{t+\Delta t} \neq 0$ 时

$$(\Delta a_{2,j})^k_{t+\Delta t} = (\Delta a_{1,j})^k_{t+\Delta t} \quad (j=2n(r_m)-1; m=1,2,\cdots,m'_2) \quad (6-171)$$

$(\Delta p_{2,j})^0_{t+\Delta t} = 0$ 时

$$(\Delta a_{2,j})^k_{t+\Delta t} = (\Delta a_{1,j})^k_{t+\Delta t} - (\delta_{2,j})^k_{t+\Delta t} \quad (j=2n(r_m)-1; m=1,2,\cdots,m''_2)$$
$$(6-172)$$

式中，$n(r_m)$ 为扶正器 r_m 的结点编号；m'_2 为时刻 t 已接触的扶正器数量；m''_2 为 $t+\Delta t$ 时刻发生接触的扶正器数量；$(\delta_{2,j})^k_{t+\Delta t}$（$k=0$ 时，取 $(\delta_{2,j})^0_{t+\Delta t} = (\delta_{2,j})^n_t$）为内套管扶正器与外套管的实时间隙，可按下式计算：

$$(\delta_{2,j})^k_{t+\Delta t} = \delta_2 \pm \left(|a_{1,j}|^k_{t+\Delta t} - \frac{(a_{1,j})^k_{t+\Delta t}}{|a_{1,j}|^k_{t+\Delta t}} (a_{2,j})^{k-1}_{t+\Delta t} \right)$$
$$(j=2n(r_m)-1; m=1,2,\cdots,m''_2) \quad (6-173)$$

式中，δ_2 为内套管扶正器与外套管的静态间隙，$\delta_2 = d_1/2 - D_2/2 - h_2$，其中，$d_1$ 为外套管内径，D_2 为内套管外径，h_2 为内套管扶正器的径向尺寸。式中的正负号由外套管的运动方向确定，向平衡位置运动时（$|(a_{1,j})_{t+\Delta t}| < |(a_{1,j})_t|$）取正号。

由于发生接触时，内套管的响应是由外套管的响应求出的，因此式（6-173）中的内套管响应只能采用前一次迭代的结果。为了避免误差累积，可采用迭代的方法对式（6-173）的结果进行修正，即

$$[(\Delta a_{2,j})^k_{t+\Delta t}]^{k_2} = (\Delta a_{1,j})^k_{t+\Delta t} - [(\delta_{2,j})^k_{t+\Delta t}]^{k_2} \quad (6-174)$$

$$[(a_{2,j})^{k-1}_{t+\Delta t}]^{k_2} = (a_{2,j})^0_t + [(\Delta a_{2,j})^k_{t+\Delta t}]^{k_2} \quad (6-175)$$

$$[(\delta_{2,j})^k_{t+\Delta t}]^{k_2} = \delta_2 \pm \left(|a_{1,j}|^k_{t+\Delta t} - \frac{(a_{1,j})^k_{t+\Delta t}}{|a_{1,j}|^k_{t+\Delta t}} [(a_{2,j})^{k-1}_{t+\Delta t}]^{k_2} \right) \quad (6-176)$$

式中，k_2 为式（6-174）至式（6-176）的迭代次数。

求出内套管接触点的挠度增量后，即可由下式计算接触点挠度的速度和加速度增量：

$$
\begin{cases}
(\Delta \dot{a}_{2,j})_{t+\Delta t}^{k} = \dfrac{\gamma}{\beta \Delta t}(\Delta a_{2,j})_{t+\Delta t}^{k} - \dfrac{\gamma}{\beta}(\dot{a}_{2,j})_{t}^{k} + \left[\left(1-\dfrac{\gamma}{2\beta}\right)\Delta t\right](\ddot{a}_{2,j})_{t}^{k} \\[3mm]
(\Delta \ddot{a}_{2,j})_{t+\Delta t}^{k} = \dfrac{1}{\beta \Delta t^{2}}(\Delta a_{2,j})_{t+\Delta t}^{k} - \dfrac{1}{\beta \Delta t}(\dot{a}_{2,j})_{t}^{k} - \dfrac{1}{2\beta}(\ddot{a}_{2,j})_{t}^{k} \\[3mm]
(j = 2n(r_{m})-1 ; m = 1,2,\cdots,m_{2})
\end{cases}
\tag{6-177}
$$

并由式(6-166)的 Newmark $-\beta$ 法公式

$$
\left[\widetilde{K}_2\right]_{t+\Delta t}\{\Delta \hat{a}_2\}_{t+\Delta t}^{k} = \{\Delta \widetilde{F}_2\}_{t+\Delta t}^{k}
\tag{6-178}
$$

求出内套管其他未知位移增量 $\{\Delta \hat{a}_2\}_{t+\Delta t}^{k}$,并由式(6-169)和式(6-170)$(i=2)$ 求出相应的速度增量 $\{\Delta \dot{\hat{a}}_2\}_{t+\Delta t}^{k}$ 和加速度增量 $\{\Delta \ddot{\hat{a}}_2\}_{t+\Delta t}^{k}$ 及位移 $\{\hat{a}_2\}_{t+\Delta t}^{k}$、速度 $\{\dot{\hat{a}}_2\}_{t+\Delta t}^{k}$ 和加速度 $\{\ddot{\hat{a}}_2\}_{t+\Delta t}^{k}$。

式(6-178)中,$\{\Delta \hat{a}_2\}_{t+\Delta t}^{k}$ 为 $2N_d - m_2$ 个元素组成的向量,即不包括内套管扶正器接触点 r_m 挠度的位移向量;等效刚度矩阵 $\left[\widetilde{K}_2\right]_{t+\Delta t}$ 和等效荷载向量 $\{\Delta \widetilde{F}_2\}_{t+\Delta t}^{k}$ 分别为

$$
\left[\widetilde{K}_2\right]_{t+\Delta t} = \left[\hat{K}_2\right]_{t+\Delta t} + \left[\hat{M}_2\right]\dfrac{1}{\beta \Delta t^{2}} + \left[\hat{C}_2\right]_{t+\Delta t}\dfrac{\gamma}{\beta \Delta t}
$$

$$
\{\Delta \widetilde{F}_2\}_{t+\Delta t}^{k} = \{\Delta \hat{F}_2\}_{t+\Delta t}^{k} + \left(\left[\hat{M}_2\right]\dfrac{1}{\beta \Delta t} + \left[\hat{C}_2\right]_{t+\Delta t}\dfrac{\gamma}{\beta}\right)\{\dot{\hat{a}}_2\}_{t}^{k} +
$$

$$
\left[\left[\hat{M}_2\right]\dfrac{1}{2\beta} + \left[\hat{C}_2\right]_{t+\Delta t}\left(\dfrac{\gamma}{2\beta}-1\right)\Delta t\right]\{\ddot{\hat{a}}_2\}_{t}^{k}
$$

上两式中的 $\left[\hat{M}_2\right]$、$\left[\hat{K}_2\right]_{t+\Delta t}$ 和 $\left[\hat{C}_2\right]_{t+\Delta t}$ 为不包括 j 行和 j 列的质量矩阵、刚度矩阵和阻尼矩阵(j 的定义同式(6-177)),$\{\Delta \hat{F}_2\}_{t+\Delta t}^{k}$ 是由 $(\Delta a_{2,j})_{t+\Delta t}^{k}$、$(\Delta \dot{a}_{2,j})_{t+\Delta t}^{k}$ 和 $(\Delta \ddot{a}_{2,j})_{t+\Delta t}^{k}$ 与 j 列刚度系数、阻尼系数和质量系数组成的"荷载"向量:

$$
(\Delta \hat{F}_{2,i})_{t+\Delta t}^{k} = \sum_{j}\left[m_{i,j}(\Delta \ddot{a}_{2,j})_{t+\Delta t}^{k} + c_{i,j}(\Delta \dot{a}_{2,j})_{t+\Delta t}^{k} + k_{i,j}(\Delta x_{2,j})_{t+\Delta t}^{k}\right]
$$

求出 $\{\Delta a_2\}_{t+\Delta t}^{k}$、$\{\Delta \dot{a}_2\}_{t+\Delta t}^{k}$ 和 $\{\Delta \ddot{a}_2\}_{t+\Delta t}^{k}$ 后,即可由式(6-166)计算 $\{\Delta p_2\}_{t+\Delta t}^{k}$,再返回第一步进行迭代计算。

油管的响应则采用式(6-168)至式(6-170)计算,其中 $i=3$。

(3)$\{\Delta p_2\}_{t+\Delta t}^{0} = \{0\}$ 和 $\{\Delta p_3\}_{t+\Delta t}^{0} \neq \{0\}$,即时刻 t 仅油管有扶正器与内套管发生接触,则由式(6-168)计算内套管的响应($i=2$),如果 $k \neq 0$,则根据收敛条件

$$
\max_{l=1,2,\cdots,N_d}\left|(\Delta a_{2,l})_{t+\Delta t}^{k+1} - (\Delta a_{2,l})_{t+\Delta t}^{k}\right| < \varepsilon_{\Delta a}
$$

判断迭代是否收敛。如果满足收敛条件,则转至第一步进行下一个时间步的计

算。否则,基于接触条件

$$(\Delta a_{3,j})^k_{t+\Delta t} = (\Delta a_{2,j})^k_{t+\Delta t} \quad (j = 2n(s_m) - 1; m = 1,2,\cdots,m_3)$$

求出油管接触点的挠度增量,并由下式计算接触点挠度的速度和加速度增量:

$$(\Delta \dot{a}_{3,j})^k_{t+\Delta t} = \frac{\gamma}{\beta \Delta t}(\Delta a_{3,j})^k_{t+\Delta t} - \frac{\gamma}{\beta}(\dot{a}_{3,j})^k_t + \left[\left(1 - \frac{\gamma}{2\beta}\right)\Delta t\right](\ddot{a}_{3,j})^k_t$$

$$(\Delta \ddot{a}_{3,j})^k_{t+\Delta t} = \frac{1}{\beta \Delta t^2}(\Delta a_{3,j})^k_{t+\Delta t} - \frac{1}{\beta \Delta t}(\dot{a}_{3,j})^k_t - \frac{1}{2\beta}(\ddot{a}_{3,j})^k_t$$

式中,$n(s_m)$ 为扶正器 s_m 的结点编号。

然后,由式(6-167)的 Newmark-β 法公式

$$[\widetilde{K}_3]_{t+\Delta t}\{\Delta \hat{a}_3\}^k_{t+\Delta t} = \{\Delta \widetilde{F}_3\}^k_{t+\Delta t} \tag{6-179}$$

求出油管其他未知的位移增量 $\{\Delta \hat{a}_3\}^k_{t+\Delta t}$,并由式(6-169)和式(6-170)($i=3$)求出相应的速度增量 $\{\Delta \dot{\hat{a}}_3\}^k_{t+\Delta t}$ 和加速度增量 $\{\Delta \ddot{\hat{a}}_3\}^k_{t+\Delta t}$ 及位移 $\hat{a}_3|^k_{t+\Delta t}$、速度 $\{\dot{\hat{a}}_3\}^k_{t+\Delta t}$ 和加速度 $\{\ddot{\hat{a}}_3\}^k_{t+\Delta t}$。

式(6-179)中,$\{\Delta \hat{a}_3\}^k_{t+\Delta t}$ 为 $2N_d - m_3$ 个元素组成的向量,即不包括油管扶正器接触点 s_m 挠度的位移向量;等效刚度矩阵 $[\widetilde{K}_3]_{t+\Delta t}$ 和等效荷载向量 $\{\Delta \widetilde{F}_3\}^k_{t+\Delta t}$ 分别为

$$[\widetilde{K}_3]_{t+\Delta t} = [\hat{K}_3]_{t+\Delta t} + [\hat{M}_3]\frac{1}{\beta \Delta t^2} + [\hat{C}_3]_{t+\Delta t}\frac{\gamma}{\beta \Delta t}$$

$$\{\Delta \widetilde{F}_3\}^k_{t+\Delta t} = \{\Delta \hat{F}_3\}^k_{t+\Delta t} + \left([\hat{M}_3]\frac{1}{\beta \Delta t} + [\hat{C}_3]_{t+\Delta t}\frac{\gamma}{\beta}\right)\{\dot{\hat{a}}_3\}^k_t +$$

$$\left[[\hat{M}_3]\frac{1}{2\beta} + [\hat{C}_3]_{t+\Delta t}\left(\frac{\gamma}{2\beta} - 1\right)\Delta t\right]\{\ddot{\hat{a}}_3\}^k_t$$

上两式中的 $[\hat{M}_3]$、$[\hat{K}_3]_{t+\Delta t}$ 和 $[\hat{C}_3]_{t+\Delta t}$ 为不包括 j 行和 j 列的质量矩阵、刚度矩阵和阻尼矩阵($j = 2n(s_m) - 1$,($m = 1,2,\cdots,m_3$),$n(s_m)$ 为接触点 s_m 的节点编号),$\{\Delta \hat{F}_3\}^k_{t+\Delta t}$ 是由 $(\Delta a_{3,j})^k_{t+\Delta t}$、$(\Delta \dot{a}_{3,j})^k_{t+\Delta t}$ 和 $(\Delta \ddot{a}_{3,j})^k_{t+\Delta t}$ 与 j 列刚度系数、阻尼系数和质量系数组成的"荷载"向量:

$$(\Delta \hat{F}_{3,i})^k_{t+\Delta t} = \sum_j \left[m_{i,j}(\Delta \ddot{a}_{3,j})^k_{t+\Delta t} + c_{i,j}(\Delta \dot{a}_{3,j})^k_{t+\Delta t} + k_{i,j}(\Delta a_{3,j})^k_{t+\Delta t}\right]$$

求出 $\{\Delta a_3\}^k_{t+\Delta t}$、$\{\Delta \dot{a}_3\}^k_{t+\Delta t}$ 和 $\{\Delta \ddot{a}_3\}^k_{t+\Delta t}$ 后,即可由式(6-167)计算 $\{\Delta p_3\}^k_{t+\Delta t}$,再进行迭代计算。

(4)$\{\Delta p_2\}^0_{t+\Delta t} \neq \{0\}$ 和 $\{\Delta p_3\}^0_{t+\Delta t} \neq \{0\}$,即时刻 t 内套管和油管均有扶正器与外套管和内套管发生接触,则根据外套管的运动条件首先由式(6-171)至式(6-178)计算内套管的响应,再将式中的下标 1 改为 2、2 改为 3 计算油管的响

应,然后由式(6-167)计算$\{\Delta p_3\}|_{t+\Delta t}^k$并代入式(6-166)计算$\{\Delta p_2\}|_{t+\Delta t}^k$,并返回第一步进行迭代计算。

需要指出的是,在当前时间步有新的扶正器发生接触时,应确保接触点的过盈量尽可能小,即"正好"发生接触。这不仅是静态接触假定的需要,而且是计算收敛的前提。如果过盈量较大,可能导致死循环。因此,必须调整当前时间步长Δt,使扶正器与相邻管柱处于非接触向接触过渡的临界点。正如材料非线性问题中,当有单元进入屈服时,必须调整荷载增量,以使进入屈服的单元处于屈服的临界点。

第三步:判断接触状态。

如果

$$\pm\left(|a_{i,j}|_{t+\Delta t}^k - \frac{(a_{i,j})_{t+\Delta t}^k}{|a_{i,j}|_{t+\Delta t}^k}(a_{i+1,j})_{t+\Delta t}^k\right) < \delta_{i+1}$$

$$(i=1,j=2n(r_m)-1;i=2,j=2n(s_m)-1) \qquad (6-180)$$

成立,则没有新增接触扶正器,转至第一步计算下一时刻的响应。否则,转至第二步的相应接触状态重新计算内套管和油管的响应并进行迭代。

式(6-180)中,δ_{i+1}为扶正器与相邻管柱的静态间隙,$\delta_{i+1}=d_i/2-D_{i+1}/2-h_{i+1}$,其中,$d_i$为外套管($i=1$)或内套管($i=2$)的内径,$D_{i+1}$为内套管($i=1$)或油管($i=2$)的外径,$h_{i+1}$为内套管($i=1$)或油管($i=2$)扶正器的径向尺寸。

当$|(a_{1,j})_{t+\Delta t}| > |(a_{1,j})_t|$,$(j=2n(r_m)-1)$时,式(6-180)取正号。

参考文献

[1] American Petroleum Institute. Design of risers for floating production systems (FPSs) and tension-leg platforms (TLPs):API RP 2RD[S].2009.

[2] American Petroleum Insitute. Planning, designing, and constructing fixed offshore platforms:Working stress design:API RP 2A-WSD [S].2014.

[3] 白兴兰. 基于惯性耦合的深水钢悬链线立管非线性分析[D]. 青岛:中国海洋大学,2009.

[4] WILLIS N R T, WEST P T J. Interaction between deepwater catenary risers and a soft seabed:Large scale sea trials[C]. Offshore Technology Conference,

Houston, 2001, OTC13113.

[5] THETI R. Soil interaction effects on simply catenary riser response[J]. Pipe & Pipeline International, 2001, 46(3): 15-24.

[6] BRIDGE C, LAVER K. Steel catenary riser touchdown point vertical interaction model[C]//Offshore Technology Conference. Houston, 2004: OTC16628.

[7] 2H Offshore Engineering Ltd: STRIDE JIP-Pull-out Resistance of a pipe in a clay soil[R]. Report No. 1500-RPT-006, Rev 02, 2002.

[8] BRIDGE C, WILLIS N. Steel catenary risers-results and conclusions from large scale simulations of seabed interaction[C]. 14th Annual Conference Deep Offshore Technology, 2002.

[9] CHEN X H. Studies on dynamic interaction between deep-water floating structures and their mooring/tendon system[D]. Ocean Engineering Program, Civil Engineering Department, Texas A&M University, College Station, Texas, 2002.

[10] HAYS P R. Steel catenary risers for semi-submersible based floating production systems[C]. Offshore Technology Conference, Houston, 1996, 4: 845-859.

[11] LINDAHL L, SJÖBERG A. Dynamic analysis of mooring cables[C]// The Second International Symposium on Ocean Engineering and Ship and Handling, Gothenburg, 1983: 281-319.

[12] 孟庆飞. 深水钢悬链线立管与浮式平台整体分析方法研究[D]. 青岛:中国海洋大学,2012.

[13] 杨超凡. 钢悬链式立管与海床土非线性相互作用研究[D]. 青岛:中国海洋大学,2014.

[14] AUBENY C P, BISCONTIN G, ZHANG J. Seafloor interaction with steel catenary risers[R]. Final Project Peport for Offshore Technology Research Center, College Station, 2006: 1-35.

[15] AUBENY C P, SHI H. Interpretation of impact penetration measurements in soft clays[J]. Geotech Geoenviron Eng, 2006, 132(6): 770-777.

第7章
涡激振动分析

| 7.1 概述 |

涡激振动(vortex induced vibration，VIV)是海洋深水立管主要的环境荷载响应形式之一,由于大长细比的结构形式,海洋深水立管具有大柔性的力学特点,因此其动力响应远远大于传统涡激振动研究的范围,使得传统的圆柱体涡激振动分析方法在预测深水立管涡激振动响应时显现出一定的局限性,从而引发了大量的理论和工程应用研究。研究人员从力学、流体和结构等不同的专业视角出发,对海洋深水立管的涡激振动问题开展了大量的理论分析、数值模拟和模型试验研究。在对传统的尾流振子模型和力分解模型研究的基础上,提出了修正的尾流振子模型和考虑大位移流固耦合的力分解模型。

除了大柔性的特点之外,海洋深水立管的工程实践还提出了新的课题,如立管束的涡激振动问题。对于不同的入射流方向,立管束可能呈并列、串列和阶梯三种排列形式。由于流固耦合条件下的涡旋泄放模式受相对流速和圆柱体振幅等诸多因素的影响,且交变流场的涡街将沿横向运动,而涡街对相邻立管的作用取决于相邻立管的位置和运动状态,并影响相邻立管的涡旋泄放模式,因此立管束的涡激振动问题远比孤立立管的涡激振动问题复杂。这也许可以解释,为什么尾流立管的涡激振动响应远大于其上游立管的现象已在业界取得共识,但关于尾流立管涡激振动响应预测的经验公式尚未建立。

本章简要阐述早期的涡激振动理论与方法,重点讨论海洋深水立管涡激振动的分析方法和抑制方法,包括相邻立管的涡激振动响应预测方法。

7.2 孤立圆柱体涡激振动

圆柱体的涡激振动是一个复杂的强迫振动现象,因为其强迫振动的荷载与圆柱体的振动形态密切相关。由于圆柱体的运动对其流场的扰动作用,涡旋泄放的频率和模式均受圆柱体运动形态的影响,因此圆柱体的涡激振动是一个强烈的流固耦合问题,其荷载不再是一般意义上按自身规律随时间变化的动荷载,而是被圆柱体振动改变了支配自身时变规律参数的耦合动荷载,最强烈的耦合作用导致了涡激振动特有的锁定现象发生。

7.2.1 同步与锁定

涡激振动是由涡旋泄放诱发的结构振动,因此具有强迫振动的性质和特征:①响应频率等于荷载频率;②振幅的大小取决于荷载频率的大小;③荷载频率与结构固有频率相同时发生共振。但是,与机械荷载的强迫振动不同的是,其响应频率并不是在任何条件下均与荷载频率相同,如图 7 – 1 所示。由于涡旋泄放频率 $f_v = f(U, D)$ 不仅与流速 U 有关,还与圆柱体的直径 D 有关,为了便于表示,图 7 – 1 采用了无量纲参数——频率比 $f^* = f / f_n$(f_n 为圆柱体在静止流体中的固有频率,以下简称"圆柱体固有频率")和约化速度(reduced velocity)$V_r = U / f_n D$——来描绘涡旋泄放频率随流速的变化趋势,从而使不同直径圆柱体的涡旋泄放频率和横向(垂直于来流方向)响应频率 f_y 与流速的关系可以归一化为一条曲线 $f^* = f(V_r)$,图 7 – 1 中的斜直线为 Strouhal 定律 $f_s = St \cdot U / D$ 或 $f^* = St \cdot V_r$(f_s 为 Strouhal 频率,St 为 Strouhal 数),水平直线为圆柱体固有频率 f_n,即 $f^* = 1$。

圆柱体在空气中发生涡激振动时,在 4 ~ 5 和 7 ~ 9 两个约化速度范围,涡旋泄放频率 f_v 等于 Strouhal 频率 f_s,而横向响应频率 f_y 等于圆柱体固有频率 f_n,仅当涡旋泄放频率 f_v 等于圆柱体的固有频率 f_n 时,横向响应频率 f_y 才等于涡旋泄放频率 f_v,如图 7 – 1(a)所示。而圆柱体在水中发生涡激振动时,仅在 9 ~ 13 的约化速度范围,横向响应频率 f_y 不等于涡旋泄放频率 f_v,在其他约化速度范围,横向响应频率 f_y 与涡旋泄放频率 f_v 相同,如图 7 – 1(b)所示。$f_y = f_v$ 满足强迫振动的特征——振动响应频率与荷载频率相等,被称为"同步"(synchronization)。

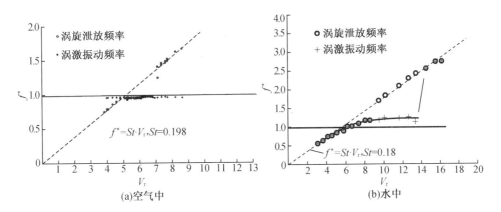

图 7 - 1　涡旋泄放频率和涡激振动频率随约化速度的变化趋势[1]

　　此外,图 7 - 1 还给出了另外一个信息,当涡旋泄放频率 f_v 等于(空气中)或大于(水中)圆柱体固有频率 f_n 后($f^* \geqslant 1$)的一个约化速度范围内,涡旋泄放频率 f_v 不服从 Strouhal 定律,即 $f_v \neq f_s$ 或 $f^* \neq St \cdot V_r$,而是等于圆柱体固有频率 f_n(空气中)或大于圆柱体固有频率 f_n(水中),这一现象被称为"锁定(lock - in)",意指涡旋泄放频率 f_v 保持在一个相对稳定的值。

　　锁定现象是涡激振动的一个重要性质,也是涡激振动区别于其他强迫振动的一个特征。锁定状态横跨一个流速范围,而不是某个特定流速。发生锁定时,涡旋泄放频率 f_v 不再等于 Strouhal 频率 f_s——随流速呈线性变化,而是保持在一个相对稳定的值——锁定频率 $f_{lock-in}$ 不变。直观地从图 7 - 1 来看,圆柱体在空气中和在水中产生涡激振动时,其锁定频率是不同的。那么,这个锁定频率是如何确定的呢? 让我们先来看看发生锁定现象时的圆柱体涡激振动状态。图 7 - 2 给出了与图 7 - 1 对应的圆柱体横向响应幅值 A_y 随约化速度的变化趋势,图中 $A^* = A_y/D$。从图中可以看出,发生锁定时,涡激振动横向响应随约化速度的变化趋势与强迫振动的频响曲线变化趋势相同,即锁定条件下的圆柱体横向运动具有强迫振动的共振特征。这是否意味着,锁定频率就是圆柱体的固有频率呢? 如果是,那么图 7 - 1 又如何解释呢? 答案很简单,锁定频率 $f_{lock-in}$ 等于圆柱体的实时固有频率 $f_n'(\neq f_n)$,而图 7 - 1 的频率比是以圆柱体的固有频率 f_n 为计算依据的(所有 $f^* - V_r$ 图均采用 f_n 计算),在空气中,$f_n' \approx f_n$,而在水中 $f_n' > f_n$,详见后续分析。

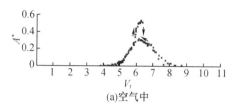
(a)空气中

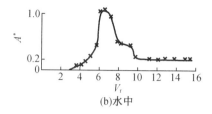
(b)水中

图7-2　圆柱体涡激振动横向位移响应随约化速度的变化趋势[1]

锁定状态是涡激升力的频率 f_L 等于圆柱体的实时固有频率 f_n' 而产生的一种共振现象,由于圆柱体大幅度的运动增加了圆柱体和流体之间的能量交换,从而增强了流固耦合作用,使得圆柱体尾流处的涡旋形成和脱落受到了圆柱体运动的调制而被"锁定",当流速增大到足以摆脱圆柱体运动的影响时,锁定现象消失,涡旋泄放重新回到 Strouhal 定律的轨道上。圆柱体运动对涡旋形成和脱落的影响与流体的运动黏度有关,流体的运动黏度越小,则流固耦合作用越小,因此圆柱体对涡旋泄放的影响也越小,即流体摆脱圆柱体制约所需的运动能量也越小。由此可知,锁定现象的发生和消失取决于圆柱体运动对涡旋形成和脱落的影响程度与流体运动能量的对比。由此可知,锁定状态的约化速度范围与流体的运动黏度有关,这就解释了圆柱体在水中发生涡激振动的锁定区间大于空气中的现象(图7-1)。此外,圆柱体的质量和阻尼越大,圆柱体的位移响应越小,则流固耦合作用越小,其对涡旋形成和脱落的影响越小,因此圆柱体的质量和阻尼也会影响锁定状态的持续和消失。由于流体的运动黏度与其密度成正比,因此通常采用质量比

$$m^* = \frac{m_c}{m_f} \tag{7-1}$$

来描述圆柱体质量和流体运动黏度的影响。式(7-1)中, m_c 为圆柱体单位长度的质量, m_f 为单位长度圆柱体排开的流体质量。

图7-3给出了不同质量比条件下的圆柱体横向响应频率与约化速度的关系。比较可知,质量比越大,锁定状态的约化速度范围越小,即圆柱体运动对涡旋泄放的影响越小。此外,图7-3(a)小质量比条件下,锁定状态的频率比 $f^* > 1 (\approx 1.4)$,这表明该质量比条件下,圆柱体的实时固有频率 f_n' 约等于圆柱体固有频率 f_n 的1.4倍($f_n' \approx 1.4 f_n$)。这是由于圆柱体的固有频率 f_n 是圆柱体在静止流体中的固有频率,而圆柱体的实时固有频率是圆柱体在流动的流体中的固有频率,它们之间的差异在于附加质量的大小。圆柱体在静止流体中运动时其附加

质量等于圆柱体排开流体的质量 $m_a = \rho C_a \pi D^2/4$（$C_a = 1$），而当圆柱体在流动的流体中横向运动时，圆柱体的附加质量 $m_a' = \rho C_a' \pi D^2/4$ 随流速和圆柱体运动幅度的变化而变化，因此其附加质量系数 $C_a' \neq 1$，而是随流速的变化而变化，如图7 - 4所示。因此，锁定时的圆柱体横向响应频率 f_y 应等于圆柱体的实时固有频率 f_n'，此时的频率比可表示为

$$f^* = \sqrt{\frac{m + m_a}{m + m_a'}} \qquad (7-2)$$

为便于分析，上式也可以改写为

$$f^* = \sqrt{\frac{m^* + C_a}{m^* + C_a'}} \qquad (7-3)$$

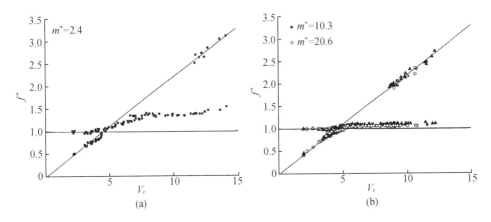

图 7 - 3　不同质量比的圆柱体横向涡激振动响应频率[2]

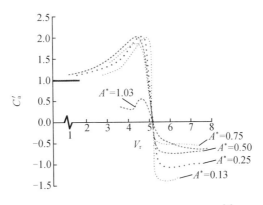

图 7 - 4　横向振动圆柱体的附加质量系数[1]

分析式(7-3)可知,当 $C_a' \neq C_a$ 时,$f^* \neq 1$。当质量比较大时(如 $m^* > 200$,流体介质为气体),附加质量系数 C_a 和 C_a' 的影响较小,因此频率比 $f^* \approx 1$。随着质量比的减小,C_a 和 C_a' 的影响逐渐显现,由图 7-4 可见,当约化速度 $V_r > 5$ 时,$C_a' < 0$,从而导致锁定时的频率比 $f_{\text{lock-in}}^* > 1$。图 7-5 给出了不同质量比条件下圆柱体锁定状态的横向响应频率,从图中可以明显地看出,质量比 m^* 越小,锁定频率比 $f_{\text{lock-in}}^*$ 越大,即圆柱体的实时固有频率越高。当质量比 m^* 从 8.63 减小至 1.19 时,锁定频率比 $f_{\text{lock-in}}^*$ 从 1.1 增大至 1.8。

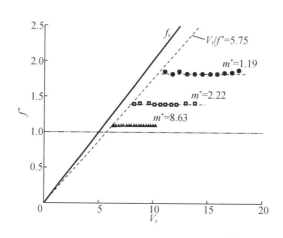

图 7-5   质量比对锁定频率的影响[3]

图 7-6 给出了由试验数据拟合得到的锁定频率比 $f_{\text{lock-in}}^*$ 与质量比 m^* 的关系曲线。

$$f_{\text{lock-in}}^* = \sqrt{\frac{m^* + 1.0}{m^* - 0.54}} \qquad (7-4)$$

由式(7-4)可知,当 $m^* = 0.54$ 时,$f_{\text{lock-in}}^* \to \infty$,因此 $m^* = 0.54$ 被定义为临界质量比 m_{crit}^*(临界质量比的概念仅适用于小质量 – 阻尼参数:$(m^* + C_a)\zeta < 0.05$)。当 $m^* < m_{\text{crit}}^*$ 时,锁定现象将"消失",如图 7-7 所示。

由于锁定频率比的提高,锁定开始的约化速度增大,其增大的规律服从 Strouhal 定律(图 7-5),即 $V_r/f^* = 1/St \approx 5.75(St \approx 0.174)$。由此可得不同质量比条件下锁定状态的约化速度下限:

$$V_{r,\min} \approx 5.75 \sqrt{\frac{m^* + 1.0}{m^* - 0.54}} \qquad (7-5)$$

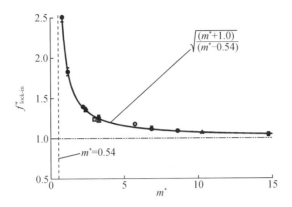

图 7 - 6　质量比与锁定频率比的关系曲线[3]

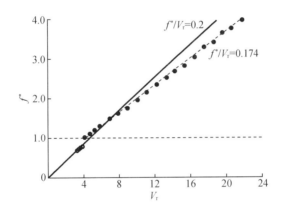

图 7 - 7　质量比 $m^* = 0.52$ 的频率比随约化速度的变化[3]

由图 7 - 5 可见,随着锁定频率的增大,锁定的约化速度范围扩大。因此,质量比不仅引起锁定频率的变化,而且影响锁定和解锁的流速大小。质量比越小,锁定频率比越高,锁定的约化速度范围越大。$m^* > 200$ 时(流体为气体),锁定的约化速度范围为 5 ~ 7,如图 7 - 1(a)所示的空气中涡激振动;而当质量比减小至 8.63 时,锁定的约化速度范围扩大为 6.3 ~ 10.2;当质量比进一步减小至 1.19 时,锁定的约化速度范围扩大至 10.4 ~ 17.0(图 7 - 5)。图 7 - 8 给出了锁定区约化速度上、下限与质量比的关系曲线,其中约化速度的上限与质量比的关系可表示为

$$V_{r,\max} \approx 9.25 \sqrt{\frac{m^* + 1.0}{m^* - 0.54}} \tag{7 - 6}$$

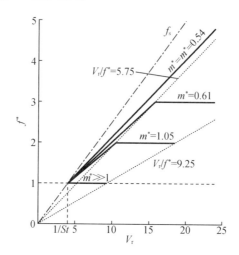

图7-8　不同质量比的锁定约化速度范围[3]

由式(7-5)和式(7-6)可估计出锁定区间的约化速度范围

$$5.75\sqrt{\frac{m^{*}+1.0}{m^{*}-0.54}} < V_r < 9.25\sqrt{\frac{m^{*}+1.0}{m^{*}-0.54}} \qquad (7-7)$$

上式仅适用于小质量比($m^{*}=O(10)$)条件下的锁定约化速度范围估计。

解锁不仅意味着锁定现象的消失,而且同步状态结束,即涡旋泄放频率与圆柱体响应频率不同(涡旋泄放频率等于 Strouhal 频率 f_s,圆柱体响应频率等于其实时固有频率 f'_n),因此式(7-6)也是同步状态结束的约化速度估计值。但同步状态开始的约化速度与锁定的约化速度下限并不是相同的,而且同步开始的约化速度与质量比的关系也与锁定的约化速度下限与质量比的关系(随质量比的减小而增大)不同——随质量比的增大而增大,如图7-9所示。

结构阻尼比对涡激振动的影响与结构动力学中的阻尼作用相同——影响共振响应幅值,如图7-10所示。而质量比对共振响应幅值的影响与阻尼比相同,即质量比越大,共振响应幅值越小(图7-11),因此通常采用质量-阻尼参数($m^{*}+C_a$)ζ(或 $m^{*}\zeta$)或稳定参数 $K_s = \pi^2(m^{*}+C_a)\zeta$(或 $\pi^2 m^{*}\zeta$)来表示最大位移响应与质量比和阻尼比的关系,如图7-12和图7-13所示。

7.2.2　两自由度振动

由于涡旋形成和脱落造成圆柱体周围不平衡压力场的变化规律在顺流向和横流向是不同的,涡激力的拖曳力分量和升力分量之间的关系取决于涡旋泄放模式,而涡旋泄放模式又受到圆柱体运动的影响,因此涡激振动具有复杂(流固耦合)的两自由度振动特征,即脉动拖曳力引起的顺流向振动和交变升力引起的横向振动。这意味着,涡旋泄放模式的变化将改变涡激力的大小和方向,导致圆柱体涡激振动的横截面轨迹形成一平面曲线,如图 7 - 14 所示。图中给出的是两种典型的圆柱体涡激振动轨迹——8 字形和椭圆形,8 字形轨迹表明:顺流向响应频率 f_x 等于 2 倍的横向响应频率 f_y($f_x = 2f_y$),其响应谱具有图 7 - 15 所示的双峰特征;而椭圆形轨迹则说明:顺流向响应频率 f_x 与横向响应频率相等 f_y($f_x = f_y$),其响应谱具有图 7 - 16 所示的单峰特征。

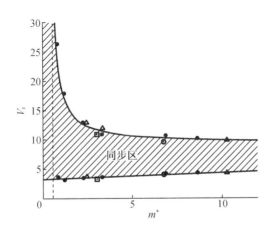

图 7 - 9　同步约化速度范围与质量比的关系[4]

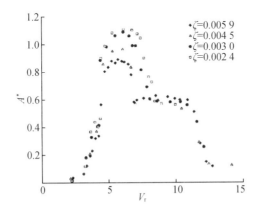

图 7 - 10　不同阻尼比的横向响应[5]

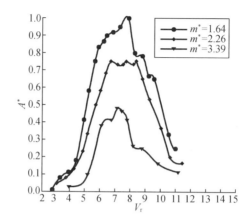

图7-11 不同质量比的横向响应[6]

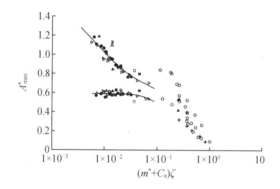

图7-12 横向响应幅值随质量-阻尼参数的变化[5]

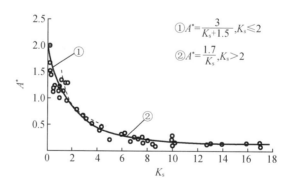

图7-13 横向响应幅值随稳定参数的变化[1]

214

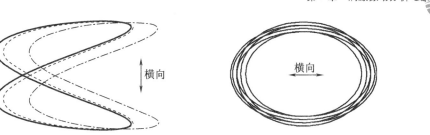

(a)8字形[7]　　　　　　　　　　(b)椭圆形

图 7 - 14　圆柱体涡激振动典型轨迹

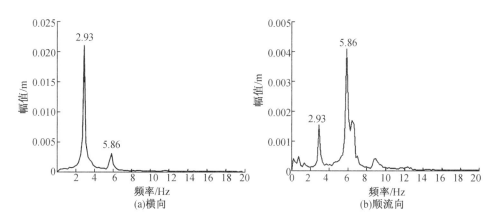

(a)横向　　　　　　　　　　　(b)顺流向

图 7 - 15　$f_x = 2f_y$ 时的涡激振动响应谱[8]

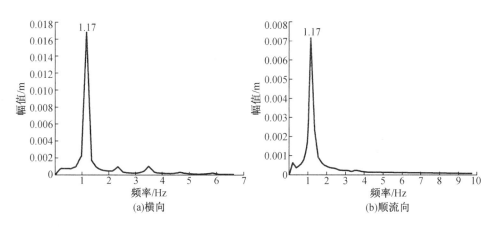

(a)横向　　　　　　　　　　　(b)顺流向

图 7 - 16　$f_x = f_y$ 时的涡激振动响应谱

8 字形和椭圆形轨迹分别代表圆柱体涡激振动的两种运动状态——同步和非同步状态,即同步状态下,顺流向响应频率 f_x 等于横向响应频率 f_y 的 2 倍,而非同步状态下,顺流向响应频率 f_x 等于横向响应频率 f_y,如图 7 - 17 (a) 所示。由于同步状态下,横向响应频率 f_y 等于圆柱体的实时固有频率 f'_n,因此顺流向响应频率 f_x 远离(2 倍于)圆柱体的实时固有频率 f'_n,但顺流向响应仍呈现共振的特征(图 7 - 17(b)),然而并不符合共振的定义,是一种伪共振现象。产生此类现象的原因是大幅度的横向振动使得涡旋泄放强度增加且更加有序,从而导致脉动拖曳力系数 C'_D 大幅度增加(图 2 - 34),因此顺流向响应增大。

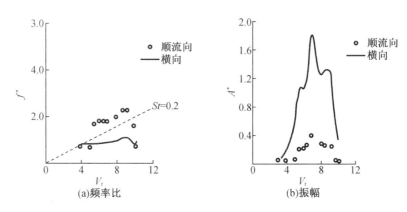

图 7 - 17　锁定状态的两自由度响应特征[1]

顺流向响应的共振现象发生在锁定状态前的小约化速度范围,如图 7 - 18 所示,相应的约化速度范围 $1.0 < V_r < 2.5$ 和 $2.5 < V_r < 4.0$ 分别被称为第一和第二不稳定区。在第一不稳定区,每一对交替的涡旋脱落的同时,由于圆柱体的顺流向运动而导致一对对称涡旋脱落(图 2 - 22),因此脉动拖曳力的频率约等于 3 倍的 Strouhal 频率,即

$$f_D = 3f_s = 3\frac{St \cdot U}{D} \tag{7-8}$$

式中　f_D——脉动拖曳力频率。

当该频率接近圆柱体的实时固有频率时($f_D \approx f'_n$),顺流向响应发生共振。如果取 $St = 0.2$,可得第一次发生共振时的约化速度为

$$V_r = \frac{U}{f_n D} \approx \frac{U}{f_D D} = \frac{1}{3 \cdot St} \approx 1.7 \tag{7-9}$$

随着约化速度的增大,脉动拖曳力的频率 f_D 逐渐远离圆柱体的实时固有频率 f'_n,顺流向响应逐渐减小直至消失,从而对称的涡旋泄放消失,仅剩一对交替的涡旋脱落,因此脉动拖曳力的频率等于 2 倍的 Strouhal 频率。当该频率接近圆

柱体固有频率时,顺流向响应再次发生共振(第二次锁定),仍取 $St = 0.2$,可得发生第二次锁定的约化速度为

$$V_r \approx \frac{1}{2 \cdot St} = 2.5 \qquad\qquad (7-10)$$

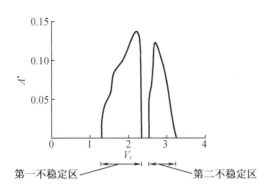

图 7 - 18　顺流向响应的不稳定区[1]

　　比较图 7 - 18 和图 7 - 2 可知,在第一和第二不稳定区,圆柱体涡激振动的顺流向响应大于横向响应,因此椭圆形轨迹的长轴代表的是顺流向响应的峰 - 峰值。在非同步区的不同约化速度范围,圆柱体涡激振动的椭圆形轨迹将呈现出不同的两自由度响应,如图 7 - 19(a)所示。在非锁定状态下,也会出现月牙形轨迹,如图 7 - 19(b)所示。对于同步区的 8 字形运动轨迹,其具体的轨迹形状也随涡旋泄放模式(与约化速度 V_r 和响应幅值 A^* 有关,见图 2 - 20)的变化而变化,如图 7 - 20 所示。

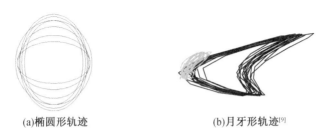

(a)椭圆形轨迹　　　　　　　　　(b)月牙形轨迹[9]

图 7 - 19　$f_x = f_y$ 时的非同步区涡激振动轨迹

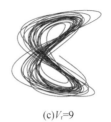

(a)$V_r=3$ (b)$V_r=6$ (c)$V_r=9$

图 7 – 20 不同约化速度时的 8 字形轨迹($m^* = 2$)[10]

7.2.3 随机与简谐振动

圆柱体涡激振动的位移响应随振动状态(同步和非同步)的不同而不同,在同步状态下,涡激振动具有简谐振动的特征,而在非同步状态下,涡激振动呈现出随机振动的特征,如图 7 – 21 所示。发生简谐振动时,圆柱体的顺流向响应频率等于 2 倍的横向响应频率,即 8 字形轨迹;且顺流向响应幅值远远小于横向响应幅值,约为横向响应幅值的 20% ~ 30%(图 7 – 17(b))。对于小质量比系统,从进入同步状态到锁定的约化速度范围内,横向响应幅值随着约化速度的增大而迅速增大,被称为响应的初始分值(initial branch);在进入锁定状态前达到最大值,被称为响应的上分支(upper branch);进入锁定状态后,横向响应幅值保持在一个相对稳定的值(小于最大值),被称为下分支(lower branch);锁定状态结束后,横向响应幅值迅速减小,横向响应退出同步区,如图 7 – 22 所示。对于大质量比系统,同步和锁定是同时发生的,不存在明显的下分支,如图 7 – 23 所示。

从图 7 – 23 中可以看出,对于小质量比系统,在锁定区,横向响应幅值并不随着流速的增大而增大,而是稳定在 0.6 倍的圆柱体直径,但流体力的幅值 $\frac{1}{2}\rho U^2 D$ 是随流速的增大而增大的,这似乎意味着升力系数是随着流速的增大而减小,变化的趋势与流速的平方呈反比,如图 7 – 24 所示。但是,如果从强迫振动的观点来解释,发生锁定后,在涡旋泄放频率不变的条件下,响应幅值不变意味着涡激升力的幅值也不变。而保持涡旋泄放频率恒定的条件是,流经圆柱体的流速不变。在圆柱体运动的条件下,流经圆柱体的流速为流速与圆柱体的相对速度 $U - v$,因此,流固耦合条件下的涡旋泄放频率可表示为

$$f_v = \frac{St \cdot |U - v|}{D} \qquad (7 - 11)$$

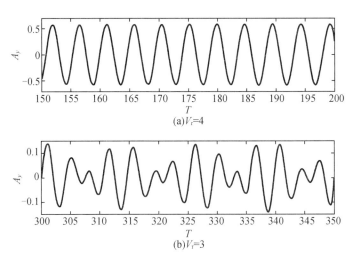

图 7 – 21　同步与非同步状态的横向响应（$m^* = 10$）[11]

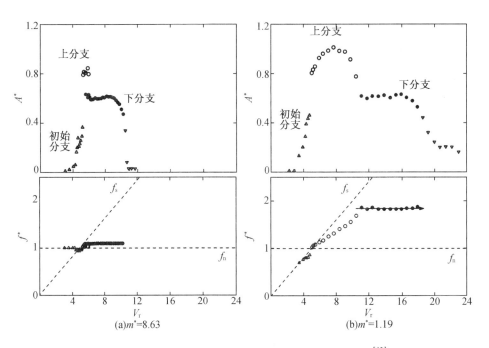

图 7 – 22　同步状态的横向响应幅值与频率的对应关系[12]

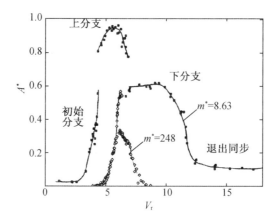

图 7 - 23　大、小质量比的横向响应比较[4]

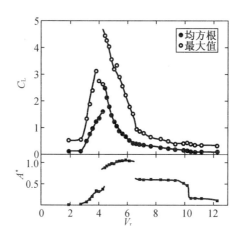

图 7 - 24　升力系数与横向响应幅值[13]

而涡激升力可表示为

$$F_{L}(t) = \frac{1}{2}\rho D \mid U - v \mid^2 C_{L}(t) \qquad (7-12)$$

式中　U——流场的流速矢量；

　　　v——圆柱体的速度矢量；

　　　D——圆柱体直径；

　　　ρ——流体密度；

　　　$C_{L}(t)$——涡激升力系数。

　　分析式(7-11)和式(7-12)可知,涡旋泄放频率不变,则$\mid U-v\mid$不变,从而

$\frac{1}{2}\rho D \mid U - v \mid^2$ 不变,因此 $C_L(t)$ 是一个幅值不变的简谐函数,即可以保证圆柱体的横向响应幅值不变。

在非同步区,圆柱体涡激振动频率 f_y(或 f_x)与涡旋泄放频率 f_v 不同,圆柱体以其实时固有频率振动,因此顺流向响应频率 f_x 与横向响应频率 f_y 相同($f_x = f_y = f_n'$),从而产生了椭圆形运动轨迹。由于不符合强迫振动的性质——振动频率与荷载频率相同,也有自激振动提法。此外,圆柱体的运动改变了流动的分离点位置和速度,从而改变了涡旋泄放的规律。

分析式(7-11)可知,由于 $f_s = St \cdot U/D$ 与 v 的频率不同,因此涡旋泄放频率 f_v 是以 Strouhal 频率为卓越频率的随机变量。同时,涡激升力的幅值 F_0 也是一个以 $\frac{1}{2}\rho U^2 D$ 为均值的随机变量,因此圆柱体的振幅也呈现随机变量的特征。

在亚临界区,涡旋泄放引起的水动力荷载集中在一个较窄的频带范围内。支配的涡旋泄放频率可用 Strouhal 频率 f_s 来计算。圆柱体横截面迎流向两侧交替的涡旋泄放导致升力和拖曳力耦合的动力作用,升力波动的概率密度可用高斯分布来近似,平均和振荡升力和拖曳力系数可表示为

$$C_L = \frac{F_L}{\frac{1}{2}\rho D U^2} \tag{7-13}$$

$$C_D = \frac{F_D}{\frac{1}{2}\rho D U^2} \tag{7-14}$$

$$C_L' = \frac{\sigma(F_L)}{\frac{1}{2}\rho D U^2} \tag{7-15}$$

$$C_D' = \frac{\sigma(F_D)}{\frac{1}{2}\rho D U^2} \tag{7-16}$$

在临界区,涡旋泄放主要发生在圆柱体横截面迎流向的一侧。尾流在边界层转换后是无序的,St 离散度较大,在 $0.20 \sim 0.45$ 之间。

在亚临界区,压力波动具有随机性,近尾流处的性质强烈地依赖于边界层的湍流强度。波动的升力和拖曳力谱具有多个分离的能量带,因此升力和拖曳力不应采用单频率荷载模拟。

在超临界区的高端,边界层已经达到了另一个过渡阶段。在该流动阶段,可

能存在滞回过程。此后,规则的涡旋泄放现象重新出现。

涡旋形成沿轴向的相关性是水动力荷载低频分量的重要组成部分,目前仍是备受关注的研究课题。观测数据表明,扰力的摄动将导致圆柱体一个有限长度上的升力达到幅值,且频率被调制——拍振动,耦合的拖曳力包括相应于拍频的低频分量和相应于涡旋泄放的高频分量。

圆柱体的振动可以改变周围流场的性质,小幅度的横向振动能够提高涡旋形成沿轴向的相关性。近尾流处的涡旋形成及圆柱体横截面的附加质量力和附加阻尼力取决于三个无量纲参数——幅值比(A_y/D)、约化速度($U/f_n D$)和 Re。当涡旋泄放周期接近圆柱体弯曲振动的某一个周期时,涡旋泄放将发生锁定现象,锁定时的动平衡条件可用一个闭合反馈环来描述,在这个反馈环中,水动力荷载、附加质量力和附件阻尼力都取决于圆柱体的响应幅值。由于流体-结构的动力相互作用,圆柱体的振动幅度是自限的,涡旋泄放频率锁定在圆柱体与其最接近的频率。对于流速非均匀分布的流场,涡旋泄放频率沿圆柱体长度不是常数,因此沿整个圆柱体长度不会发生锁定现象。在锁定区外,振荡的拖曳力成为阻尼力。

圆柱体振动和近尾流的相互作用以附加质量力和附加阻尼力的形式叠加。应该指出的是,由于流场不对称,附加质量系数和附加阻尼系数对于顺流向和横向运动可能是不同的。而且,圆柱体的横向振动也可能改变平均拖曳力。对于锁定条件,平均拖曳力增大幅度为静止圆柱体的 1.0~3.0 倍,甚至更高。

7.3 串列圆柱体涡激振动

7.3.1 尾流场形态

1. 静止圆柱体

两个顺流向排列的圆柱体被称为串列圆柱体,通常将位于一个圆柱体尾流处的圆柱体称为下游或尾流圆柱体,另一个则称为上游圆柱体,上、下游圆柱体之间的距离 L 通常以圆柱体的直径 D 来度量(此处仅介绍两个圆柱体直径相同的情况),即 $L = n \cdot D$,如图 7-25 所示。

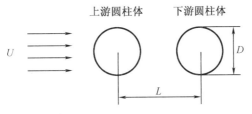

上游圆柱体　　　下游圆柱体

图 7-25　两串列圆柱体示意图

当两个圆柱体顺流向排列时,下游圆柱体处于上游圆柱体的尾流场中,上游圆柱体对下游圆柱体的来流产生了遮蔽效应,使得下游圆柱体的来流不再是大流场的流态而是上游圆柱体的尾流。因此,下游圆柱体的涡激振动将取决于上游圆柱体的尾流形态。此时,下游圆柱体的涡旋泄放不仅取决于 Re、表面粗糙度及其自身的运动状态(速度和振幅),而且受到上游圆柱体尾流场的影响,其涡激升力和脉动拖曳力来自上游圆柱体的尾流和自身涡旋脱落的组合作用。因此,下游圆柱体的涡激振动与其所处的上游圆柱体尾流场位置有关,处于上游圆柱体尾流场的不同位置,将受到不同强度的尾流或涡旋作用,且处于相同强度涡旋的不同位置时,其受到的影响也是不同的。当然,上、下游圆柱体的影响是相互的。在一定的条件下,下游圆柱体的存在将影响上游圆柱体的涡旋形成和泄放,从而影响上游圆柱体的涡激振动。对于下游圆柱体而言,上游圆柱体类似一台湍流发生器;对于上游圆柱体而言,下游圆柱体好似一个尾流稳定装置[14]。由于下游圆柱体位于上游圆柱体的尾流干涉区(图 7-26,图中 T 为两并列圆柱体的轴线距离),因此两圆柱体的相互影响也称为尾流干涉。

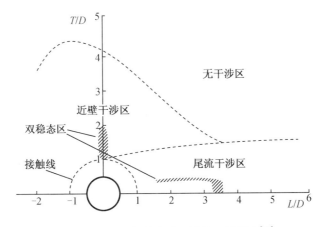

图 7-26　两圆柱体流动干涉的区域划分[15]

尾流干涉改变了上游圆柱体的尾流场形态,使得上游圆柱体的剪切层或涡旋运动不同程度地受到下游圆柱体的抑制或干扰,呈现出多种尾流场形态。这些尾流场形态取决于两圆柱体的间距 L 及其运动状态和 Re 或约化速度 V_r。对于稳定流场中的两个固定圆柱体,目前已识别出 8 种不同的流动状态,如图 7-27 所示(图中给出了其中 6 种流动状态的示意图,(e)代表了一种尾流场形态的两种流动状态)。在一定的 Re 条件下,当 L 较小时(具体数值取决于 Re,如图 7-28 所示),上游圆柱体的涡旋泄放受到下游圆柱体的抑制,剪切层跨越两圆柱体之间的间隙而过渡为下游圆柱体的剪切层,两侧剪切层呈对称结构,如图 7-27(a)所示。随着两圆柱体间距的增大,上游圆柱体的一侧剪切层在尚未形成完整的涡旋时就遭遇下游圆柱体的抑制而过渡为下游圆柱体的剪切层,同时,另一侧剪切层则直接过渡为下游圆柱体的剪切层,并在近尾流处形成涡旋并泄放,如图 7-27(b)所示。随着 L 的进一步增大,在两圆柱体之间形成了两个对称的准静态涡旋,如图 7-27(c)所示。随着两圆柱体间距的继续增大,这两个准静态涡旋变得不稳定了,可发现间歇性地涡旋泄放,如图 7-27(d)所示。但是,当两个圆柱体的间距进一步增大时,不稳定的准静态涡旋并没有因足够的空间而形成稳定的泄放,从上游圆柱体分离的剪切层仅仅在下游圆柱体前间歇性地短暂弯曲后便重新附着到下游圆柱体的剪切层,如图 7-27(e)所示。这个流动状态是一个过渡状态,因此是一个双稳定模式,即该尾流场形态同时存在两种流动状态——不稳定的准静态涡旋间歇性地泄放(图 7-27(d))和交替涡旋泄放(图 7-27(f)),如果其中一种流动状态比另一种流动状态存在的时间长而成为该尾流场形态的主要流动状态,则定义为第 6 种流动状态。在此基础上继续增大两圆柱体的间距,则出现第 7 种流动状态——上游圆柱体的尾流形成了交替的涡旋泄放,如图 7-27(f)所示。第 8 中流动状态是前 3 种流动状态(图 7-27(a)~(c))之间的转变模式,因此是一种不稳定的流动状态。

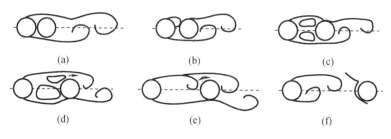

图 7-27　流场形态示意图[16]

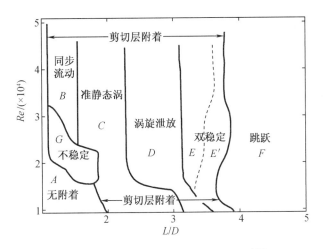

图 7 - 28　流场形态与 **L** 和 **Re** 的关系[17]

　　上述 8 中尾流场形态形成于 3 种尾流干涉模式——完全填充模式、抑制涡旋泄放模式和同步涡旋泄放模式。完全填充模式,顾名思义,是指下游圆柱体位于上游圆柱体的近尾流场中,由于两圆柱体的间距较小而不足以产生涡旋形成的条件,因此上游圆柱体的剪切层跨越两圆柱体的间隙而直接形成下游圆柱体的剪切层,并在下游圆柱体的尾流完成涡旋泄放的过程。此时,两圆柱体之间的大部分流体处于滞留状态,只有少量的流体形成振荡的空腔流。这意味着,从上游圆柱体的流动分离到下游圆柱体的涡旋泄放与单个圆柱体周围的流动过程类似,因此被称为单钝体流态(single bluff body regime,SBB)或延展圆柱体流态(extended-body regime)。同时,两圆柱体之间的两侧剪切层是完全对称的,也被称为对称间隙(symmetric in the gap,SG),如图 7 - 29(a)和图 7 - 30(a)所示。但是,与单个圆柱体相比,其涡旋泄放的频率较高(按 Strouhal 定律表示,则 St 较大),涡旋形成的位置距下游圆柱体更近,且尾流较窄,卡尔曼涡街较长,如图 7 - 31(a)所示。

(a)完全填充模式　　　　　　(b)抑制涡泄模式　　　　　　(c)同步涡泄模式

图 7 - 29　3 种尾流干涉模式示意图[18]

(a)完全填充模式

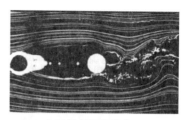

(b)抑制涡泄模式

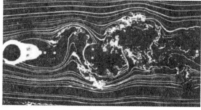

(c)同步涡泄模式

图7-30　3种尾流干涉模式照片[19]

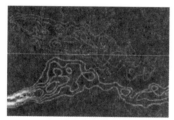

(a)完全填充模式

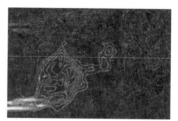

(b)单圆柱体模式

图7-31　完全填充模式涡街与单圆柱体涡街比较[19]

抑制涡旋泄放模式,顾名思义,是指上游圆柱体的剪切层在两圆柱体之间有形成涡旋的趋势(卷曲)或形成部分乃至完整的涡旋,但其后的发展却由于下游圆柱体的存在受到抑制而无法完成涡旋形成和泄放的整个过程,最终重新附着于下游圆柱体并在其尾流处完成涡旋泄放,因此被称为剪切层二次附着流态(shear layer reattachment regime,SLR)。该模式涵盖了从有涡旋形成趋势(剪切层卷曲)到涡旋泄放前(间歇性地涡旋泄放)的多种尾流场形态,两侧剪切层呈现出对称和非对称两种状态,以交替变化的非对称剪切层为主,因此也称其为交替间隙(alternating in the gap,AG),如图7-29(b)所示。当上游圆柱体的剪切层在下游圆柱体的下游侧附着时(该模式下的较小间距),将影响下游圆柱体的边界层发展和分离,导致下游圆柱体尾流处形成的涡旋较弱且尺寸较小。而当上游圆柱体的剪切层在下游圆柱体的上游侧附着时(该模式下的较大间距),对下游圆柱体的边界层发展影响较小,导致下游圆柱体形成的涡旋较强[20]。

同步涡旋泄放模式(synchronized vortex shedding regime,SVS)则意味着两圆柱体的尾流形成了同频率的涡旋泄放,即两圆柱体之间形成了与单个圆柱体相似的尾流场,故也被称为尾流间隙(wake in the gap,WG),如图7-29(c)所示。当从上游圆柱体脱落的涡旋与下游圆柱体的涡旋合并时,将导致下游圆柱体的涡旋大于前两种干涉模式,但强度较弱,因此涡街的耗散较快,其原因部分归结于上游圆柱体的涡旋在遭遇下游圆柱体时损失了能量[20]。

上游圆柱体的尾流场形态取决于两圆柱体的距离和 Re (约化速度),如图7-32至图7-34所示(图7-34为下游圆柱体做横向振动的情况)。对于两个静止的圆柱体,当 Re 为 $800\sim5.2\times10^4$ 时,三种尾流干涉模式的间距范围分别为[16,18]:完全填充模式为 $1.0<L/D\leqslant1.2\sim2.0$;抑制涡旋泄放模式为 $1.2\sim2.0<L/D\leqslant3.4\sim5.0$;同步涡旋泄放模式为 $L/D>3.4\sim5.0$ 。这些间距范围的上、下限都不是一个确定的数值,这并不意味着两种干涉模式之间的转换是一个渐进过程。两种干涉模式的转换过程是在某个间距完成的,被称为临界间距 $(L/D)_c$,而临界间距是随 Re 的变化而变化的, Re 越小,临界间距越大,如图7-35所示。由于两种干涉模式的转变是在瞬间完成的,因此临界间距同时存在两种干涉模式(由于不同干涉模式的尾流场形态不同,从而上、下游圆柱体涡旋形成和/或脱落的频率不同,因此临界间距同时存在两个涡旋泄放频率,如图7-36所示),两种干涉模式间歇性地呈现,被称为跳跃模式,相应的尾流场形态被称为双稳定流态。

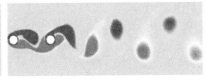

(a)L/D=3.5   (b)L/D=4.0

图7-32 不同间距的尾流场形态($Re=100$)[20]

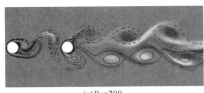
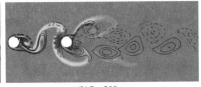

(a)Re=200   (b)Re=300

图7-33 不同 Re 的尾流场形态($L/D=5.0$)[21]

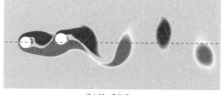

(a)$V_r = 4.0$ (b)$V_r = 30.0$

图 7 − 34　不同约化速度的尾流场形态($L/D = 4.0$)[22]

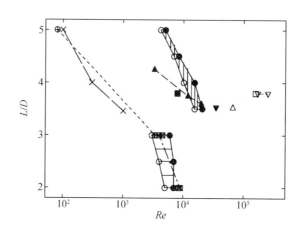

图 7 − 35　临界间距随 Re 的变化[23]

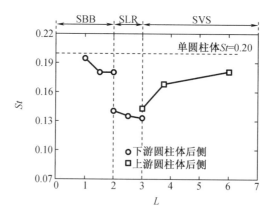

图 7 − 36　不同尾流场形态的 St($Re = 250$)[24]

2. 运动圆柱体

当两个串列的圆柱体发生运动时,它们相对流场的排列方式将发生变化,由串列变为阶梯排列,如图 7 − 37 所示。图中 P 为两圆柱体轴线距离;α 为两圆柱体轴线连线与流速方向的夹角;L 为 P 在流速方向的投影,即 $L = P \cdot \cos \alpha$;T 为 P 在垂直流速方向的投影,即 $T = P \cdot \sin \alpha$。这种由圆柱体运动引起的位置和相对速度变化,不仅改变了两圆柱体的间距和相对于流场的位置,而且改变了驻点和分离点的位置及剪切层的运动,如图 7 – 38 所示。不仅如此,圆柱体的运动也改变了剪切层流经圆柱体的速度(相对速度)。因此,对于运动的圆柱体,其尾流场还与它们的运动状态有关,即尾流场同时存在位置干涉和速度干涉。

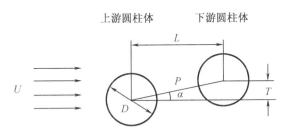

图 7 – 37　两圆柱体阶梯排列示意图

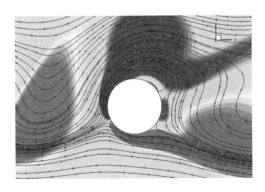

图 7 – 38　下游圆柱体的驻点随运动变化[22]

　　由于两圆柱体相对位置的变化,位置干涉呈现出十分复杂的流场形态。这些流场形态的复杂性来自四个边界层的相互作用、两个涡旋的形成与泄放过程的相互作用和两个涡街的相互作用[25],如图 7 – 39 所示。从而可以形成剪切层二次附着流态、诱导分离流态(IS)、涡对包络流态(VPE)、涡对半包络流态(VPSE)、同步涡旋泄放流态(SVS)和涡旋撞击流态(VI),如图 7 – 40 所示。其中,剪切层二次附着流态、诱导分离流态和涡旋撞击流态发生在两圆柱体横向相对位移较小的条件下。

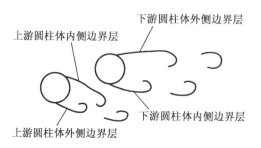

图 7-39　位置干涉示意图[18]

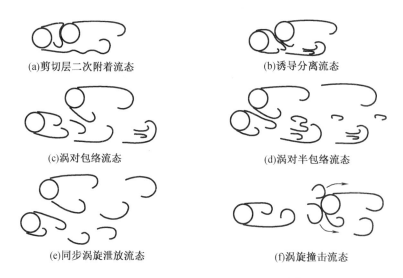

(a)剪切层二次附着流态　　　　　　　(b)诱导分离流态

(c)涡对包络流态　　　　　　　　　(d)涡对半包络流态

(e)同步涡旋泄放流态　　　　　　　(f)涡旋撞击流态

图 7-40　位置干涉的尾流场示意图[25]

当 $Re = 850 \sim 1\,900$ 时,两圆柱体形成剪切层二次附着流态的间距范围为: $\alpha < 20°, 1.12 < P/D < 4.0$,二次附着发生在内侧剪切层(图 7-41(a))。而对于串列圆柱体,$L/D = 1.12$ 时($Re = 800 \sim 5.2 \times 10^4$)为单钝体流态。诱导分离的间距范围为 $10° < \alpha < 30°, 1.12 < P/D < 3.0$,较窄的间隙流导致了流动分离,在下游圆柱体的内侧形成了涡旋(图 7-41(b))。上游圆柱体脱落的涡旋撞击下游圆柱体被称为涡旋撞击流态,其发生的间距范围为 $\alpha < 20°, 3.0 < P/D < 5.0$。

涡对包络流态、涡对半包络流态和同步涡旋泄放流态发生在两圆柱体横向相对位移较大的条件下。涡对包络流态是指一对间隙涡被上游圆柱体的外侧剪切层脱落的涡所裹挟的流场形态,如图 7-40(c)所示,其间距范围为 $20° < \alpha < 45°, 1.25 < P/D < 3.5$。涡对半包络流态与涡对包络流态的区别是前者间隙涡对被上游圆柱体的外侧剪切层脱落的涡部分包裹,如图 7-40(d)所示,其间距范

围为 $\alpha > 20°, 1.25 < P/D < 4.0$。同步涡旋泄放（图 7 – 40 （e））的间距范围为 $\alpha > 15°, 1.5 < P/D < 5.0$，而串列圆柱体在 $Re = 800 \sim 5.2 \times 10^4$ 时形成同步涡旋泄放流态的间距为 $L/D > 3.4 \sim 5.0$，由于 Re 越大，发生同一尾流形态的最小间距越小，因此 $Re = 800$ 时，两静止圆柱体在 $L/D > 5.0$ 的间距发生同步涡旋泄放模式，远远大于两圆柱体有横向相对位移的间距。

(a)剪切层二次附着流态

(b)诱导分离流态

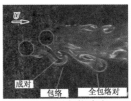
(c)涡对包络流态

(d)涡对半包络流态

(e)同步涡旋泄放流态

图 7 – 41　位置干涉的尾流场影像[25]

由此可知，两圆柱体的横向运动产生的位置干涉不仅改变了剪切层二次附着流态和同步涡旋泄放流态的间距范围，而且产生了四种不同的新流态。

由于两圆柱体的相对横向运动产生的速度干涉将改变不同流态的驻点和分离点位置及涡旋脱落和运动的方向（图 7 – 42），因此两运动圆柱体的流场形态是位置干涉和速度干涉产生的流场形态的叠加。

图 7 – 42　速度干涉的尾流场流线图[26]

7.3.2 涡激力

1. 绕流问题

由于尾流场干涉效应,串列圆柱体的涡激升力和脉动拖曳力不同于单个圆柱体,既然尾流场的干涉效应随两圆柱体间距的变化而变化,那么受尾流场干涉效应影响的流体力也一定随两圆柱体间距的变化而变化,如图 7-43 所示。在亚临界区,当两圆柱体间距 $L/D < 9$ 时,下游圆柱体的涡激升力和脉动拖曳力均大于上游圆柱体,且当 $L/D > 4$ (同步涡旋泄放模式)时,下游圆柱体的涡激升力和脉动拖曳力也大于单个圆柱体,但随着间距的增大而单调地减小,直至逼近单个圆柱体。而在同步涡旋泄放模式,上游圆柱体的涡激升力却呈现出小幅波动的特征,这意味着,从上游圆柱体脱落的涡旋与下游圆柱体发生相互作用时,不仅增强了下游圆柱体泄放的涡旋,而且也改变了上游圆柱体泄放的涡旋强度。当上、下游圆柱体的涡激升力同相位(两圆柱体的涡激升力相位差为 $2n\pi$)时(两圆柱体涡激升力相位差随间距的变化规律如图 7-44 所示),上游圆柱体的涡激升力有极大值(图 7-43 中 $L/D = 4$ 和 7 两点,相应的相位差分别为 2π 和 4π,如图 7-44 所示),而上、下游圆柱体的涡激升力反相位(两圆柱体的涡激升力相位差为 $(2n+1)\pi$)时,上游圆柱体的涡激升力有极小值(图 7-43 中 $L/D = 5.5$ 和 9 两点,相应的相位差分别为 3π 和 5π,如图 7-44 所示)[27]。因此,在由同相位向反相位过渡的间距范围,随着间距的增大,上游圆柱体的涡旋泄放强度逐渐减弱,而在由反相位向同相位过渡的间距范围,随着间距的增大,上游圆柱体的涡旋泄放强度逐渐增强。

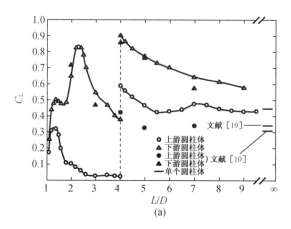

(a)

图 7-43 圆柱绕流的两圆柱体波动升力和脉动拖曳力系数($Re = 6.5 \times 10^4$)[27]

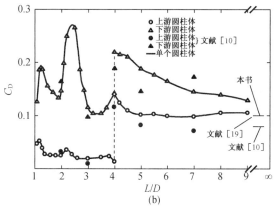

图 7－43（续）

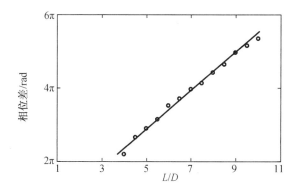

图 7－44　同步涡旋泄放模式的两圆柱体升力相位差（$Re = 6.5 \times 10^4$）[27]

在完全填充模式（$1 < L/D < 2$）和抑制涡旋泄放模式（$2 < L/D < 4$）两个间距范围,由于上游圆柱体的尾流不产生涡旋泄放,其波动的升力和阻力非常小,特别是抑制涡旋泄放模式,上游圆柱体的波动升力和阻力不仅远远小于下游圆柱体,甚至远远小于单个圆柱体。这个现象可以用上游圆柱体的尾流场形态来解释:在完全填充模式,上游圆柱体的尾流场几乎处于"静止状态",两圆柱体形同一个单钝体,上游圆柱体的涡激升力和脉动拖曳力来自下游圆柱体涡旋泄放形成的压力场,因此"静止状态"的上游圆柱体尾流场使得它的纵向压差非常小,而横向压差则由于距涡旋泄放的位置较远而小于下游圆柱体;在抑制涡旋泄放模式的前半段（$2 < L/D < 3$）,下游圆柱体涡旋泄放形成的压力场被剪切层的运动所阻断,上游圆柱体的微弱横向压差来自剪切层交替地二次附着,表现为升力的急剧降低,但其纵向压差终因上游圆柱体的尾流没有涡旋脱落而无明显变化,表

现为脉动拖曳力在交替地剪切层二次附着开始略有增大,随即逐渐减小直至剪切层由交替二次附着发展为同步二次附着,而下游圆柱体的涡旋则由于剪切层交替地二次附着被加强,表现为涡激升力和脉动拖曳力的急剧增大;在抑制涡旋泄放模式的后半段($3 < L/D < 4$),由于上游圆柱体两侧的剪切层同步地二次附着于下游圆柱体,因此对下游圆柱体涡旋泄放形成的压差影响较小,导致下游圆柱体的涡激升力和脉动拖曳力从交替附着模式的高位急剧回归单圆柱体的常规位置,当然,剪切层二次附着由交替变为同步也最终导致上游圆柱体的升力消失殆尽,而对上游圆柱体的脉动拖曳力仍无显著影响,如图7 – 43 所示。需要指出的是,上述间距范围仅适用于亚临界 $Re(=6.5 \times 10^4)$ 的圆柱绕流,对于其他 Re 范围或流固耦合条件,不同模式的相应间距值是不同的,前面已有论述,此处不再赘述。

由于尾流干涉影响了上、下游圆柱体的尾流场涡旋形成和泄放,串列圆柱体的涡激升力频率在不同干涉模式下也不尽相同。在完全填充模式,上游圆柱体尾流场没有涡旋形成,其升力来自下游圆柱体的涡旋泄放,因此上、下游圆柱体的升力频率是相同的。此时,上游圆柱体的剪切层跨越尾流场而直接附着于下游圆柱体,并形成下游圆柱体的剪切层(上游圆柱体的尾流场为负压力,下游圆柱体的驻点处不产生流动分离),导致下游圆柱体的分离点后移,从而降低了涡旋泄放的频率,因此由涡旋泄放频率计算得到的 St 较小(图7 – 45 中 $1 < L/D < 2$ 部分)。而在抑制涡旋泄放模式,上游圆柱体的剪切层由直接附着变为二次附着,因此下游圆柱体的分离点比完全填充模式前移,但仍比单个圆柱体相同 Re 条件下的分离点靠后,从而涡旋泄放频率比完全填充模式有所提高,但仍远远低于单个圆柱体(图7 – 45 中 $2 < L/D < 4$ 部分)。由于在该模式下上游圆柱体的升力来自其剪切层的二次附着,因此当剪切层交替附着时,上游圆柱体有微弱的升力作用,其频率与下游圆柱体相同,这也说明下游圆柱体的剪切层来自上游圆柱体而不是自身的流动分离。而当剪切层同步附着时,上游圆柱体的升力不复存在,无法由升力计算出 St 数。因此,在图7 – 45 中,在 $3 < L/D < 4$ 的范围没有上游圆柱体数据。在同步涡旋泄放模式,上游圆柱体的尾流处形成了完整的涡旋泄放过程,且其涡街对下游圆柱体的流动分离和涡旋泄放没有显著的影响,只是改变了下游圆柱体的涡量。因此,上、下游圆柱体各自按照 Strouhal 规律独立地完成涡旋泄放,从而它们的涡旋泄放频率与单个圆柱体相同,如图7 – 45 所示。

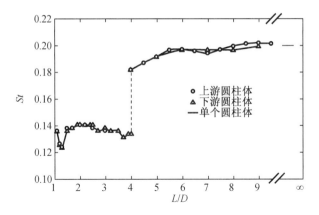

图 7 - 45　圆柱绕流的两圆柱体 $St(Re = 6.5 \times 10^4)$ [27]

2. 流固耦合问题

对于运动圆柱体,由于两圆柱体间距和相对位置不断变化,从而干涉模式随之不断变化,因此上述关于升力的论述只能代表平衡位置时的升力性质。在忽略速度耦合影响的条件下,可以借助两圆柱体阶梯形排列的涡激升力和脉动拖曳力性质来讨论串列圆柱体发生涡激振动时的涡激升力和脉动拖曳力性质。

当串列的两圆柱体发生相对运动时,它们在流场中形成了阶梯排列。对于阶梯排列的两圆柱体,当其纵向间距位于串列圆柱体的完全填充模式范围时,上游圆柱体的尾流场已经发生了剪切层二次附着。由于剪切层二次附着发生在两圆柱体的内侧,从而平衡了部分下游圆柱体的流体压力场,因此下游圆柱体的涡激升力和脉动拖曳力并不像串列圆柱体那样被二次附着的剪切层增强,而是相反。这就导致下游圆柱体的涡激升力和脉动拖曳力远远小于单个圆柱体,而上游圆柱体也因自身不形成涡旋泄放,仅有来自剪切层二次附着的微弱波动升力和脉动拖曳力。随着两圆柱体间距的增大,上游圆柱体内侧剪切层的二次附着或涡旋泄放(诱导分离)对下游圆柱体涡旋形成和泄放的削弱作用逐渐减弱,使得下游圆柱体的涡激升力和脉动拖曳力单调增大,但上游圆柱体的涡激升力和脉动拖曳力则由于不产生涡旋泄放(剪切层二次附着)或不产生周期的交替涡旋泄放(诱导分离)而始终稳定地维持在一个较低的值,直至同步涡旋泄放模式的形成,如图 7 - 46 ($P/D < 3.1$)所示。在这个间距范围,下游圆柱体单调增大的涡激升力仍小于单个圆柱体,而脉动拖曳力则在诱导分离流态形成后超过了单个圆柱体。

当两圆柱体的间距继续增大至稳定的同步涡旋泄放模式形成后,由于上游圆柱体脱落的涡旋与下游圆柱体的相互作用及与下游圆柱体尾流的耦合作用,两圆柱体的涡激升力和脉动拖曳力陡然增大,并随着间距的进一步增大而单调减小,如图 7 - 46($P/D > 3.4$)所示。由于下游圆柱体受到上游圆柱体涡街和自

235

身脱落涡旋的双重作用,其涡激升力和脉动拖曳力均远远大于单个圆柱体,而上游圆柱体脱落的涡旋与下游圆柱体的相互作用仅在同步涡旋泄放模式形成后的一个较小间距范围内对上游圆柱体产生一定的影响,因此上游圆柱体的涡激升力和脉动拖曳力随间距的增大迅速减小至单个圆柱体的水平。从图 7 - 46 可以看出,在同步涡旋泄放模式,上游圆柱体的涡激升力受其尾流与下游圆柱体的相互作用影响较大,而脉动拖曳力所受影响则微乎其微。

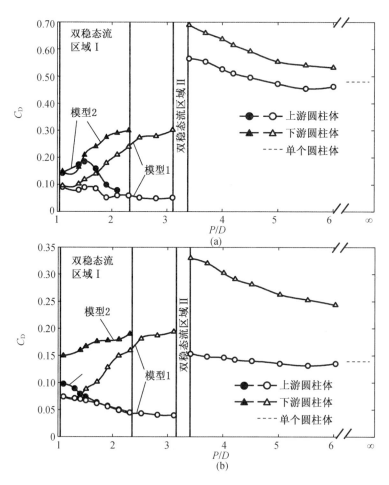

图 7 - 46　阶梯排列($\alpha = 10°$)的两圆柱体流体力系数($Re = 5.5 \times 10^4$)[28]

当两圆柱体的间距增大($P/D > 3.1$)至稳定的同步涡旋泄放模式形成时,上、下游圆柱体的涡激升力和脉动拖曳力陡然增大,其涡激升力均大于单个圆柱体(此时两圆柱体的横向间距大于圆柱体的直径 $T/D \approx 1.3$),也大于横向间距小于圆柱体直径时的同步涡旋泄放模式(图 7 – 46,$T/D \approx 0.6$),且下游圆柱体的涡激升力保持了较大的一个间距范围。分析认为,当下游圆柱体位于上游圆柱体内侧的涡旋泄放路径上时(两圆柱体的横向间距 $T/D \approx D/2$),上游圆柱体的内侧涡旋将撞击下游圆柱体而形成涡对碰撞模式(图 7 – 40(f)),导致涡旋分裂,从而减弱了两圆柱体涡旋的耦合作用。上述分析也可以从脉动拖曳力的比较中得到证明——两圆柱体横向间距大于圆柱体直径时,其发生稳定同步涡旋泄放模式时的脉动拖曳力(图 7 – 47)小于它们的横向间距且小于圆柱体直径时的值(图 7 – 46),且下游圆柱体的差值较大,这便是涡对撞击的结果。

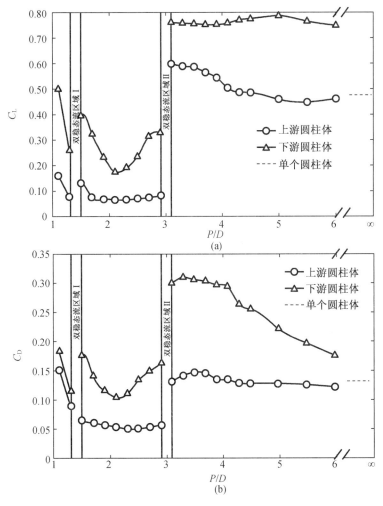

图 7 – 47　阶梯排列($\alpha = 25°$)的两圆柱体流体力系数($Re = 5.5 \times 10^4$)[28]

随着两圆柱体横向间距的进一步增大,在纵向间距小于同步涡旋泄放模式的范围,尾流场由剪切层二次附着和诱导分离流态向涡对包络和半包络流态转变。虽然两圆柱体均有涡旋形成,但上游圆柱体的涡旋形成和泄放过程受到下游圆柱体的影响,其涡旋不能自由脱落,因此其涡激升力和脉动拖曳力与诱导分离模式相似,维持在一个较低的水平;而下游圆柱体的涡激升力和脉动拖曳力则由于内侧涡旋被上游圆柱体外侧涡旋所裹挟产生了明显的波动(图7-47),当两圆柱体纵向间距增大时,尾流场由诱导分离模式向涡旋包络模式转变,下游圆柱体的涡激升力和脉动拖曳力从诱导分离模式的最大值单调减小至涡旋包络模式的最小值,尾流场也从涡旋包络模式转变为涡旋半包络模式,而随着涡旋半包络模式向同步涡旋泄放模式的转变,下游圆柱体的内侧涡旋泄放逐渐脱离了上游圆柱体外侧涡旋的裹挟,因此其涡激升力和脉动拖曳力单调增大,但涡激升力仍小于单个圆柱体,而脉动拖曳力则超过了单个圆柱体,如图7-47(1.5 < P/D < 2.9)所示。

比较图7-43、图7-46和图7-47可知,当两圆柱体的间距小于稳定的同步涡旋泄放模式范围时,上游圆柱体由于不能形成完整的涡旋或已形成的涡旋不能自由泄放而受到较小的流体力扰动,当尾流场为剪切层二次附着、涡对包络和半包络模式时,流体力的扰动达到最小值。而下游圆柱体则由于尾流场的耦合作用受到较大的流体力扰动,最大扰动发生在两圆柱体处于平衡位置时的尾流场由剪切层交替二次附着模式向同步二次附着模式转变的流态,其最大脉动拖曳力甚至超过了同步涡旋泄放模式。此外,在发生同步涡旋泄放模式前的小间距范围,两圆柱体的 St 小于单个圆柱体,即涡旋泄放频率较低。

7.3.3 响应特征

从前面的讨论中我们看到,两串列圆柱体的尾流场和流体力除了具有单个圆柱体的基本形态外,由于下游圆柱体的存在,还具有一些尾流场与尾流场及尾流场与圆柱体相互干涉所形成的特殊形态。因此,其涡激振动响应也具有一些有别于单个圆柱体的特征。

1. 驰振与尾流振动

当两圆柱体的间距 L 较小且两圆柱体的尾流场处于单钝体和剪切层二次附着流态时,从上游圆柱体分离的剪切层跨越了两圆柱体之间的间隙直接附着到下游圆柱体或一侧剪切层卷曲后重新附着到下游圆柱体,因此下游圆柱体不产生流动分离,其拖曳力为负值(图7-48),即两圆柱体之间形成了负压区,阻碍了两圆柱体的分离,两圆柱体在下游圆柱体的涡旋泄放激扰下产生了同步振动,其整体流场形态与流经扁平箱梁的流场类似,从而响应具有驰振的特征,如图 7-49所示。驰振的性质可以从 Sangil Kim 的试验[29]得到证明,当两圆柱体的间距 $L/D = 1.1$ 时,在没有扰动的情况下,两圆柱体不产生振动,而对其中一个圆柱体施以扰动,则两圆柱体将产生持续的发散振动,如图 7-50 所示。

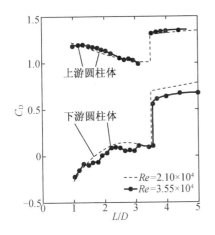

图 7-48　串列圆柱体的平均拖曳力
系数[17]

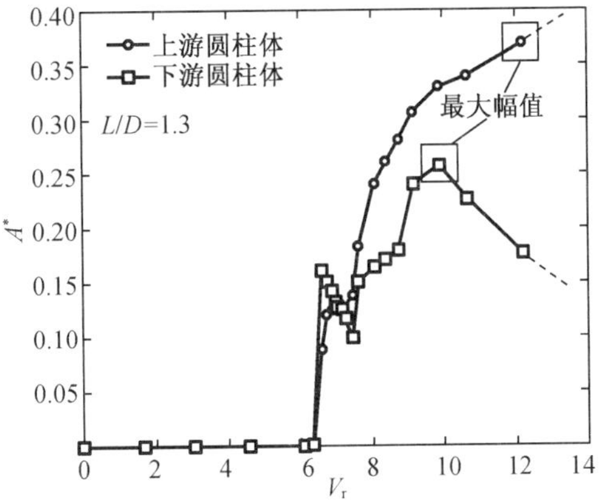

图 7-49　剪切层二次附着流态的横向响应[29]

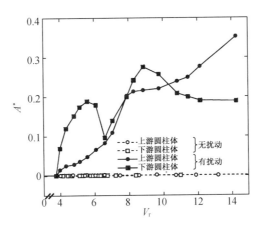

图 7-50　半钝体流态的横向响应[29]

随着两圆柱体间距的增大,剪切层二次附着流态转变为诱导分离、涡对包络和半包络流态,上游圆柱体的尾流有涡旋形成乃至泄放,两圆柱体相伴运动状态被打破,退出驰振状态,两个圆柱体在各自涡旋泄放引起的交变升力作用下产生了涡激振动,如图 7-51 所示。随着间距的继续增大,两圆柱体的尾流场转变为

239

同步涡旋泄放模式,虽然上游圆柱体的涡旋形成和脱落过程与单个圆柱体相同,但其涡街扩散过程受到了下游圆柱体的扰动,并对下游圆柱体的涡旋形成和脱落过程产生较大的影响。因此,下游圆柱体是在自身涡旋泄放和上游圆柱体涡街的共同作用下产生振动的。在同步涡旋泄放模式的小间距范围,下游圆柱体吸收的上游圆柱体涡街能量较大,其横向振动在超过涡激振动响应的上分支最大值后呈现出单调增大的趋势和驰振的特征,如图 7 – 52 所示。因此,这种现象被称为"驰振",亦为尾流振动(wake-induced vibration,WIV)或尾流驰振。随着间距的增大,同步涡旋泄放模式进入大间距范围,上游涡街的能量逐渐减小,因此对下游圆柱体的影响逐渐减弱,下游圆柱体主要受自身涡旋泄放的激励,其横向响应逐渐恢复涡激振动的特征,如图 7 – 53 所示。

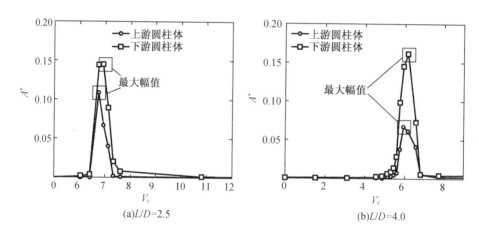

图 7 – 51　诱导分离流态、涡对包络流态和涡对半包络流态的横向响应[29]

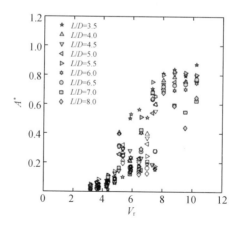

图 7 – 52　同步涡旋泄放流态的下游圆柱体横向响应[30]

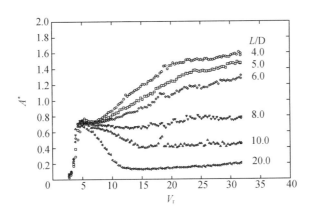

图 7 - 53　不同间距的下游圆柱体的横向响应[16]

由于发生驰振、涡激振动和尾流振动时,两圆柱体处于不同的尾流干涉模式,因此对两圆柱体的运动干涉和影响程度也不同。发生驰振响应时,上游圆柱体的横向响应单调增大,驰振特征明显,而下游圆柱体的横向响应仍具有涡激运动的特征,因此在锁定区间,下游圆柱体发生共振,其响应远远大于上游圆柱体,而出了锁定区后,随着下游圆柱体响应的减小和上游圆柱体响应的继续单调增大,上游圆柱体的响应远远大于下游圆柱体(图 7 - 50)。发生涡激振动和尾流振动时,由于受自身涡旋泄放和上游圆柱体涡旋泄放的双重激励,因此下游圆柱体的横向响应远远大于上游圆柱体及单个圆柱体,这也是串列圆柱体涡激振动备受关注的现象。

2. 间距效应

两串列圆柱体的尾流场形态随二者之间的间距变化导致其流体力与二者之间的间距密切相关,因此由强迫振动理论可知,它们的涡激振动响应也一定是二者之间间距的函数,如图 7 - 54 所示。图中给出的是两串列圆柱体横向涡激振动响应($V_r = 1.5 \sim 26$,$Re = 4\ 365 \sim 74\ 200$)随间距变化的规律,同时给出了两圆柱体绕流条件下的涡激升力。分析可知,在亚临界区,当两圆柱体间距小于同步涡旋泄放模式($L/D < 3.7$)时,尽管两圆柱体的涡激升力幅值有较大差异,且在 $2.0 < L/D < 3.0$ 的范围,两者有不同的变化规律,但它们的横向响应幅值却相差较小。因为在非同步涡旋泄放的尾流模式下,上游圆柱体的响应是受下游圆柱体运动的激扰而产生的运动[29],这就导致上游圆柱体的响应与升力之间呈现不同的变化规律。因此,在非同步涡旋泄放的尾流模式下,两圆柱体发生同步的涡激振动,其横向响应与涡激升力之间呈明显的非线性关系。响应的最大值发生在 $L/D \approx 1.3$,此时上游圆柱体的响应不仅远远大于下游圆柱体,而且呈驰振特

241

征(图7-49)。因为在此间距范围,当 $V_r > 6.0$ 时,上游圆柱体的一侧剪切层在二次附着前部分发生弯曲(图7-27(b)),形成了不稳定的升力,使上游圆柱体先于下游圆柱体受到了激扰[29]。因此,$L/D \approx 1.3$ 时,涡激振动仅发生在 $V_r > 6.0$ 后(图7-49)。

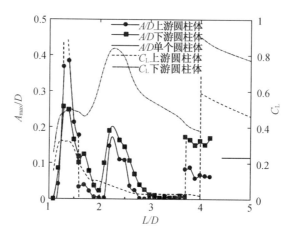

图7-54　串列圆柱体横向响应随间距的变化趋势($1.5 < V_r < 26$)[29]

当两圆柱体间距 $3.0 < L/D < 3.7$,两圆柱体的响应非常小,甚至可以忽略。因为在此间距范围,在不同的流速条件下,上游圆柱体的两侧剪切层均稳定地同步附着于下游圆柱体,此时的下游圆柱体犹如一导流罩,抑制了涡旋的形成(图7-55),使得两圆柱体均无涡激升力作用,从而不产生涡激振动,如图7-56所示。此时,即便是给其中一个圆柱体以扰动,被扰动的圆柱体也不会发生持续的振动,而是逐渐衰减至扰动前的状态。这一点与两圆柱体的间距范围 $L/D < 1.2$ 不同,在该间距范围,两圆柱体在流场作用下的响应小到可以忽略不计,但在 $V_r > 3.5$ 的条件下,如果对其中一个圆柱体施加扰动(或初始位移),则两个圆柱体将同时被激扰而产生振动,且无论激扰的幅值大小,两圆柱体都将以几乎稳定的幅值振动,值得注意的是,上游圆柱体的振动随着约化速度的增大而单调增大(图7-50)。

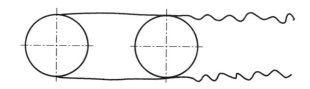

图7-55　$3.0 < L/D < 3.7$ 的尾流场示意图($1.5 < V_r < 26$)[29]

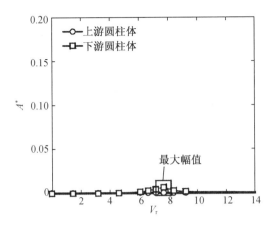

图 7 - 56　$L/D = 3.3$ 的响应特征[29]

当两圆柱体间距 $L/D \geqslant 3.7$ 后,同步涡旋泄放模式形成,两圆柱体在各自涡旋泄放形成的升力激扰下产生涡激振动,而由于下游圆柱体的涡旋被上游圆柱体的涡街增强,因此下游圆柱体的涡激振动远远大于上游圆柱体,与涡激力的性质一致(图 7 - 54 中,涡激升力是圆柱体绕流的试验结果,故其同步涡旋泄放模式发生在 $L/D \geqslant 4.0$)。深水顶张式立管的间距位于稳定同步涡旋泄放模式的范围,因此下游立管的涡激升力和脉动拖曳力均远远大于上游立管。

上述讨论中给出的间距范围对于不同的 Re 和不同的圆柱体动力特性也是不同的,Re 越大,发生同步涡旋泄放模式的间距越小,两圆柱体横向间距(T/D)越大,发生同步涡旋泄放模式的间距越小。例如:在 Re 的亚临界范围,两圆柱体的横向间距 $T/D \approx 0.20$ 时,发生同步涡旋泄放模式的间距 $L/D = 3.70$(图 7 - 54),当横向间距 $T/D \approx 0.60$ 时,发生同步涡旋泄放模式的间距 $L/D = 3.35$(图 7 - 46),而横向间距 $T/D \approx 1.30$ 时,发生同步涡旋泄放模式的间距 $L/D = 2.81$(图 7 - 47)。

3. 干涉效应

串列圆柱体的涡激振动响应不仅与它们之间的距离有关,也与它们的运动状态有关。因为不同的运动状态将产生不同的流固耦合效应,从而改变流场形态,导致不同的流体力。例如,大幅度的顺流向运动将改变圆柱体之间的间距 L/D,在临界间距范围(两种尾流场形态转变的间距),大幅度的顺流向运动将导致尾流场在两种形态之间转换。而大幅度的横向运动将改变它们的阶梯形排列间距 P/D,引起尾流场在多种形态(二次附着、诱导分离、涡对包络和同步涡旋泄放)之间转换,导致涡旋大幅度摆动,形成了宽大的涡街。对于双向运动的串列圆柱体,其流固耦合效应将是上述两个方向运动的组合。

图 7 - 57 给出了两串列圆柱体在其中一个圆柱体静止或(横向)运动条件下,另一个圆柱体的涡激振动(横向)响应。在剪切层二次附着的小间距范围

$(1.2 < L/D < 1.6)$,当 $V_r > 6.0$ 时($V_r < 6.0$ 时的响应可以忽略),尽管上游圆柱体的两侧剪切层仍同步地附着于下游圆柱体,但一侧剪切层的部分流体在下游圆柱体前发生卷曲。由于参与卷曲的流体体积随两圆柱体横向间距(T/D)及上游圆柱体运动速度(流体与圆柱体的相对速度即分离点的切向速度决定了卷曲流体与下游圆柱体的相对位置)变化而变化,导致上游圆柱体受到了不稳定的升力作用,因此上游圆柱体产生了发散的振动——驰振。此时,如果下游圆柱体固定不动,则由于两圆柱体横向间距减小(非同步运动,图 7-58(a)),从而卷曲流体的体积减小,导致上游圆柱体所受不稳定升力减小,因此响应幅值降低,如图 7-57(a)(i)所示。而对于下游圆柱体,当上游圆柱体固定不动时,下游圆柱体在约化速度 $V_r > 4.0$ 时即产生了振动,分析认为,此时上游圆柱体的剪切层尚未发生卷曲现象,下游圆柱体受自身涡激升力的作用而产生了涡激振动,而随着上游圆柱体的剪切层发生卷曲,其对下游圆柱体压力场的影响与下游圆柱体的涡旋影响相互抵消,所以下游圆柱体的振动渐近消失,如图 7-57(a)(ii)所示。

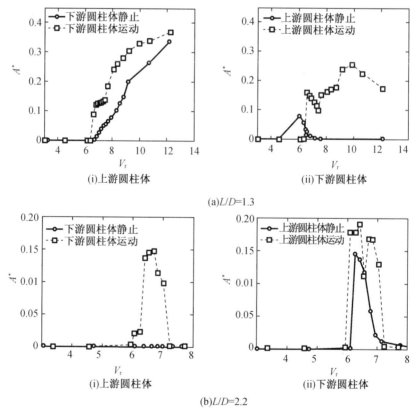

(i)上游圆柱体   (ii)下游圆柱体

(a)L/D=1.3

(i)上游圆柱体   (ii)下游圆柱体

(b)L/D=2.2

图 7-57 两圆柱体不同运动状态时的横向响应[29]

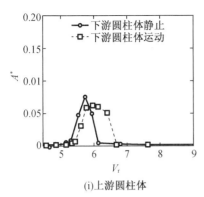

(i)上游圆柱体

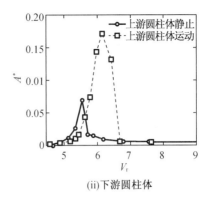

(ii)下游圆柱体

(c)L/D=4.2

图 7 – 57（续）

　　也有学者认为[29]，在此间距范围，上游圆柱体首先被激扰产生振动，而下游圆柱体的振动是上游圆柱体运动所致，所以当上游圆柱体固定时，下游圆柱体便失去了动力，从而不发生振动。但这种理论似乎不能解释下游圆柱体在约化速度 V_r >4.0 产生振动的现象，而读者可能还注意到，不论下游圆柱体运动与否，上游圆柱体都是在 V_r >6.0 时才开始运动的，为何当其被固定后，下游圆柱体会在 V_r >4.0 时发生振动？对于这个问题，可能的解释是，当上游圆柱体没有被固定时，如果其剪切层未发生卷曲，两圆柱体均有微幅运动，正是该微幅运动，导致下游圆柱体尾流场涡旋泄放滞后。当然，该现象也有待进一步验证，特别是在圆柱体两自由度运动的条件下，情况可能完全不同。

　　在剪切层二次附着的大间距范围(1.6 < L/D < 3.0)，上游圆柱体的尾流有了涡旋形成的空间，但尚不足以使其自由泄放，导致剪切层的二次附着由同步变为交替，如图 7 – 58(b)所示。由于此时下游圆柱体受到的涡激升力大于上游圆柱体，因此下游圆柱体率先产生运动并诱发上游圆柱体产生同步的涡激振动。反之，如果下游圆柱体是固定不动的，则上游圆柱体也将不产生运动，如图 7 – 57(b)(i)所示。而对于下游圆柱体，当上游圆柱体固定不动时，两尾流场耦合作用减小了下游圆柱体受到的涡激升力作用，导致下游圆柱体的响应小于上游圆柱体随其同步运动的状态，如图 7 – 57(b)(ii)所示。

　　从上面的分析可以看出，在剪切层二次附着的前后两个间距范围，两个横向运动圆柱体的干涉效应正好相反，但具有相同的规律，即横向振幅较大的圆柱体首先产生运动，其运动状态对另一个圆柱体的影响是运动与否的不同；而横向振幅较小的圆柱体运动滞后，其对横向振幅较大的圆柱体的影响则仅仅是响应大小的不同。

在同步涡旋泄放模式,对于上游圆柱体来说,下游圆柱体的运动状态对其响应的影响较小,下游圆柱体固定不动时,其响应略大于下游圆柱体运动时的响应,如图7-57(c)(i)所示,这说明圆柱体尾流的涡街运动状态将对后续涡旋泄放造成一定的影响。而对于下游圆柱体则情况正相反,上游圆柱体运动时,其响应远远大于上游圆柱体固定不动时的响应,如图7-57(c)(ii)所示。因为上游圆柱体固定不动时,其尾流泄放的涡旋可能撞击下游圆柱体,从而形成涡对撞击模式,减弱了两圆柱体尾流耦合的作用(两圆柱体涡旋合并或填充),导致下游圆柱体的响应与上游圆柱体(非固定)的振幅相当。

图7-58　二次附着尾流场形态示意图[29]

7.4　涡激力模型

7.4.1　单根立管

1.时域模型

深水立管为大柔性圆柱体,由于涡旋泄放时圆柱体上下游存在压力差,造成圆柱体的拖曳力发生波动,从而引发圆柱体产生沿流速方向的振动,圆柱体的振动将影响流动分离,从而影响涡旋泄放模式,这就是流固耦合作用。在圆柱体的一个运动周期内,圆柱体顺流向振动与横向振动相互影响,流体与圆柱体相对速度的大小和方向都在不断变化,涡旋交替脱落的节奏被打乱,导致升力乃至拖曳力的频率和大小均发生变化。因此,对于大柔性圆柱体,圆柱体振动对流场的挠动作用较大,流固耦合作用较强,导致简谐的周期性涡激升力模型对于大柔性圆柱体的涡致振动分析出现较大的偏差。

　　试验研究表明,在相同流速和相同直径条件下,运动圆柱体的涡旋泄放频率因圆柱体固有频率的不同而不同。这意味着,圆柱体的运动对涡旋泄放频率有较大的影响。当振动处于锁定状态时,圆柱体的横向振动呈准简谐振动(图7-59(a)),峰值频率接近 Strouhal 频率(图7-15(a),图示工况的 Strouhal 频率为3.2 Hz,锁定频率为2.93 Hz,结构固有频率为2.76 Hz,符合水中的锁定频率高于结构固有频率而低于 Strouhal 频率的试验结果),振幅远远大于顺流向振幅(图7-59);而顺流向响应呈窄带随机响应特征(图7-59(b)),响应的峰值频率为横向峰值频率的2倍(图7-15(b))。当振动处于非锁定状态时,圆柱体横向振动和顺流振动均呈宽带(与锁定区相比)随机响应特征,顺流向振幅在一定的约化速度范围将大于横向振幅(图7-60),且二者的频率相同(图7-16)。这意味着,圆柱体的顺流向振动对尾流的涡旋脱落模式及圆柱体的振幅和频率均有较大的影响。

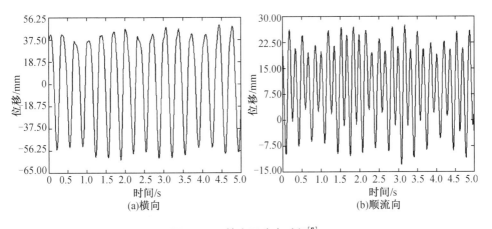

图7-59　锁定区响应时程[8]

　　不仅如此,由于圆柱体的横向运动,流体和圆柱体的相对速度方向不同于流场的流体速度方向,从而导致驻点和分离点偏离(图7-38),因此涡旋泄放频率不同于圆柱体绕流的涡旋泄放频率——Strouhal 频率。同时,由此而产生的涡激升力和脉动拖曳力也取决于流体与圆柱体相对速度的大小,并且横向响应中包括顺流向的频率成分,顺流向响应中也含有横向响应的频率成分,如图7-15所示。

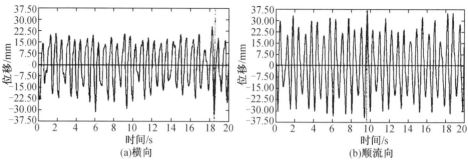

图 7 – 60　非锁定区响应时程[31]

基于上述分析和7.2.3节的讨论,可将涡激力的顺流向(x轴)和横向(y轴)分量表示为

$$F_x = f_D \cos\beta - f_L \sin\beta$$
$$F_y = f_D \sin\beta + f_L \cos\beta \qquad (7-17)$$

式中

$$f_D = \frac{1}{2}C'_D\rho D \,|\, \boldsymbol{U} - \boldsymbol{v} \,|^2 \sin\left(\overline{\mu\omega_s}t + (2-\mu)\frac{\pi}{2}\right) \qquad (7-18)$$

$$f_L = \frac{1}{2}C'_L\rho D \,|\, \boldsymbol{U} - \boldsymbol{v} \,|^2 \sin\overline{\omega_s}t \qquad (7-19)$$

$$\overline{\omega_s} = 2\pi f_n \sqrt{\frac{m^* + 1.0}{m^* - 0.54}} \quad \text{锁定区} \qquad (7-20)$$

$$\overline{\omega_s} = 2\pi \frac{St \cdot |\, \boldsymbol{U} - \boldsymbol{v} \,|}{D} \quad \text{非锁定区} \qquad (7-21)$$

$$\beta = \frac{U - v_x}{|\,U - v_x\,|}\arcsin\frac{v_y}{\sqrt{(U - v_x)^2 + v_y^2}} \quad \left(-\frac{\pi}{2} \leqslant \beta \leqslant \frac{\pi}{2}\right)$$

式中,C'_L 和 C'_D 分别为涡激升力系数和脉动拖曳力系数;$\boldsymbol{U}$ 和 $\boldsymbol{v}$ 分别为流场的流速矢量和圆柱体的运动速度矢量;μ 为脉动拖曳力的频率系数,非锁定区 $\mu = 1$,锁定区 $\mu = 2$;β 为相对速度矢量 $\boldsymbol{U} - \boldsymbol{v}$ 与流速方向的夹角;f_n 为圆柱体的湿模态频率;m^* 为质量比,见式(7 – 1);v_x 和 v_y 分别为矢量 $\boldsymbol{v}$ 的 x 和 y 坐标分量,即 $\boldsymbol{v} = v_x\boldsymbol{i} + v_y\boldsymbol{j}$,其中,$\boldsymbol{i}$ 和 $\boldsymbol{j}$ 分别为 x 轴和 y 轴的单位矢量。

式(7 – 20)和式(7 – 21)的锁定区和非锁定区可按式(7 – 7)估计。

对于倾斜圆柱体,上述各式中的 $\boldsymbol{U}$ 和 $\boldsymbol{v}$ 应取其垂直于圆柱体轴线的法向分量 $\boldsymbol{U}_N$ 和 $\boldsymbol{v}_N$。

2. 升力谱模型[32]

由于时域分析耗时较长,因此深水立管涡激振动的时域分析是设计后期进行设计校核或分析研究的一种手段,而设计初期动力设计的响应计算,通常采用频率方法——谱分析方法计算。而传统的谱分析方法不能考虑结构振动对流体力的影响——流固耦合现象,只能进行非耦合的线性分析。为此,有必要建立一个考虑结构动力特性和流固耦合效应的涡激升力谱。

　　试验研究和数值模拟结果表明,不论在绕流还是流固耦合条件下,圆柱体的涡激升力均呈现随机性质,如图 7 – 61 和图 7 – 62 所示。在流固耦合条件下,涡激升力不仅是流速和圆柱体直径的函数,同时受到圆柱体运动状态的影响,而圆柱体的运动状态取决于其动力特性和外荷载的动力性质。因此,升力谱模型应该考虑圆柱体的动力特性及运动状态。由于频域分析不能采用迭代的方法,因此升力谱模型中只能间接地包含圆柱体的运动状态。

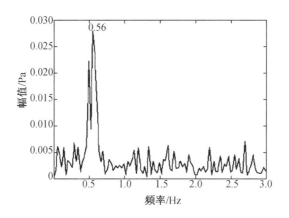

图 7 – 61　试验的横向动水压力谱($Re = 3.2 \times 10^4$)[8]

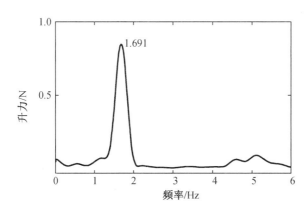

图 7 – 62　数值模拟的涡激升力谱($V_r = 4$)

在工程应用中常用的分布函数有正态分布、瑞利分布、泊松分布和威布尔分布函数。其中威布尔分布在可靠性分析中应用最为广泛,三参数概率分布的拟合过程更为复杂,但拟合结果更加精确。因此,此处采用威布尔概率密度函数来建立圆柱体的涡激升力谱模型,其中的三个参数分别为圆柱体的固有频率 ω_n、流场的流速 U 和约化速度 V_r,由此得到以三参数表示的涡激升力谱

$$S(\omega) = A \left(\frac{\omega}{\omega_n} \right)^p e^{-B \left(\frac{\omega}{\omega_n} \right)^q} \quad (7-22)$$

式中,$A = a\rho U^2 V_r^c$,$B = bV_r^d$,其中,ρ 为流体密度,a、b、c、d、p、q 为待拟合系数。

首先对公式(7-22)两端对 ω 求导得

$$S'(\omega) = \frac{A}{\omega} \left(\frac{\omega}{\omega_n} \right)^p e^{-B \left(\frac{\omega}{\omega_n} \right)^q} \left[p - Bq \left(\frac{\omega}{\omega_n} \right)^q \right] \quad (7-23)$$

令 $S'(\omega) = 0$ 得

$$B = \frac{p}{q} \left(\frac{\omega}{\omega_n} \right)^{-q} \quad (7-24)$$

代入式(7-22)可得 S_{max},进而求得系数

$$A = S_{max} \left(\frac{\omega}{\omega_n} \right)^{-p} e^{p/q} \quad (7-25)$$

由于圆柱体的涡激振动响应在锁定区和非锁定区是不同的,因此由锁定和非锁定区间的涡激升力及其响应拟合得到的模型参数也不同,锁定区的拟合结果为

$$S(\omega) = 6.5 \times 10^5 \rho U^2 V_r^{-3} \left(\frac{\omega}{\omega_n} \right)^9 e^{-1\,036 V_r^{-3} \left(\frac{\omega}{\omega_n} \right)^6} \quad (7-26)$$

进入锁定状态前的拟合结果为

$$S(\omega) = 1.41 \times 10^5 \rho U^2 V_r^{-5} \left(\frac{\omega}{\omega_n} \right)^9 e^{-2\,160 V_r^{-5} \left(\frac{\omega}{\omega_n} \right)^6} \quad (7-27)$$

退出锁定状态的拟合结果为

$$S(\omega) = 1.13 \times 10^5 \rho U^2 V_r^{-5} \left(\frac{\omega}{\omega_n} \right)^9 e^{-2\,016 V_r^{-5} \left(\frac{\omega}{\omega_n} \right)^6} \quad (7-28)$$

式(7-26)~式(7-28)可统一表示为

$$S(\omega) = a\rho U^2 V_r^d \left(\frac{\omega}{\omega_n} \right)^9 e^{-bV_r^d \left(\frac{\omega}{\omega_n} \right)^6} \quad (7-29)$$

式中,a、b 和 d 三个参数的取值为:进入锁定区前,$a = 1.41 \times 10^5$,$b = 2\,106$,$d = -5$;锁定区,$a = 6.5 \times 10^5$,$b = 1\,036$,$d = -3$;退出锁定区后,$a = 1.13 \times 10^5$,$b = 2\,016$,$d = -5$。

拟合上述谱模型的数据源均是在圆柱体的长细比 <200 的条件下得到的,因

此对于更大长细比的圆柱体,应根据具体工况进行验证后使用。

7.4.2　尾流立管[33]

从上一节的分析中得知,串列圆柱体的下游圆柱体由于受到上游圆柱体尾流的作用,其涡激力及其响应均有别于单个圆柱体。因此,尾流立管的涡激振动不能直接采用单个圆柱体的涡激力模型来分析。尽管 CFD 方法可以分析尾流立管的涡激振动响应,但是因计算工作量大而不便于设计计算。由于作用于尾流立管的涡激力包括自身涡旋泄放产生的波动水压力和上游立管的尾流作用,因此其大小与上、下游立管的间距密切相关。此外,由于涡街的运动速度和方向与流速和立管的运动状态有关,从而影响与下游立管的耦合作用,因此下游立管的涡激力也与约化速度有关。有鉴于此,尾流立管的涡激力模型可以在单根立管涡激力模型的基础上乘上一个与间距和约化速度有关的放大系数,即

$$\begin{cases} f_L^w = \alpha(x, V_r) f_L \\ f_D^w = \alpha(x, V_r) f_D \end{cases} \tag{7-30}$$

其中

$$\alpha = \alpha_0 + \frac{A}{\sqrt{2\pi} \cdot w \cdot x} \exp\left\{-0.5\left[\frac{\ln(x/x_c)}{w}\right]^2\right\}$$

式中,x 为立管间距,即 $x = L/D$;α_0、A、w 和 x_c 为计算参数,涡激升力和脉动拖曳力的计算参数分别如表 7-1 和表 7-2 所示。

表 7-1　涡激升力计算参数

V_r	α_0	x_c	w	A
7	1.853 98	9.665 49	0.098 64	-0.844 6
8	2.529 28	5.882	0.040 65	0.670 2
9	1.084 17	5.731 89	0.043 98	0.413 9
10	0.625 57	8.471	0.700 88	8.909 98
11	0.789 12	8.373 72	0.787 9	5.961 5
12	0.850 33	8	0.645 8	4.469 42
13	0.905 76	7	0.499 43	7.118 12

式(7-30)的适用范围为:$7 \le V_r \le 13, 6 \le x \le 12$。

251

表 7 - 2 脉动拖曳力计算参数

V_r	α_0	x_c	w	A
7	1.477 93	3.129 1	0.738 5	4.886 96
8	2.271 47	6.823 91	0.067 16	1.592 52
9	1.706 48	7.098 85	0.225 73	1.740 65
10	1.706 48	7.098 85	0.225 73	1.740 65
11	1.941 55	4.741 47	0.128 14	7.043 79
12	1.647 24	7.798 29	0.651 88	5.821 65
13	1.647 24	7.798 29	0.651 88	5.821 65

| 7.5 钢悬链式立管涡激振动分析 |

7.5.1 刚体摆动方程

钢悬链式立管的浪致振动在特定条件下(波浪入射方向平行于钢悬链式立所管构成的平面)可能仅产生平面内的运动,但涡激振动是两自由度运动,因此无论海流的速度方向是否平行于钢悬链式立管所构成的平面,涡激振动都将导致钢悬链式立管产生出平面运动。由于悬垂段的曲线性质和重力作用,钢悬链式立管出平面运动时,悬垂段将发生刚体运动[34],因此钢悬链式立管的出平面运动不仅有弯曲振动,还存在刚体摆动。由 4.3.2 节的讨论可知,悬垂段的刚体摆动方程为(具体推导过程见第 4 章):

$$(m + m_a)b^2\ddot{\alpha}_r + c_a b^2 \dot{\alpha}_r + mgc_1 b\alpha_r = q_x b_3 c_2 - q_y b_3 c_1 + q_z(b_2 c_1 - b_1 c_2)$$

$$(7 - 31)$$

式中,b 及其坐标分量是悬垂段位置(点 A')和刚体摆动角 α_r 的函数,如图 4 - 4 所示。小变形条件下,其 b 不随时间变化,仅是点 A' 位置的函数。因此,悬垂段的转动惯量 $(m + m_a)b^2$、附加阻尼力矩 $c_a b^2$ 和回复力矩 $mgc_1 b$ 可通过沿悬垂段积分得到。该积分可采用两种方法计算——解析法和数值法。

解析法是利用 b 的解析表达式(见 4.3.2 节)

$$b^2 = (x_A' - x_B)^2 + (y_A' - y_B)^2 + (z_A' - z_B)^2 \tag{7-32}$$

直接积分得到。

在小变形条件下，b 不随刚体摆动角 α_r 变化，因此利用悬垂段在平衡位置的坐标可将式(7-32)简化为

$$b^2 = (x_A - x_B)^2 + (y_A - y_B)^2 \tag{7-33}$$

式中，点 A 是悬垂段上一点的平衡位置，x_A 与 y_A 的关系由悬垂段的方程确定，点 B 是刚体摆动轴 $\overline{OD}$ 上的一点(参见图 4-4)，x_B 与 y_B 的关系由刚体摆动轴 $\overline{OD}$ 的方程确定，而点 A 与点 B 的关系可以利用条件

$$\omega \cdot s = 0 \tag{7-34}$$

确定。式中，s 为垂直于刚体摆动轴与 z 轴所在平面的单位矢量(见图 4-4)。

解析法不便于计算机求解，因此数值方法可能是更好的选择。数值方法是基于有限元的基本思想，用子域上的简单函数来近似模拟一个全域上的复杂函数，从而避免复杂函数的积分运算。图 7-63 所示为悬垂段的一个单元，i、j 为单元的两个节点，其中，i 为单元局部坐标轴 x' 的原点，b_i 和 b_j 分别为节点 i 和 j 的刚体摆动臂(节点矢径的模)。由于单元长度可以任意划分，为便于计算，可以采用直线单元来模拟悬垂段的曲线单元。据此，可将单元上任一点的刚体摆动臂 b 表示为[35]

$$b = a_0 + a_1 x' \tag{7-35}$$

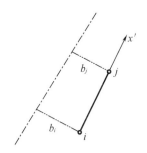

图 7-63　悬垂段刚体摆动单元

上式与线性单元的位移插值函数具有相同的形式，因此可以直接写出用插值函数表示的摆动臂表达式

$$b = [N]\{b\} \tag{7-36}$$

其中

$$[N] = [N_1 \quad N_2] \tag{7-37}$$

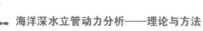

$$\{b\} = \begin{bmatrix} b_i & b_j \end{bmatrix}^{\mathrm{T}} \tag{7-38}$$

式中,N_1 和 N_2 为杆单元的插值函数:

$$N_1 = 1 - \frac{x}{l}, \quad N_2 = \frac{x}{l} \tag{7-39}$$

由此可得

$$b^2 = \{b\}^{\mathrm{T}} [N]^{\mathrm{T}} [N] \{b\} = \begin{Bmatrix} b_i & b_j \end{Bmatrix} \begin{bmatrix} N_1 \\ N_2 \end{bmatrix} \begin{bmatrix} N_1 & N_2 \end{bmatrix} \begin{Bmatrix} b_i \\ b_j \end{Bmatrix} \tag{7-40}$$

式(7-39)代入 b 和 b^2 的表达式,并沿单元积分即可得到单元的转动惯量和阻尼力矩及重力的回复力矩,累加所有单元的转动惯量、阻尼力矩和回复力矩即可得到悬垂段的刚体摆动方程:

$$J\ddot{\alpha}_{\mathrm{r}} + C_{\mathrm{a}}\dot{\alpha}_{\mathrm{r}} + K\alpha_{\mathrm{r}} = M_{\alpha} \tag{7-41}$$

式中,J 为悬垂段绕 $\overline{OD}$ 轴作刚体摆动的转动惯量,$J = \sum\limits_{i=1}^{n} \int_0^{l_i} (m + m_{\mathrm{a}}) b^2 \mathrm{d}s$(有限元)或 $J = \int_0^{L} (m + m_{\mathrm{a}}) b^2 \mathrm{d}s$(解析法),其中,$l_i$ 为单元 i 的长度,n 为悬垂段单元数量,L 为悬垂段总长,$L = \sum\limits_{i=1}^{n} l_i$;$C_{\mathrm{a}}$ 为悬垂段作刚体摆动引起的水动力阻尼系数,$C_{\mathrm{a}} = \sum\limits_{i=1}^{n} \int_0^{l_i} c_{\mathrm{a}} b^2 \mathrm{d}s$(有限元)或 $C_{\mathrm{a}} = \int_0^{L} c_{\mathrm{a}} b^2 \mathrm{d}s$(解析法);$K$ 为悬垂段刚体摆动的回复力系数,$K = \sum\limits_{i=1}^{n} \int_0^{l_i} mgc_1 b \mathrm{d}s$(有限元)或 $K = \int_0^{L} mgc_1 b \mathrm{d}s$(解析法);$M_{\alpha}$ 为环境荷载对刚体摆动轴的力矩,$M_{\alpha} = \sum\limits_{i=1}^{n} \int_0^{l_i} [q_x b_3 c_2 - q_y b_3 c_1 + q_z (b_2 c_1 - b_1 c_2)] \mathrm{d}s$(有限元)或 $M_{\alpha} = \int_0^{L} [q_x b_3 c_2 - q_y b_3 c_1 + q_z (b_2 c_1 - b_1 c_2)] \mathrm{d}s$(解析法)。

7.5.2 耦合运动方程

考虑刚体摆动的钢悬链式立管运动方程可表示为

$$(m + m_{\mathrm{a}})(\ddot{r}_{\mathrm{b}} + \ddot{r}_{\mathrm{r}}) + c\dot{r}_{\mathrm{b}} + c_{\mathrm{a}}(\dot{r}_{\mathrm{b}} + \dot{r}_{\mathrm{r}}) + EI r''''_{\mathrm{b}} - \lambda r''_{\mathrm{b}} = q \tag{7-42}$$

式中,r_{b}、$\dot{r}_{\mathrm{b}}$ 和 $\ddot{r}_{\mathrm{b}}$ 分别为悬垂段的弯曲振动位移、速度和加速度,满足式(4-26)的动力学关系;$\dot{r}_{\mathrm{r}}$ 和 $\ddot{r}_{\mathrm{r}}$ 分别为钢悬链式立管的刚体摆动线速度和线加速度,即

$$\dot{r}_{\mathrm{r}} = \dot{\alpha}_{\mathrm{r}} \times s, \quad \ddot{r}_{\mathrm{r}} = \ddot{\alpha}_{\mathrm{r}} \times s \tag{7-43}$$

式(7-43)中的 $\dot{\alpha}_{\mathrm{r}}$ 和 $\ddot{\alpha}_{\mathrm{r}}$ 分别为刚体摆动的角速度和角加速度矢量,$\dot{\alpha}_{\mathrm{r}} =$

254

$\dot{\alpha}_r \boldsymbol{\omega}$ 和 $\ddot{\alpha}_r = \ddot{\alpha}_r \boldsymbol{\omega}$，其中，$\dot{\alpha}_r$ 和 $\ddot{\alpha}_r$ 可由式(7-41)求出。为此，将式(7-42)改写为

$$(m + m_a)\ddot{\boldsymbol{r}}_b + (c + c_a)\dot{\boldsymbol{r}}_b + EI\boldsymbol{r}_b'''' - \lambda \boldsymbol{r}_b'' = \boldsymbol{q} - (m + m_a)\ddot{\boldsymbol{r}}_r - c_a \dot{\boldsymbol{r}}_r \quad (7-44)$$

从式(7-44)可以看出，钢悬链式立管的刚体摆动以惯性力和水动力阻尼的形式成为结构荷载的一部分，从而对结构的弯曲振动产生影响。

如果考虑弯曲振动对刚体摆动的影响，则刚体摆动臂 b 不仅随刚体摆动角 α_r 变化，而且随弯曲振动响应变化，因此式(7-44)需与式(7-41)联立求解，即采用点 A' 的实时位置计算刚体摆动臂 b 并由式(7-41)计算刚体摆动响应，再由式(7-44)计算弯曲振动响应，从而求得完整的响应。为避免误差累积，可对式(7-41)和式(7-44)进行反复迭代，直至式(7-44)的残差满足计算精度要求。

如果考虑内部流体流动的影响，只要用 $\lambda = T - EI\kappa^2 + \rho A v^2$ 替代式(7-44)中的 λ 即可。

将式(7-44)表示成坐标分量的形式：

$$(m + m_a)\ddot{u}_b + (c + c_{a,u})\dot{u}_b + EIu_b'''' - \lambda u_b'' = q_x - (m + m_a)\ddot{u}_r - c_{a,u}\dot{u}_r$$

$$(m + m_a)\ddot{v}_b + (c + c_{a,v})\dot{v}_b + EIv_b'''' - \lambda v_b'' = q_y - (m + m_a)\ddot{v}_r - c_{a,v}\dot{v}_r$$

$$(m + m_a)\ddot{w}_b + (c + c_{a,w})\dot{w}_b + EIw_b'''' - \lambda w_b'' = q_z - (m + m_a)\ddot{w}_r - c_{a,w}\dot{w}_r$$

$$(7-45)$$

式中，$c_{a,u}$、$c_{a,v}$ 和 $c_{a,w}$ 分别为附加阻尼在 x、y、z 轴上的投影；u_b、v_b、w_b、$\dot{u}_b$、$\dot{v}_b$、$\dot{w}_b$、$\ddot{u}_b$、$\ddot{v}_b$、$\ddot{w}_b$ 分别为悬垂段的弯曲位移、速度及加速度在 x、y、z 轴上的投影；$\dot{u}_r$、$\dot{v}_r$、$\dot{w}_r$、$\ddot{u}_r$、$\ddot{v}_r$、$\ddot{w}_r$ 分别为立管刚体摆动速度和加速度在 x、y、z 轴上的投影，其中

$$\dot{u}_r = \dot{\alpha}_r(c_2 b_3 - c_3 b_2), \quad \ddot{u}_r = \ddot{\alpha}_r(c_2 b_3 - c_3 b_2)$$

$$\dot{v}_r = \dot{\alpha}_r(c_3 b_1 - c_1 b_3), \quad \ddot{v}_r = \ddot{\alpha}_r(c_3 b_1 - c_1 b_3)$$

$$\dot{w}_r = \dot{\alpha}_r(c_1 b_2 - c_2 b_1), \quad \ddot{w}_r = \ddot{\alpha}_r(c_1 b_2 - c_2 b_1) \quad (7-46)$$

令式(7-31)和式(7-45)中的 q_x 和 q_z 分别等于式(7-16)中的 F_x 和 F_y，即可得到考虑刚体摆动的钢悬链式立管涡激振动方程，采用时程分析法求解式(7-41)和式(7-45)，即可得到钢悬链式立管涡激振动响应(令式(7-45)中下标为 r 的参数等于零即可得到流线段运动方程)。

对于安装了螺旋侧板的悬垂段，取 $C_D = C_D' = 2.0$，也可以将拖曳力(包括平均拖曳力和脉动拖曳力)分解为垂直于立管轴线的法向分量和平行于立管轴线的切向分量，取法向拖曳力系数 $C_{DN} = C_{DN}' = 2.0$，切向拖曳力系数 $C_{DT} = C_{DT}' = 0.05$；升力则应乘以折减系数 $\gamma = 0.2 \sim 0.3$。

方程中的附加质量 m_a 和附加阻尼 c_a 可按 Morrison 公式计算：

$$m_a = \frac{\pi}{4} C_a \rho D^2$$

$$c_a = \frac{1}{2} C_D \rho D \left| U_N - v_N \right|$$

式中，C_a 为附加质量系数，对于安装了螺旋侧板的立管段，取 $C_a = 1.5$。

7.6 顶张式立管涡激振动分析

涡激振动是两个自由度的振动，由不同的轨迹曲线（八字形、椭圆形和月牙形等）可知，顶张式立管发生涡激振动时，其各管柱（管中管结构）之间的接触并不发生在管柱横截面的主轴直径处，且接触点的位置是不断变化的，因此内套管和油管的运动是在随机接触力作用下的强迫振动。该随机接触力不仅与涡激力有关，而且与外套管的动力特性有关。这意味着，内套管和油管的涡激振动与外套管完全不同，已经不是传统意义上的涡激振动了，而是由外套管涡激振动响应引起的准涡激振动。由此可知，对于内套管和油管而言，现行的等效管分析方法与实际的结构响应存在一定的差异。同时，内套管和油管作为外套管的约束，其响应的差异也将导致外套管的响应与等效管模型不一致。随着计算机能力的提高，应该采用更准确的模拟方法来计算顶张式生产立管的涡激振动。

7.6.1 运动方程

在第 6 章中，我们已经得到了双屏顶张式立管在波浪作用方向上的一维（水平面内，以下同）弯曲运动方程及边界条件。此处只需将其扩展至二维弯曲运动方程即可用于涡激振动分析，当然还必须对二维的接触问题做出相应的假定才能进行全耦合分析。基于第 6 章对接触性质的假定，二维问题的接触力应该沿发生接触的两管柱圆心连线方向。由于分析时，需将接触力分解到相应的坐标轴上，分解后的接触力 p_{ix} 和 p_{iy}（$i = 2, 3$，见第 6 章的定义）将形成扭矩作用，但在正碰撞和忽略摩擦的条件下，该扭矩是不存在的，因为被接触管柱将沿接触力的方向运动，该扭矩是分析方法引起的"虚"扭矩。

将双屏立管的浪致振动方程扩展至二维即可用于涡激振动分析，为了便于表达，在 $x - y$ 坐标（同图 6 - 19，y 为垂直来流方向）面内定义一个平面矢量 $\mathbf{r} =$

$x\boldsymbol{i} + y\boldsymbol{j}$ 来表示立管的弯曲运动状态,从而可将立管的弯曲运动方程表示为

$$m_1 \ddot{\boldsymbol{r}}_1 + c_1 \dot{\boldsymbol{r}}_1 + (EI_1 \boldsymbol{r}''_1)'' - T_1 \boldsymbol{r}''_1 = \boldsymbol{f} - \boldsymbol{p}_2 \qquad (7-47)$$

$$m_2 \ddot{\boldsymbol{r}}_2 + c_2 \dot{\boldsymbol{r}}_2 + (EI_2 \boldsymbol{r}''_2)'' - T_2 \boldsymbol{r}''_2 = \boldsymbol{p}_2 - \boldsymbol{p}_3 \qquad (7-48)$$

$$m_3 \ddot{\boldsymbol{r}}_3 + c_3 \dot{\boldsymbol{r}}_3 + (EI_3 \boldsymbol{r}''_3)'' - T_3 \boldsymbol{r}''_3 = \boldsymbol{p}_3 \qquad (7-49)$$

式中,$\boldsymbol{f}$ 为涡激力向量,$\boldsymbol{f} = f_x \boldsymbol{i} + f_y \boldsymbol{j}$(详见式(7-16));$\boldsymbol{p}_2$ 和 $\boldsymbol{p}_3$ 分别为内套管和油管扶正器的约束力向量,$\boldsymbol{p}_i = p_{ix} \boldsymbol{i} + p_{iy} \boldsymbol{j}$($i = 2, 3$);其他符号见式(6-139)后的说明。

7.6.2 边界条件

顶张式立管的边界条件已在第 6 章做了详细的说明,此处只需将浮式平台运动和立管顶端运动之间的转换关系由一维扩展至二维即可。由 6.5.2 节的讨论可知,Spar 平台和 TLP 或干树半潜式平台的位移转换关系可分别表示为

$$\begin{cases} u = U - \varphi_y l \\ v = V + \varphi_x l \\ \alpha_y = \varphi_y \\ \alpha_x = \varphi_x \end{cases} \qquad (7-50)$$

$$\begin{cases} u = U - \varphi_y L_{zx} \cos \theta_{L_{zx},z} - \varphi_z l_{xy} \cos \theta_{l_{xy},y} \\ v = V + \varphi_x l_{yz} \cos \theta_{l_{yz},z} + \varphi_z l_{xy} \sin \theta_{l_{xy},y} \\ w = W - \varphi_y L_{zx} \sin \theta_{L_{zx},z} + \varphi_x l_{yz} \sin \theta_{l_{yz},z} \\ \alpha_y = \varphi_y \\ \alpha_x = \varphi_x \end{cases} \qquad (7-51)$$

式中各符号的意义同式(6-142)。

关于 Spar 顶张式立管的龙骨接头变换,只需将第 6 章中的相应方程扩展至二维即可,其他边界条件和顶张力计算可参考第 6 章相关内容,此处不再赘述。

7.6.3 耦合分析方法

式(7-47)至式(7-49)的求解也需采用第 6 章介绍的迭代方法,其迭代求解方法与浪致振动并无不同,但是由于问题从一维扩展至二维,导致接触状态的判定并不像方程扩展至二维那样简单,需要加以进一步的说明。

首先,将6.5.3节的一维有限元方程式(6-159)至式(6-161)扩展至二维得

$$[M_1]\{\ddot{a}_1\} + [C_1]\{\dot{a}_1\} + [K_1]\{a_1\} = \{f\} - \{p_2\} \qquad (7-52)$$

$$[M_2]\{\ddot{a}_2\} + [C_2]\{\dot{a}_2\} + [K_2]\{a_2\} = \{p_2\} - \{p_3\} \qquad (7-53)$$

$$[M_3]\{\ddot{a}_3\} + [C_3]\{\dot{a}_3\} + [K_3]\{a_3\} = \{p_3\} \qquad (7-54)$$

式中,$[M_i]$、$[C_i]$和$[K_i]$分别为外套管($i=1$)、内套管($i=2$)和油管($i=3$)的质量矩阵、阻尼矩阵和刚度矩阵;$\{a_i\} = [x_{i1}, \theta_{y,i1}, y_{i1}, \theta_{x,i1}, \cdots, x_{iN_d}, \theta_{y,iN_d}, y_{iN_d}, \theta_{x,iN_d}]^T (i=1,2,3)$分别为外套管、内套管和油管的节点位移向量;$\{p_2\} = [\cdots, p_{xr_1}, 0, p_{yr_1}, 0, \cdots, p_{xr_n}, 0, p_{yr_n}, 0, \cdots]^T$和$\{p_3\} = [\cdots, p_{xs_1}, 0, p_{ys_1}, 0, \cdots, p_{xs_n}, 0, p_{ys_n}, 0, \cdots]^T$分别为内套管和油管扶正器的约束力,其中$n$为扶正器的数量;$\{f\}$为涡激力向量。

式(7-52)至式(7-54)的增量迭代格式为

$$[M_1]\{\Delta\ddot{a}_1\}_{t+\Delta t}^k + [C_1]_{t+\Delta t}\{\Delta\dot{a}_1\}_{t+\Delta t}^k + [K_1]_{t+\Delta t}\{\Delta a_1\}_{t+\Delta t}^k = \{\Delta f\}_{t+\Delta t} - \{\Delta p_2\}_{t+\Delta t}^k$$
$$(7-55)$$

$$[M_2]\{\Delta\ddot{a}_2\}_{t+\Delta t}^k + [C_2]_{t+\Delta t}\{\Delta\dot{a}_2\}_{t+\Delta t}^k + [K_2]_{t+\Delta t}\{\Delta a_2\}_{t+\Delta t}^k = \{\Delta p_2\}_{t+\Delta t}^k - \{\Delta p_3\}_{t+\Delta t}^k$$
$$(7-56)$$

$$[M_3]\{\Delta\ddot{a}_3\}_{t+\Delta t}^k + [C_3]_{t+\Delta t}\{\Delta\dot{a}_3\}_{t+\Delta t}^k + [K_3]_{t+\Delta t}\{\Delta a_3\}_{t+\Delta t}^k = \{\Delta p_3\}_{t+\Delta t}^k$$
$$(7-57)$$

式(7-55)至式(7-57)的迭代方法与第6章介绍的浪致振动完全相同,此处不再赘述。唯一需要说明的是,涡激振动的接触条件不能简单地扩展至二维。基于接触假定,接触点位于相邻管柱的圆心连线上,因此接触判断式可表示为

$$\pm\left(|r_{i,q}|_{t+\Delta t}^k - \frac{(r_{i,q})_{t+\Delta t}^k}{|r_{i,q}|_{t+\Delta t}^k}(r_{i+1,q})_{t+\Delta t}^k\right) < \delta_{i+1}$$
$$(i=1, q=n(r_m); i=2, q=n(s_m)) \qquad (7-58)$$

其中

$$r_{i,q} = x_{i,q}\cos\theta_{i,i+1}^q + y_{i,q}\sin\theta_{i,i+1}^q$$

$$\theta_{i,i+1}^q = \arctan\frac{y_{i,q} - y_{i+1,q}}{x_{i,q} - x_{i+1,q}}$$

式中,$r_{i,q}$为接触点处各管柱在两接触管柱圆心连线方向的挠度;$\theta_{i,i+1}^q$为接触点处两管柱圆心连线与x轴的夹角;δ_{i+1}为扶正器与相邻管柱的静态间隙,$\delta_{i+1} = d_i/2 - D_{i+1}/2 - h_{i+1}$,其中,$d_i$为外套管($i=1$)或内套管($i=2$)的内径,$D_{i+1}$为内套管($i=1$)或油管($i=2$)外径,$h_{i+1}$为内套管($i=1$)或油管($i=2$)扶正器的径向尺寸;

$n(r_m)$ 和 $n(s_m)$ 分别为内套管扶正器 r_m 和油管扶正器 s_m 所在位置的节点编号。

下面直接给出 Newmark $-\beta$ 法的具体求解过程。

第一步:计算外套管当前时刻的响应

由式(7 - 55)的 Newmark $-\beta$ 法公式

$$\left[\overline{K}_1 \right]_{t+\Delta t} \{ \Delta a_1 \}_{t+\Delta t}^k = \{ \Delta \overline{F}_1 \}_{t+\Delta t}^k \qquad (7-59)$$

其中

$$\left[\overline{K}_1 \right]_{t+\Delta t} = \left[K_1 \right]_{t+\Delta t} + \left[M_1 \right] \frac{1}{\beta \Delta t^2} + \left[C_1 \right]_{t+\Delta t} \frac{\gamma}{\beta \Delta t}$$

$$\{ \Delta \overline{F}_1 \}_{t+\Delta t}^k = \{ \Delta F_1 \}_{t+\Delta t}^k + \left(\left[M_1 \right] \frac{1}{\beta \Delta t} + \left[C_1 \right]_{t+\Delta t} \frac{\gamma}{\beta} \right) \{ \dot{a}_1 \}_t^k +$$

$$\left(\left[M_1 \right] \frac{1}{2\beta} + \left[C_1 \right]_{t+\Delta t} \left(\frac{\gamma}{2\beta} - 1 \right) \Delta t \right) \{ \ddot{a}_1 \}_t^k$$

计算当前时刻的外套管位移响应增量 $\{ \Delta a_1 \}_{t+\Delta t}^k$,新增时间步第一次计算时,$k = 0$。式中,$\{ \Delta F_1 \}_{t+\Delta t}^k = \{ \Delta f \}_{t+\Delta t} - \{ \Delta p_2 \}_{t+\Delta t}^k$,$\{ \Delta p_2 \}_{t+\Delta t}^0 = \{ \Delta p_2 \}_t^n$,$n$ 为式(7 - 55)与式(7 - 56)耦合迭代的次数。

然后,由下式计算速度增量 $\{ \Delta \dot{a}_1 \}_{t+\Delta t}^k$ 和加速度增量 $\{ \Delta \ddot{a}_1 \}_{t+\Delta t}^k$

$$\{ \Delta \dot{a}_1 \}_{t+\Delta t}^k = \frac{\gamma}{\beta \Delta t} \{ \Delta a_1 \}_{t+\Delta t}^k - \frac{\gamma}{\beta} \{ \dot{a}_1 \}_t^k + \left[\left(1 - \frac{\gamma}{2\beta} \right) \Delta t \right] \{ \ddot{a}_1 \}_t^k$$

$$\{ \Delta \ddot{a}_1 \}_{t+\Delta t}^k = \frac{1}{\beta \Delta t^2} \{ \Delta a_1 \}_{t+\Delta t}^k - \frac{1}{\beta \Delta t} \{ \dot{a}_1 \}_t^k - \frac{1}{2\beta} \{ \ddot{a}_1 \}_t^k$$

如果 $k = 0$,计算当前时刻的位移 $\{ a_1 \}_{t+\Delta t}^k$、速度 $\{ \dot{a}_1 \}_{t+\Delta t}^k$ 和加速度 $\{ \ddot{a}_1 \}_{t+\Delta t}^k$,即

$$\{ a_1 \}_{t+\Delta t}^k = \{ a_1 \}_t^k + \{ \Delta a_1 \}_{t+\Delta t}^k$$

$$\{ \dot{a}_1 \}_{t+\Delta t}^k = \{ \dot{a}_1 \}_t^k + \{ \Delta \dot{a}_1 \}_{t+\Delta t}^k$$

$$\{ \ddot{a}_1 \}_{t+\Delta t}^k = \{ \ddot{a}_1 \}_t^k + \{ \Delta \ddot{a}_1 \}_{t+\Delta t}^k$$

转至第二步。

如果 $k \neq 0$,则由收敛条件

$$\max_{i=1,2,\cdots,N_d} \left| (R_i)_{t+\Delta t}^{k+1} \right| < \varepsilon_R \qquad (7-60)$$

或

$$\max_{i=1,2,\cdots,4N_d} \left| (\Delta a_{1,i})_{t+\Delta t}^{k+1} - (\Delta a_{1,i})_{t+\Delta t}^k \right| < \varepsilon_{\Delta a} \qquad (7-61)$$

判断迭代收敛与否,满足收敛条件则进行下一个时间步的计算或结束计算。否则,转至第二步的相应接触状态进行计算。

式(7 - 60)中的 $(R_j)_{t+\Delta t}^k$ 为式(7 - 55)残差

$$\{R\}_{t+\Delta t}^{k} = [M_1]\{\Delta\ddot{a}_1\}_{t+\Delta t}^{k} + [C_1]_{t+\Delta t}\{\Delta\dot{a}_1\}_{t+\Delta t}^{k} +$$
$$[K_1]_{t+\Delta t}\{\Delta a_1\}_{t+\Delta t}^{k} - \{\Delta f\}_{t+\Delta t} + \{\Delta p_2\}_{t+\Delta t}^{k}$$

的第 j 个元素，ε_R 为残差的预设准确度要求。式(7-61)中的 $\varepsilon_{\Delta a}$ 为位移增量的预设迭代精度要求。

第二步：计算内套管和油管当前时刻的响应

内套管和油管的响应取决于扶正器的接触状态——内套管和油管均没有扶正器与外套管或内套管接触（$\{\Delta p_2\}_{t+\Delta t}^{0} = \{0\}$ 和 $\{\Delta p_3\}_{t+\Delta t}^{0} = \{0\}$）、仅内套管有扶正器与外套管接触（$\{\Delta p_2\}_{t+\Delta t}^{0} \neq \{0\}$ 和 $\{\Delta p_3\}_{t+\Delta t}^{0} = \{0\}$）、仅油管有扶正器与内套管接触（$\{\Delta p_2\}_{t+\Delta t}^{0} = \{0\}$ 和 $\{\Delta p_3\}_{t+\Delta t}^{0} \neq \{0\}$）和内套管和油管均有扶正器与外套管和内套管接触（$\{\Delta p_2\}_{t+\Delta t}^{0} \neq \{0\}$ 和 $\{\Delta p_3\}_{t+\Delta t}^{0} \neq \{0\}$）。

(1) $\{\Delta p_2\}_{t+\Delta t}^{0} = \{0\}$ 和 $\{\Delta p_3\}_{t+\Delta t}^{0} = \{0\}$，即 t 时刻内套管和油管均没有扶正器与外套管和内套管接触，则由下式分别计算内套管和油管的位移增量 $\{\Delta a_2\}_{t+\Delta t}^{k}$ 和 $\{\Delta a_3\}_{t+\Delta t}^{k}$：

$$[\bar{K}_i]_{t+\Delta t}\{\Delta a_i\}_{t+\Delta t}^{k} = \{\Delta\bar{F}_i\}_{t+\Delta t}^{k} \quad (i = 2,3) \tag{7-62}$$

其中

$$[\bar{K}_i]_{t+\Delta t} = [K_i]_{t+\Delta t} + [M_i]\frac{1}{\beta\Delta t^2} + [C_i]_{t+\Delta t}\frac{\gamma}{\beta\Delta t}$$

$$\{\Delta\bar{F}_i\}_{t+\Delta t}^{k} = \{\Delta F_i\}_{t+\Delta t}^{k} + \left([M_i]\frac{1}{\beta\Delta t} + [C_i]_{t+\Delta t}\frac{\gamma}{\beta}\right)\{\dot{a}_i\}_{t}^{k} +$$
$$\left([M_i]\frac{1}{2\beta} + [C_i]_{t+\Delta t}\left(\frac{\gamma}{2\beta} - 1\right)\Delta t\right)\{\ddot{a}_i\}_{t}^{k}$$

式中，$\{\Delta F_2\}_{t+\Delta t}^{k} = \{\Delta p_2\}_{t+\Delta t}^{k} - \{\Delta p_3\}_{t+\Delta t}^{k}$，$\{\Delta F_3\}_{t+\Delta t}^{k} = \{\Delta p_3\}_{t+\Delta t}^{k}$，$\{\Delta p_3\}_{t+\Delta t}^{0} = \{\Delta p_3\}_{t}^{l}$，$l$ 为式(7-56)与式(7-57)耦合迭代的次数。

然后，由下式分别计算内套管和油管的速度和加速度增量 $\{\Delta\dot{a}_2\}_{t+\Delta t}^{k}$、$\{\Delta\ddot{a}_2\}_{t+\Delta t}^{k}$ 和 $\{\Delta\dot{a}_3\}_{t+\Delta t}^{k}$、$\{\Delta\ddot{a}_3\}_{t+\Delta t}^{k}$：

$$\begin{cases} \{\Delta\dot{a}_i\}_{t+\Delta t}^{k} = \dfrac{\gamma}{\beta\Delta t}\{\Delta a_i\}_{t+\Delta t}^{k} - \dfrac{\gamma}{\beta}\{\dot{a}_i\}_{t}^{k} + \left[\left(1 - \dfrac{\gamma}{2\beta}\right)\Delta t\right]\{\ddot{a}_i\}_{t}^{k} \\ \{\Delta\ddot{a}_i\}_{t+\Delta t}^{k} = \dfrac{1}{\beta\Delta t^2}\{\Delta a_i\}_{t+\Delta t}^{k} - \dfrac{1}{\beta\Delta t}\{\dot{a}_i\}_{t}^{k} - \dfrac{1}{2\beta}\{\ddot{a}_i\}_{t}^{k} \quad (i = 2,3) \end{cases} \tag{7-63}$$

及当前时刻的位移、速度和加速度：

$$\begin{cases} \{a_i\}_{t+\Delta t}^{k} = \{a_i\}_{t}^{k} + \{\Delta a_i\}_{t+\Delta t}^{k} \\ \{\dot{a}_i\}_{t+\Delta t}^{k} = \{\dot{a}_i\}_{t}^{k} + \{\Delta\dot{a}_i\}_{t+\Delta t}^{k} \quad (i = 2,3) \\ \{\ddot{a}_i\}_{t+\Delta t}^{k} = \{\ddot{a}_i\}_{t}^{k} + \{\Delta\ddot{a}_i\}_{t+\Delta t}^{k} \end{cases} \tag{7-64}$$

然后,转至第三步判断当前时刻的接触状态。

(2) $\{\Delta p_2\}^0_{t+\Delta t}\neq\{0\}$ 和 $\{\Delta p_3\}^0_{t+\Delta t}=\{0\}$,即 t 时刻仅内套管有扶正器与外套管发生接触,则可由外套管的位移增量求出内套管与之接触的扶正器处的挠度增量

$(\Delta p_{2,j})^0_{t+\Delta t}\neq 0/(\Delta p_{2,j+2})^0_{t+\Delta t}\neq 0$ 时

$$\begin{cases} (\Delta a_{2,j})^k_{t+\Delta t}=(\Delta a_{1,j})^k_{t+\Delta t} \\ (\Delta a_{2,j+2})^k_{t+\Delta t}=(\Delta a_{1,j+2})^k_{t+\Delta t} \\ (j=4n(r_m)-3;m=1,2,\cdots,m'_2) \end{cases} \tag{7-65}$$

$(\Delta p_{2,j})^0_{t+\Delta t}=(\Delta p_{2,j+2})^0_{t+\Delta t}=0$ 时

$$(\Delta r_{2,q})^k_{t+\Delta t}=(\Delta r_{1,q})^k_{t+\Delta t}-(\delta_{2,q})^k_{t+\Delta t} \quad (q=n(r_m);m=1,2,\cdots,m''_2) \tag{7-66}$$

式中,m'_2 为 t 时刻已接触的扶正器数量;m''_2 为 $t+\Delta t$ 时刻发生接触的扶正器数量,$(\delta_{2,q})^k_{t+\Delta t}(k=0$ 时,取 $(\delta_{2,q})^0_{t+\Delta t}=(\delta_{2,q})^n_t)$ 为内套管扶正器与外套管的实时间隙,可按下式计算:

$$(\delta_{2,q})^k_{t+\Delta t}=\delta_2\pm\left(\mid r_{1,q}\mid^k_{t+\Delta t}-\frac{(r_{1,q})^k_{t+\Delta t}}{\mid r_{1,q}\mid^k_{t+\Delta t}}(r_{2,q})^{k-1}_{t+\Delta t}\right) \tag{7-67}$$

式中,δ_2 为内套管扶正器与外套管的静态间隙,$\delta_2=d_1/2-D_2/2-h_2$,其中,d_1 为外套管内径,D_2 为内套管外径,h_2 为内套管扶正器的径向尺寸。式中的正负号由外套管的运动方向确定,向平衡位置运动时$(\mid(r_{1,q})_{t+\Delta t}\mid>\mid(r_{1,q})_t\mid)$取正号。

由于发生接触时,内套管的响应是由外套管的响应求出的,因此式(7-67)中的内套管响应只能采用前一次迭代的结果。为了避免误差累积,可采用迭代的方法对式(7-67)的结果进行修正,即

$$[(\Delta r_{2,q})^k_{t+\Delta t}]^{k_2}=(\Delta r_{1,q})^k_{t+\Delta t}-[(\delta_{2,q})^k_{t+\Delta t}]^{k_2} \tag{7-68}$$

$$[(r_{2,q})^{k-1}_{t+\Delta t}]^{k_2}=(r_{2,q})^0_t+[(\Delta r_{2,q})^k_{t+\Delta t}]^{k_2} \tag{7-69}$$

$$[(\delta_{2,q})^k_{t+\Delta t}]^{k_2}=\delta_2\pm\left(\mid r_{1,q}\mid^k_{t+\Delta t}-\frac{(r_{1,q})^k_{t+\Delta t}}{\mid r_{1,q}\mid^k_{t+\Delta t}}[(r_{2,q})^{k-1}_{t+\Delta t}]^{k_2}\right) \tag{7-70}$$

求出内套管接触点的挠度增量后,即可由下式计算接触点挠度的速度和加速度增量:

$$(\Delta\dot a_{2,j})^k_{t+\Delta t}=\frac{\gamma}{\beta\Delta t}(\Delta a_{2,j})^k_{t+\Delta t}-\frac{\gamma}{\beta}(\dot a_{2,j})^k_t+\left[\left(1-\frac{\gamma}{2\beta}\right)\Delta t\right](\ddot a_{2,j})^k_t$$

$$(\Delta\dot a_{2,j+2})^k_{t+\Delta t}=\frac{\gamma}{\beta\Delta t}(\Delta a_{2,j+2})^k_{t+\Delta t}-\frac{\gamma}{\beta}(\dot a_{2,j+2})^k_t+\left[\left(1-\frac{\gamma}{2\beta}\right)\Delta t\right](\ddot a_{2,j+2})^k_t$$

$$\left(\Delta\ddot{a}_{2,j}\right)_{t+\Delta t}^{k} = \frac{1}{\beta\Delta t^2}\left(\Delta a_{2,j}\right)_{t+\Delta t}^{k} - \frac{1}{\beta\Delta t}\left(\dot{a}_{2,j}\right)_{t}^{k} - \frac{1}{2\beta}\left(\ddot{a}_{2,j}\right)_{t}^{k}$$

$$\left(\Delta\ddot{a}_{2,j+2}\right)_{t+\Delta t}^{k} = \frac{1}{\beta\Delta t^2}\left(\Delta a_{2,j+2}\right)_{t+\Delta t}^{k} - \frac{1}{\beta\Delta t}\left(\dot{a}_{2,j+2}\right)_{t}^{k} - \frac{1}{2\beta}\left(\ddot{a}_{2,j+2}\right)_{t}^{k}$$

$$(j = 4n(r_m) - 3;\ m = 1,2,\cdots,m_2)$$

并由式(7-56)的 Newmark-β 法公式

$$\left[\widetilde{K}_2\right]_{t+\Delta t}\left\{\Delta\hat{a}_2\right\}_{t+\Delta t}^{k} = \left\{\Delta\widetilde{F}_2\right\}_{t+\Delta t}^{k} \tag{7-71}$$

求出内套管其他节点的位移增量 $\{\Delta\hat{a}_2\}_{t+\Delta t}^{k}$,由式(7-63)和式(7-64)($i=2$)求出相应的速度增量 $\{\Delta\,\hat{\dot{a}}_2\}_{t+\Delta t}^{k}$ 和加速度增量 $\{\Delta\,\hat{\ddot{a}}_2\}_{t+\Delta t}^{k}$ 及位移 $\{\hat{a}_2\}_{t+\Delta t}^{k}$、速度 $\{\hat{\dot{a}}_2\}_{t+\Delta t}^{k}$ 和加速度 $\{\hat{\ddot{a}}_2\}_{t+\Delta t}^{k}$。

式(7-71)中,$\{\Delta\hat{a}_2\}_{t+\Delta t}^{k}$ 为 $4N_d - 2m_2$ 个元素组成的向量,即不包括内套管扶正器接触点 r_m 挠度的位移向量;等效刚度矩阵 $\left[\widetilde{K}_2\right]_{t+\Delta t}$ 和等效荷载向量 $\{\Delta\widetilde{F}_2\}_{t+\Delta t}^{k}$ 分别为

$$\left[\widetilde{K}_2\right]_{t+\Delta t} = \left[\hat{K}_2\right]_{t+\Delta t} + \left[\hat{M}_2\right]\frac{1}{\beta\Delta t^2} + \left[\hat{C}_2\right]_{t+\Delta t}\frac{\gamma}{\beta\Delta t}$$

$$\left\{\Delta\widetilde{F}_2\right\}_{t+\Delta t}^{k} = \left\{\Delta\hat{F}_2\right\}_{t+\Delta t}^{k} + \left(\left[\hat{M}_2\right]\frac{1}{\beta\Delta t} + \left[\hat{C}_2\right]_{t+\Delta t}\frac{\gamma}{\beta}\right)\left\{\hat{\dot{a}}_2\right\}_{t}^{k} +$$

$$\left[\left[\hat{M}_2\right]\frac{1}{2\beta} + \left[\hat{C}_2\right]_{t+\Delta t}\left(\frac{\gamma}{2\beta} - 1\right)\Delta t\right]\left\{\hat{\ddot{a}}_2\right\}_{t}^{k}$$

上两式中的 $\left[\hat{M}_2\right]$、$\left[\hat{K}_2\right]_{t+\Delta t}$ 和 $\left[\hat{C}_2\right]_{t+\Delta t}$ 为不包括 j 和 $j+2$ 行及 j 和 $j+2$ 列的质量矩阵、刚度矩阵和阻尼矩阵($j=4n(r_m)-3;\ m=1,2,\cdots,m_2$);$\{\Delta\hat{F}_2\}_{t+\Delta t}^{k}$ 是由 $\left(\Delta a_{2,j}\right)_{t+\Delta t}^{k}$、$\left(\Delta\dot{a}_{2,j}\right)_{t+\Delta t}^{k}$、$\left(\Delta\ddot{a}_{2,s_j}\right)_{t+\Delta t}^{k}$、$\left(\Delta a_{2,j+2}\right)_{t+\Delta t}^{k}$、$\left(\Delta\dot{a}_{2,j+2}\right)_{t+\Delta t}^{k}$ 和 $\left(\Delta\ddot{a}_{2,j+2}\right)_{t+\Delta t}^{k}$ 与 j 和 $j+2$ 列刚度系数、阻尼系数和质量系数组成的"荷载"向量,即

$$\left(\Delta\hat{F}_{2,i}\right)_{t+\Delta t}^{k} = \sum_j\left[m_{i,j}\left(\Delta\ddot{a}_{2,j}\right)_{t+\Delta t}^{k} + m_{i,j+2}\left(\Delta\ddot{a}_{2,j+2}\right)_{t+\Delta t}^{k} + c_{i,j}\left(\Delta\dot{a}_{2,j}\right)_{t+\Delta t}^{k} + \right.$$

$$\left. c_{i,j+2}\left(\Delta\dot{a}_{2,j+2}\right)_{t+\Delta t}^{k} + k_{i,j}\left(\Delta a_{2,j}\right)_{t+\Delta t}^{k} + k_{i,j+2}\left(\Delta a_{2,j+2}\right)_{t+\Delta t}^{k}\right]$$

$$(7-72)$$

求出 $\{\Delta a_2\}_{t+\Delta t}^{k}$、$\{\Delta\dot{a}_2\}_{t+\Delta t}^{k}$ 和 $\{\Delta\ddot{a}_2\}_{t+\Delta t}^{k}$ 后,即可由式(7-56)计算 $\{\Delta p_2\}_{t+\Delta t}^{k}$,再返回第一步进行迭代计算。

油管的响应则采用式(7-66)至式(7-68)计算,其中 $i=3$。

(3) $\{\Delta p_2\}_{t+\Delta t}^{0} = \{0\}$ 和 $\{\Delta p_3\}_{t+\Delta t}^{0} \neq \{0\}$,即 t 时刻仅油管有扶正器与内套管发生接触,则由式(7-62)计算内套管的响应($i=2$),如果 $k \neq 0$,则根据收敛条件

$$\max_{j=1,2,\cdots,N_{\mathrm d}}\left|\,(\Delta a_{2,j})_{t+\Delta t}^{k+1}-(\Delta a_{2,j})_{t+\Delta t}^{k}\,\right|<\varepsilon_{\Delta a} \tag{7-73}$$

判断迭代收敛与否。如果式(7-73)满足,则转至第一步进行下一个时间步的计算。否则,基于接触条件

$$(\Delta a_{3,j})_{t+\Delta t}^{k}=(\Delta a_{2,j})_{t+\Delta t}^{k}$$

$$(\Delta a_{3,j+2})_{t+\Delta t}^{k}=(\Delta a_{2,j+2})_{t+\Delta t}^{k}$$

$$(j=4n(s_{m})-3;m=1,2,\cdots,m_{3})$$

求出油管接触点的挠度增量,并由下式计算接触点挠度的速度和加速度增量:

$$(\Delta\dot a_{3,j})_{t+\Delta t}^{k}=\frac{\gamma}{\beta\Delta t}(\Delta a_{3,j})_{t+\Delta t}^{k}-\frac{\gamma}{\beta}(\dot a_{3,j})_{t}^{k}+\left[\left(1-\frac{\gamma}{2\beta}\right)\Delta t\right](\ddot a_{3,j})_{t}^{k}$$

$$(\Delta\dot a_{3,j+2})_{t+\Delta t}^{k}=\frac{\gamma}{\beta\Delta t}(\Delta a_{3,j+2})_{t+\Delta t}^{k}-\frac{\gamma}{\beta}(\dot a_{3,j+2})_{t}^{k}+\left[\left(1-\frac{\gamma}{2\beta}\right)\Delta t\right](\ddot a_{3,j+2})_{t}^{k}$$

$$(\Delta\ddot a_{3,j})_{t+\Delta t}^{k}=\frac{1}{\beta\Delta t^{2}}(\Delta a_{3,j})_{t+\Delta t}^{k}-\frac{1}{\beta\Delta t}(\dot a_{3,j})_{t}^{k}-\frac{1}{2\beta}(\ddot a_{3,j})_{t}^{k}$$

$$(\Delta\ddot a_{3,j+2})_{t+\Delta t}^{k}=\frac{1}{\beta\Delta t^{2}}(\Delta a_{3,j+2})_{t+\Delta t}^{k}-\frac{1}{\beta\Delta t}(\dot a_{3,j+2})_{t}^{k}-\frac{1}{2\beta}(\ddot a_{3,j+2})_{t}^{k}$$

然后,由式(7-57)的 Newmark-β 法公式

$$[\widetilde K_{3}]_{t+\Delta t}\{\Delta\hat a_{3}\}_{t+\Delta t}^{k}=\{\Delta\widetilde F_{3}\}_{t+\Delta t}^{k} \tag{7-74}$$

求出油管其他节点的位移增量 $\{\Delta\hat a_{3}\}_{t+\Delta t}^{k}$,并由式(7-63)和式(7-64)($i=3$)求出相应的速度增量 $\{\Delta\,\hat{\dot a}_{3}\}_{t+\Delta t}^{k}$ 和加速度增量 $\{\Delta\,\hat{\ddot a}_{3}\}_{t+\Delta t}^{k}$ 及位移 $\{\hat a_{3}\}_{t+\Delta t}^{k}$、速度 $\{\hat{\dot a}_{3}\}_{t+\Delta t}^{k}$ 和加速度 $\{\hat{\ddot a}_{3}\}_{t+\Delta t}^{k}$。

式(7-74)中,$\{\Delta\hat a_{3}\}_{t+\Delta t}^{k}$ 为 $4N_{\mathrm d}-2m_{3}$ 个元素组成的向量,即不包括油管扶正器接触点 s_{m} 挠度的位移向量;等效刚度矩阵 $[\widetilde K_{3}]_{t+\Delta t}$ 和等效荷载向量 $\{\Delta\widetilde F_{3}\}_{t+\Delta t}^{k}$ 分别为

$$[\widetilde K_{3}]_{t+\Delta t}=[\hat K_{3}]_{t+\Delta t}+[\hat M_{3}]\frac{1}{\beta\Delta t^{2}}+[\hat C_{3}]_{t+\Delta t}\frac{\gamma}{\beta\Delta t}$$

$$\{\Delta\widetilde F_{3}\}_{t+\Delta t}^{k}=\{\Delta\hat F_{3}\}_{t+\Delta t}^{k}+\left([\hat M_{3}]\frac{1}{\beta\Delta t}+[\hat C_{3}]_{t+\Delta t}\frac{\gamma}{\beta}\right)\{\hat{\dot a}_{3}\}_{t}^{k}+$$

$$[\hat M_{3}]\frac{1}{2\beta}+[\hat C_{3}]_{t+\Delta t}\left(\frac{\gamma}{2\beta}-1\right)\Delta t\big]\{\hat{\ddot a}_{3}\}_{t}^{k}$$

上两式中的 $[\hat M_{3}]$、$[\hat K_{3}]_{t+\Delta t}$ 和 $[\hat C_{3}]_{t+\Delta t}$ 为不包括 j 和 $j+2$ 行以及 j 和 $j+2$ 列的质量矩阵、刚度矩阵和阻尼矩阵,$\{\Delta\hat F_{3}\}_{t+\Delta t}^{k}$ 是由 $(\Delta a_{3,j})_{t+\Delta t}^{k}$、$(\Delta\dot a_{3,j})_{t+\Delta t}^{k}$、$(\Delta\ddot a_{3,j})_{t+\Delta t}^{k}$、$(\Delta a_{3,j+2})_{t+\Delta t}^{k}$、$(\Delta\dot a_{3,j+2})_{t+\Delta t}^{k}$ 和 $(\Delta\ddot a_{3,j+2})_{t+\Delta t}^{k}$ 与 j 和 $j+2$ 列刚度系数、阻

尼系数和质量系数组成的"荷载"向量

$$(\Delta \hat{F}_{3,i})_{t+\Delta t}^{k} = \sum_{j} \left[m_{i,j} (\Delta \ddot{a}_{3,j})_{t+\Delta t}^{k} + m_{i,j+2} (\Delta \ddot{a}_{3,j+2})_{t+\Delta t}^{k} + c_{i,j} (\Delta \dot{a}_{3,j})_{t+\Delta t}^{k} + \right.$$
$$\left. c_{i,j+2} (\Delta \dot{a}_{3,j+2})_{t+\Delta t}^{k} + k_{i,j} (\Delta a_{3,j})_{t+\Delta t}^{k} + k_{i,j+2} (\Delta a_{3,j+2})_{t+\Delta t}^{k} \right]$$

求出 $\{\Delta a_3\}_{t+\Delta t}^{k}$、$\{\Delta \dot{a}_3\}_{t+\Delta t}^{k}$ 和 $\{\Delta \ddot{a}_3\}_{t+\Delta t}^{k}$ 后，即可由式（7-57）计算 $\{\Delta p_3\}_{t+\Delta t}^{k}$，再返回进行迭代计算。

（4）$\{\Delta p_2\}_{t+\Delta t}^{0} \neq \{0\}$ 和 $\{\Delta p_3\}_{t+\Delta t}^{0} \neq \{0\}$，即 t 时刻内套管和油管均有扶正器与外套管和内套管发生接触，则根据外套管的运动条件首先由式（7-65）至式（7-71）计算内套管的响应，再将式中的下标 1 改为 2、2 改为 3 计算油管的响应，然后由式（7-57）计算 $\{\Delta p_3\}_{t+\Delta t}^{k}$ 并代入式（7-56）计算 $\{\Delta p_2\}_{t+\Delta t}^{k}$，并返回第一步进行迭代计算。

需要指出的是，在当前时间步有新的扶正器发生接触时，应确保接触点的过盈量尽可能小，即"正好"发生接触。这不仅是静态接触假定的需要，而且是计算收敛的前提。如果过盈量较大，可能导致死循环。因此，必须调整当前时间步长 Δt 使扶正器与相邻管柱处于非接触向接触过渡的临界点。正如材料非线性问题中，当有单元进入屈服时，必须调整荷载增量，以使进入屈服的单元处于屈服的临界点。

第三步：判断接触状态

如果

$$\pm \left(|r_{i,q}|_{t+\Delta t}^{k} - \frac{(r_{i,q})_{t+\Delta t}^{k}}{|r_{i,q}|_{t+\Delta t}^{k}} (r_{i+1,q})_{t+\Delta t}^{k} \right) < \delta_{i+1}$$
$$(i=1, q=n(r_m); i=2, q=n(s_n)) \tag{7-75}$$

成立，则没有新增接触扶正器，转至第一步计算下一时刻的响应。否则，转至第二步的相应接触状态重新计算内套管和油管的响应并进行迭代。

式中的符号同式（7-58）。当 $|(r_{1,q})_{t+\Delta t}| > |(r_{1,q})_t|$ 时，式（7-75）取正号。

参考文献

［1］ MUTLU S B, FREDSOE J. Hydrodynamics around cylindrical structures［M］. Singapore：World Scientific Publishing Co. Pte. Ltd. , 1997.

［2］ KHALAK A, WILLIAMSON C H K. Motions, forces and mode transitions in

vortex-induced vibrations at low mass-damping[J]. Journal of Fluids and Structures, 1999(13): 813-851.

[3] RAGHURAMAN N. Vortex-induced vibration of two and three-dimensional bodies[D]. Ann Arbor: University of Michigan, 2000.

[4] WILLIAMSONA C H K, GOVARDHAN R. A brief review of recent results in vortex-induced vibrations [J]. Journal of Wind Engineering and Industrial Aerodynamics, 2008(96): 713-735.

[5] KHALAK A, CHARLES H K. Investigation of relative effects of mass and damping in vortex-induced vibration of a circular cylinder[J]. Journal of Wind Engineering and Industrial Aerodynamics, 1997(69-71): 341-350.

[6] MODIR A, KAHROM M, FARSHIDIANFAR A. Mass ratio effect on vortex induced vibration of a flexibly mounted circular cylinder, an experimental study [J]. International Journal of Marine Energy, 2016(16): 1-11.

[7] ETIENNE S. Vortex- and wake-induced vibrations of two and three cylinders arranged in-line[C]. Proceedings of the Nineteenth (2009) International Offshore and Polar Engineering Conference, Osaka, Japan, 2009: 1358-1364.

[8] 黄维平,王爱群,李华军. 海底管道悬跨段流致振动实验研究及涡激力模型修正[J]. 工程力学,2007,24(12):153-157.

[9] HUERA-HUARTE F J, BEARMAN P W. Wake structures and vortex-induced vibrations of a long flexible cylinder—Part 1: dynamic response[J]. Journal of Fluids and Structures, 2009(25): 969-990.

[10] GSELL S, BOURGUET R, BRAZA M. Two-degree-of-freedom vortex-induced vibrations of a circular cylinder at $Re = 3\ 900$[J]. Journal of Fluids and Structures, 2016(67): 156-172.

[11] SHEN L W, CHAN E S, SUN Z L. Examination of hydrodynamic force acting on a circular cylinder in vortex-induced vibrations in synchronization [J]. Fluid Dynamics Research, 2017(49): 1-17.

[12] GOVARDHAN R, WILLIAMSON C H K. Critical mass in vortex-induced vibration of a cylinder[J]. European Journal of Mechanics B/Fluids, 2004 (23): 17-27.

[13] KHALAK A, WILLIAMSON C H K. Fluid forces and dynamics of a hydroelastic structure with very low mass and damping[J]. Journal of Fluids

and Structures, 1997(11): 973-982.

[14] BASU L T S. Nonintrusive measurements of the boundary layer developing on a single and two circular cylinders[J]. Experiments in Fluids, 1997(23): 187-192.

[15] ASSI G R S. Wake-induced vibration of tandem and staggered cylinders with two degrees of freedom[J]. Journal of Fluids and Structures, 2014(50): 340-357.

[16] ASSI G R S, BEARMAN P W, MENEGHINI J R. On the wake-induced vibration of tandem circular cylinders: the vortex interaction excitation mechanism[J]. Journal of Fluid Mechanics, 2010(661): 365-401.

[17] IGARASHI T. Characteristics of the flow around two circular cylinders arranged in tandem: 1st report[J]. Bulletin of the JSME, 1981, 24(188): 323-331.

[18] SUMNER D, RICHARDS M D, AKOSILE O O. Two staggered circular cylinders of equal diameter in cross-flow [J]. Journal of Fluids and Structures, 2005(20): 255-276.

[19] SUMNER D. Two circular cylinders in cross-flow: a review[J]. Journal of Fluids and Structures, 2010(26): 849-899.

[20] TU J H, ZHOU D, BAO Y, et al. Flow-induced vibrations of two circular cylinders in tandem with shear flow at low Reynolds number[J]. Journal of Fluids and Structures, 2015(59): 224-251.

[21] CARMO B S, MENEGHINI J R, SHERWIN S J. Secondary instabilities in the flow around two circular cylinders in tandem [J]. Journal of Fluid Mechanics, 2010(644): 395-431.

[22] MYSA R C, KABOUDIAN A, JAIMAN R K. On the origin of wake-induced vibration in two tandem circular cylinders at low Reynolds number [J]. Journal of Fluids and Structures, 2016(61): 76-98.

[23] XU G, ZHOU Y. Strouhal numbers in the wake of two inline cylinders[J]. Experiments in Fluids, 2004(37): 248-256.

[24] YANG Y C, AYDIN T, EKMEKCI A. Flow past tandem cylinders under forced vibration[J]. Journal of Fluids and Structures, 2014(44):292-309.

[25] SUMNER D, PRICE S J, PAIDOUSSIS M P. Flow-pattern identification for two staggered circular cylinders in cross-flow[J]. Journal of Fluid Mechanics, 2000(411): 263-303.

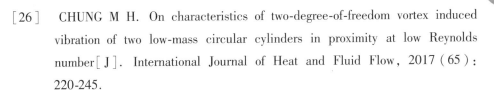

［26］ CHUNG M H. On characteristics of two-degree-of-freedom vortex induced vibration of two low-mass circular cylinders in proximity at low Reynolds number［J］. International Journal of Heat and Fluid Flow, 2017（65）: 220-245.

［27］ ALAM M, MORIYA M, TAKAI K, et al. Fluctuating fluid forces acting on two circular cylinders in a tandem arrangement at a subcritical Reynolds number［J］. Journal of Wind Engineering and Industrial Aerodynamics, 2003 （91）: 139-154.

［28］ ALAM M, SAKAMOTOB H, ZHOU Y. Determination of flow configurations and fluid forces acting on two staggered circular cylinders of equal diameter in cross-flow［J］. Journal of Fluids and Structures, 2005（21）: 363-394.

［29］ KIM S, ALAM M, SAKAMOTO H, et al. Flow-induced vibrations of two circular cylinders in tandem arrangement. Part 1: Characteristics of vibration ［J］. Journal of Wind Engineering and Industrial Aerodynamics, 2009（97）: 304-311.

［30］ HUERA-HUARTE F J, GHARIB M. Vortex- and wake-induced vibrations of a tandem arrangement of two flexible circular cylinders with far wake interference ［J］. Journal of Fluids and Structures, 2011（27）: 824-828.

［31］ 黄维平,曹静,张恩勇,等. 大柔性圆柱体两自由度涡激振动试验研究 ［J］. 力学学报,2011,43（2）:436-440.

［32］ 刘笑娣. 考虑结构动力特性的圆柱体涡激升力谱模型［D］. 青岛:中国海洋大学,2017.

［33］ 周鑫涛. 尾流立管涡激振动分析方法研究［D］. 青岛:中国海洋大学,2017.

［34］ 付学鹏,黄维平. 钢悬链式立管出平面运动刚体模态试验研究［J］. 海洋工程,2018,36（5）:114-120.

［35］ 刘娟. 深水钢悬链式立管出平面涡激振动分析方法研究［D］. 青岛:中国海洋大学,2013.